轨道交通装备制造业职业技能鉴定指导丛书

硬度测力计量工

中国北车股份有限公司　编写

中国铁道出版社

2015年·北京

图书在版编目(CIP)数据

硬度测力计量工/中国北车股份有限公司编写.—北京:中国铁道出版社,2015.4
(轨道交通装备制造业职业技能鉴定指导丛书)
ISBN 978-7-113-20050-3

Ⅰ.①硬… Ⅱ.①中… Ⅲ.①硬度—计量—职业技能—鉴定—自学参考资料 Ⅳ.①TB938.2

中国版本图书馆CIP数据核字(2015)第042835号

书　　名:轨道交通装备制造业职业技能鉴定指导丛书
硬度测力计量工
作　　者:中国北车股份有限公司

策　　划:江新锡　钱士明　徐　艳
责任编辑:陈小刚　　编辑部电话:010-51873193
封面设计:郑春鹏
责任校对:苗　丹
责任印制:郭向伟

出版发行:中国铁道出版社(100054,北京市西城区右安门西街8号)
网　　址:http://www.tdpress.com
印　　刷:北京海淀五色花印刷厂
版　　次:2015年4月第1版　2015年4月第1次印刷
开　　本:787 mm×1 092 mm　1/16　印张:15.5　字数:380千
书　　号:ISBN 978-7-113-20050-3
定　　价:48.00元

序

在党中央、国务院的正确决策和大力支持下，中国高铁事业迅猛发展。中国已成为全球高铁技术最全、集成能力最强、运营里程最长、运行速度最高的国家。高铁已成为中国外交的新名片，成为中国高端装备"走出国门"的排头兵。

中国北车作为高铁事业的积极参与者和主要推动者，在大力推动产品、技术创新的同时，始终站在人才队伍建设的重要战略高度，把高技能人才作为创新资源的重要组成部分，不断加大培养力度。广大技术工人立足本职岗位，用自己的聪明才智，为中国高铁事业的创新、发展做出了重要贡献，被李克强同志亲切地赞誉为"中国第一代高铁工人"。如今在这支近5万人的队伍中，持证率已超过96%，高技能人才占比已超过60%，3人荣获"中华技能大奖"，24人荣获国务院"政府特殊津贴"，44人荣获"全国技术能手"称号。

高技能人才队伍的发展，得益于国家的政策环境，得益于企业的发展，也得益于扎实的基础工作。自2002年起，中国北车作为国家首批职业技能鉴定试点企业，积极开展工作，编制鉴定教材，在构建企业技能人才评价体系、推动企业高技能人才队伍建设方面取得明显成效。为适应国家职业技能鉴定工作的不断深入，以及中国高端装备制造技术的快速发展，我们又组织修订、开发了覆盖所有职业(工种)的新教材。

在这次教材修订、开发中，编者们基于对多年鉴定工作规律的认识，提出了"核心技能要素"等概念，创造性地开发了《职业技能鉴定技能操作考核框架》。该《框架》作为技能人才评价的新标尺，填补了以往鉴定实操考试中缺乏命题水平评估标准的空白，很好地统一了不同鉴定机构的鉴定标准，大大提高了职业技能鉴定的公信力，具有广泛的适用性。

相信《轨道交通装备制造业职业技能鉴定指导丛书》的出版发行，对于促进我国职业技能鉴定工作的发展，对于推动高技能人才队伍的建设，对于振兴中国高端装备制造业，必将发挥积极的作用。

中国北车股份有限公司总裁：

2015.2.7

前 言

鉴定教材是职业技能鉴定工作的重要基础。2002年，经原劳动保障部批准，中国北车成为国家职业技能鉴定首批试点中央企业，开始全面开展职业技能鉴定工作。2003年，根据《国家职业标准》要求，并结合自身实际，组织开发了《职业技能鉴定指导丛书》，共涉及车工等52个职业（工种）的初、中、高3个等级。多年来，这些教材为不断提升技能人才素质、适应企业转型升级、实施“三步走”发展战略的需要发挥了重要作用。

随着企业的快速发展和国家职业技能鉴定工作的不断深入，特别是以高速动车组为代表的世界一流产品制造技术的快步发展，现有的职业技能鉴定教材在内容、标准等诸多方面，已明显不适应企业构建新型技能人才评价体系的要求。为此，公司决定修订、开发《轨道交通装备制造业职业技能鉴定指导丛书》（以下简称《丛书》）。

本《丛书》的修订、开发，始终围绕促进实现中国北车“三步走”发展战略、打造世界一流企业的目标，努力遵循“执行国家标准与体现企业实际需要相结合、继承和发展相结合、坚持质量第一、坚持岗位个性服从于职业共性”四项工作原则，以提高中国北车技术工人队伍整体素质为目的，以主要和关键技术职业为重点，依据《国家职业标准》对知识、技能的各项要求，力求通过自主开发、借鉴吸收、创新发展，进一步推动企业职业技能鉴定教材建设，确保职业技能鉴定工作更好地满足企业发展对高技能人才队伍建设工作的迫切需要。

本《丛书》修订、开发中，认真总结和梳理了过去12年企业鉴定工作的经验以及对鉴定工作规律的认识，本着“紧密结合企业工作实际，完整贯彻落实《国家职业标准》，切实提高职业技能鉴定工作质量”的基本理念，在技能操作考核方面提出了“核心技能要素”和“完整落实《国家职业标准》”两个概念，并探索、开发出了中国北车《职业技能鉴定技能操作考核框架》；对于暂无《国家职业标准》、又无相关行业职业标准的40个职业，按照国家有关《技术规程》开发了《中国北车职业标准》。经2014年技师、高级技师技能鉴定实作考试中27个职业的试用表明：该《框架》既完整反映了《国家职业标准》对理论和技能两方面的要求，又适应了企业生产和技术工人队伍建设的需要，突破了以往技能鉴定实作考核中试卷的难度与完整性评估的“瓶颈”，统一了不同产品、不同技术含量企业的鉴定标准，提高了鉴定考核的技术含量，保证了职业技能鉴定的公平性，提高了职业技能鉴定工作质量和管理水平，将成为职业技能鉴定工作、进而成为生产操作者技能素质评价的新标尺。

本《丛书》共涉及98个职业（工种），覆盖了中国北车开展职业技能鉴定的所有职业（工种）。《丛书》中每一职业（工种）又分为初、中、高3个技能等级，并按职业技能鉴定理论、技能考试的内容和形式编写。其中：理论知识部分包括知识要求练习题与答案；技能操作部分包括《技能考核框架》和《样题与分析》。本《丛书》按职业（工种）分册，并计划第一批出版74个职业（工种）。

本《丛书》在修订、开发中，仍侧重于相关理论知识和技能要求的应知应会，若要更全面、系统地掌握《国家职业标准》规定的理论与技能要求，还可参考其他相关教材。

本《丛书》在修订、开发中得到了所属企业各级领导、技术专家、技能专家和培训、鉴定工作人员的大力支持；人力资源和社会保障部职业能力建设司和职业技能鉴定中心、中国铁道出版社等有关部门也给予了热情关怀和帮助，我们在此一并表示衷心感谢。

本《丛书》之《硬度测力计量工》由中国北车集团大连机车车辆有限公司《硬度测力计量工》项目组编写。主编郭晓红；主审田宝珍。

由于时间及水平所限，本《丛书》难免有错、漏之处，敬请读者批评指正。

中国北车职业技能鉴定教材修订、开发编审委员会

二〇一四年十二月二十二日

目　　录

硬度测力计量工(职业道德)习题

一、填 空 题

1. 职业道德是人们在从事一定(　　)的过程中形成的一种内在的、非强制性的约束机制。

2. 职业道德有利于企业树立(　　)、创造企业品牌。

3. 严格的职业生活训练所形成的良好修养和优秀(　　)观念是引导人走向幸福的必经之路。

4. 人内在的根本的(　　)在人的整个道德素质中,居于核心和主导地位。

5. 开放的劳动力市场,有利于人们较充分地实现(　　)。

6. 文明生产是指以高尚的(　　)为准则,按现代化生产的客观要求进行生产活动的行为。

7. 许多知名企业都把提高员工的综合素质、挖掘员工的潜能作为企业发展的(　　)。

8. 团结互助有利于营造人际和谐氛围,有利于增强(　　)。

9. 学习型组织强调的是在个人学习的基础上,加强团队学习和组织学习,其目的就是将个人学习成果转化为(　　)。

10. 确立正确的(　　)是职业道德修养的前提。

二、单项选择题

1. 关于职业道德,正确的说法是(　　)。

(A)职业道德有助于增强企业凝聚力,但无助于促进企业技术进步

(B)职业道德有助于提高劳动生产率,但无助于降低生产成本

(C)职业道德有利于提高员工职业技能,增强企业竞争力

(D)职业道德只是有助于提高产品质量,但无助于提高企业信誉和形象

2. 职业道德建设的核心是(　　)。

(A)服务群众　　(B)爱岗敬业　　(C)办事公道　　(D)奉献社会

3. 尊重、尊崇自己的职业和岗位,以恭敬和负责的态度对待自己的工作,做到工作专心,严肃认真,精益求精,尽职尽责,有强烈的职业责任感和职业义务感。以上描述的职业道德规范是(　　)。

(A)敬业　　(B)诚信　　(C)奉献　　(D)公道

4. 在职业活动中,(　　)是团结互助的基础和出发点。

(A)平等尊重、相互学习　　(B)顾全大局、相互信任

(C)顾全大局、相互学习　　(D)平等尊重、相互信任

5. 下列关于"合作的重要性"表述错误的是(　　)。

(A)合作是企业生产经营顺利实施的内在要求
(B)合作是一种重要的法律规范
(C)合作是从业人员汲取智慧和力量的重要手段
(D)合作是打造优秀团队的有效途径

6. 诚实守信的具体要求是(　　)。
(A)忠诚所属企业、维护企业信誉、保守企业秘密
(B)维护企业信誉、保守企业秘密、力求节省成本
(C)忠诚所属企业、维护企业信誉、关心企业发展
(D)关心企业发展、力求节省成本、保守企业秘密

7. 职业道德的最基本要求是(　　),为社会主义建设服务。
(A)勤政爱民　(B)奉献社会　(C)忠于职守　(D)一心为公

8. 工作中人际关系都是以执行各项工作任务为载体,因此,应坚持以(　　)来处理人际关系。
(A)工作方法为核心　(B)领导的嗜好为核心
(C)工作计划的执行为核心　(D)工作目标的需要为核心

9. 为了促进企业的规范化发展,需要发挥企业文化的(　　)功能。
(A)娱乐　(B)主导　(C)决策　(D)自律

10. 在企业的经营活动中,下列选项中的(　　)不是职业道德功能的表现。
(A)激励作用　(B)决策能力　(C)规范行为　(D)遵纪守法

11. 下列关于"职业道德对企业发展的作用"的表述中错误的是(　　)。
(A)增强企业竞争力　(B)促进企业技术进步
(C)员工事业成功的保证　(D)增强企业凝聚力

12. 职业道德是一种(　　)的约束机制。
(A)强制性　(B)非强制性　(C)随意性　(D)自发性

13. 平等是构建(　　)人际关系的基础,只有在平等的关系下,同事之间才能得到最大程度的交流。
(A)相互依靠　(B)相互尊重　(C)相互信任　(D)相互团结

14. 职业责任明确规定了人们对企业和社会所承担的(　　)。
(A)责任和义务　(B)职责和权利　(C)权利和义务　(D)责任和权利

15. 学习型组织强调学习工作化,把学习过程与工作联系起来,不断(　　)。
(A)提升工作能力和创新能力　(B)积累工作经验和工作能力
(C)提升组织能力和管理能力　(D)积累知识和提高能力

三、多项选择题

1. 道德就是一定社会、一定阶级向人们提出的处理(　　)之间各种关系的一种特殊的行为规范。
(A)人与人　(B)个人与社会　(C)个人与企业　(D)个人与自然

2. 职业道德具有三方面的特征,以下说法错误的是(　　)。
(A)形式上的多样性　(B)内容上的稳定性和连续性

(C)范围上的普遍性　　　　　　　　　　(D)功能上的强制性

3. 职业道德是增强企业凝聚力的手段,主要表现在(　　)。

(A)协调企业部门间的关系　　　　　　(B)协调员工与领导间的关系

(C)协调员工同事间的关系　　　　　　(D)协调员工与企业间的关系

4. 下列关于职业道德与职业技能关系的说法,正确的是(　　)。

(A)职业道德对职业技能具有统领作用

(B)职业道德对职业技能有重要的辅助作用

(C)职业道德对职业技能的发挥具有支撑作用

(D)职业道德对职业技能的提高具有促进作用

5. 职业品格包括(　　)等。

(A)职业理想　　(B)责任感、进取心　　(D)意志力　　(C)创新精神

6. 修养是指人们为了在(　　)等方面达到一定的水平,所进行自我教育、自我改善、自我锻炼和自我提高的活动过程。

(A)理论　　(B)知识　　(C)艺术　　(D)思想道德

7. 在社会主义市场经济条件下,爱岗敬业的具体要求(　　)。

(A)创建文明岗位　　(B)树立职业理想　　(C)强化职业责任　　(D)提高职业技能

8. 加强职业纪律修养,(　　)。

(A)必须提高对遵守职业纪律重要性的认识,从而提高自我锻炼的自觉性

(B)要提高职业道德品质

(C)培养道德意志,增强自我克制能力

(D)要求对服务对象要谦虚和蔼

9. 计量检定人员不得有(　　)的行为。

(A)参加本专业继续教育

(B)违反计量检定规程开展计量检定

(C)使用未经考核合格的计量标准开展计量检定

(D)变造、倒卖、出租、出借《计量检定员证》

10. 计量检定人员有(　　)行为,给予行政处分或依法追究刑事责任。

(A)参加本专业继续教育

(B)出具错误数据,给送检一方造成损失的

(C)违反计量检定规程进行计量检定的

(D)使用未经考核合格的计量标准开展检定的

四、判 断 题

1. 员工职业道德水平的高低,不会影响企业作风和企业形象。(　　)

2. 职业劳动是一种生产经营活动,与能力、纪律和品格的提升训练无关。(　　)

3. 爱岗敬业就是提倡从业人员要“干一行,爱一行,专一行”。(　　)

4. 从业人员只要有为人民服务的认识和热情,便可以在自己的工作岗位上发挥作用,创造财富。(　　)

5. 做人是否诚实守信,是一个人品德修养状况和人格高下的表现。(　　)

6. 无条件的完成领导交办的各项工作任务，如果认为不妥应提出不同想法，若被否定应坚持自己的意见。（ ）

7. 一个人高尚品德的养成是可以在学校学习过程中完全实现的。（ ）

8. 文明礼貌是从业人员的基本素质，是塑造企业形象的需要。（ ）

9. 在从业人员的职业生涯中，遵纪守法经常地、大量地体现在自觉遵守职业纪律上。（ ）

10. 开拓创新只需要有创造意识、坚定的信心和意志。（ ）

硬度测力计量工(职业道德)答案

一、填 空 题

1. 职业劳动　2. 良好形象　3. 品德　4. 道德价值
5. 职业选择　6. 道德规范　7. 核心竞争力　8. 企业凝聚力
9. 组织财富　10. 人生观

二、单项选择题

1. C　2. A　3. A　4. D　5. B　6. A　7. C　8. D　9. D
10. B　11. C　12. B　13. B　14. A　15. A

三、多项选择题

1. ABD　2. CD　3. BCD　4. ACD　5. ABCD　6. ABCD　7. BCD
8. ABC　9. BCD　10. BCD

四、判 断 题

1. ×　2. ×　3. √　4. ×　5. √　6. ×　7. ×　8. √　9. √
10. ×

硬度测力计量工(初级工)习题

一、填 空 题

1. 计量的定义是实现单位统一、量值(　　)的测量。

2. 测量的定义是以确定量值为目的的(　　)。

3. 测量准确度是测量结果与被测量真值之间的(　　)。

4. 重复性是指在相同测量条件下,对同一被测量进行(　　)测量所得结果之间的一致性。

5. 为评定计量器具的计量性能,确认其是否合格所进行的(　　),称为计量检定。

6. 量是现象、物体或物质可定性区别和(　　)的属性。

7. 一般由一个数乘以(　　)所表示特定量的大小称为量值。

8. 量的真值是与给定的(　　)的定义一致的值。

9. 计量单位为定量表示同种量的大小而约定地定义和采用的(　　)。

10. 一个测量结果具有溯源性,说明它的值具有与国家基准乃至国际基准联系的特性,是(　　)的,是可信的。

11. 周期检定是按(　　)和规定程序,对计量器具定期进行的一种后续检定。

12. 校准主要用以确定测量器具的(　　)。

13. 我国《计量法》规定,属于强制检定范围的计量器具,未按照规定(　　)或者检定不合格继续使用的,责令停止使用,可以并处罚款。

14. 表征合理地赋予被测量之值的分散新性,与测量结果相联系的(　　),称为测量不确定度。

15. 不确定度按评定方法的不同分为“A”类不确定度和(　　)类不确定度。

16.《计量法》从(　　)起正式施行。

17. 计量检定机构可以分为(　　)和一般计量检定机构两种。

18. 我国《计量法实施细则》规定,企业、事业单位建立本单位各项最高计量标准,须向(　　)的人民政府计量行政部门申请考核。

19. 计量检定人员出具的检定数据,用于量值传递、计量认证、技术考核、裁决计量纠纷和实施计量监督具有(　　)。

20. 计量检定印包括:錾印、喷印、钳印、漆封印、(　　)印。

21. 计量检定证包括:检定证书、(　　)、检定合格证。

22. 检定证书、检定结果通知书必须(　　)、数据无误,有检定、检验、主管人员签字,并加盖检定单位印章。

23. 法定计量单位是由国家法律承认,具有(　　)的计量单位。

24. 国际单位制是在(　　)基础上发展起来的单位制。

25. 国际单位制的基本单位名称有(　　)、千克、秒、安(培)、开(尔文)、摩(尔)、坎(德拉)。

26. 国际单位制的基本单位单位符号是:(　　)、kg、S、A、K、mol、cd。

27. 国际单位制中具有专门名称的导出单位帕斯卡的符号是(　　)。

28. 误差按其来源可分为:设备误差、环境误差、(　　)、方法误差、测量对象。

29. 修正值是用(　　)与未修正测量结果相加,以补偿其系统误差的值。

30. 为实施计量保证所需的组织结构、程序、过程和(　　)称为计量保证体系。

31. 金属材料的机械性能包括(　　)、硬度、塑性、冲击韧性、疲劳强度等。

32. 钢材按用途分为碳素结构钢和(　　)。

33. 钢的牌号 Q235 表示这种钢按分类属于一种(　　)。

34. 钢材热处理的目的是为了改善材料的组织结构和(　　)。

35. 淬火是将钢材加热到一定温度保温后(　　),以提高材料的强度硬度和耐磨性。

36. 机械制图中的左视图反映了物体(　　)位置关系。

37. 为了更清晰地表达零件的内部复杂结构可以采用剖视(　　)的画法。

38. 用去除材料的方法获得的表面 $Ra=3.2\ \mu m$ 可以表示为(　　)。

39. 形位公差符号中▱表示的是(　　)。

40. 螺纹的要求有(　　)、牙形公称直径、线数、螺纹公差带、旋向和旋合长度。

41. 游标卡尺的分度值为 0.02 mm 时,其游标尺上 50 个分度应和尺身上的(　　)刻度相对齐。

42. 千分尺测微螺杆的螺丝矩是 0.5 mm,其微分筒上一周为 50 分度,每个分度的分度值为(　　)。

43. 百分表测量头与被测表面接触时,测量杆应预先有 0.3～1 mm 的压缩量,是为了保证(　　)。

44. 锉刀按用途分为钳工锉、特种锉和(　　)。

45. 锉削的方法分为顺向锉、(　　)和平推锉。

46. 锯断薄壁管材应选用(　　)锯条。

47. 装夹锯条时,齿尖应(　　),松紧适中。

48. 钻硬材料时,钻头的顶角应比钻软材料时(　　)。

49. 对一个轴料套螺纹时,扳牙端面应与轴料轴线(　　)进入。

50. 使用万用表时,要注意插好表笔,选好(　　),以免损坏仪表伤害操作人。

51. 测量电压时,应将测量仪表与被测电压(　　)。

52. 测量电流时,应将测量仪表(　　)在电路内。

53. 使用兆欧表时,要检查兆欧表自身好坏,断开联线,摇动手柄指针应指向(　　)处。

54. 电路图中—▭—表示(　　)。

55. 交流电的三要素是(　　)、初相位和角频率。

56. 半导体二极管具有(　　)导电的性能。

57. 机床照明电的电压一般用 12 V、24 V 和(　　)V,以确保安全。

58. 压力是指均匀作用在(　　)上的垂直力。

59. 10 kg/cm^2≈(　　)MPa(保留三位小数)。

60. 在工业用压力表中，压力表指示的压力值是(　　)大于当地大气压力的差值。

61. 一般工业压力表的准确度等级分为(　　)，1.6，2.5，4 四个等级。

62. 一般压力表国家计量检定规程 JJG 52—1999 中规定压力表的测量上限量值数字应符合 1×10^n，1.6×10^n，2.5×10^n，(　　)，6×10^n系列中之一。

63. 一般压力表安装时，应使其表盘处于(　　)位置。正常情况下压力表与大气相通时指针应指向零刻线。

64. 当我们选用一块压力表时应当按照测量准确度、表盘直径、(　　)安装螺纹和测量对象的性质要求来合理地选择。

65. 一般压力表按其所测介质的不同，在表上应布不同的颜色，其中氢气为(　　)。

66. 一块合格的压力表，当其处于正常工作位置时，其指针应紧靠零位止钉或在(　　)。

67. 常用的活塞压力计按其结构可分为直接加荷式、带滑动轴承的和(　　)活塞压力计。

68. 活塞压力计为了保证在高压下活塞不弯曲变形往往做成(　　)和滚动轴承的方式。

69. 三等活塞压力计的基本误差在测量上限的10%以上时是测量值的(　　)。

70. 活塞压力计的测量误差是以测量上限的(　　)为界，在该值以下或以上测量误差的计算方法不同。

71. 活塞压力计是根据砝码，活塞产生的液体压力和被测压力在(　　)状态下达到平衡时，测定被测压力的。

72. 标准活塞压力计的准确度等级分为 0.02、0.05 和(　　)级。

73. 使用活塞压力计时需先将其调至水平，主要是为了保持(　　)的垂直，以产生准确的压力值。

74. 活塞压力计使用前应检查、仪器的水平、密封性、活塞旋转延续时间和活塞(　　)应符合要求。

75. 精密压力表的准确度等级分为 0.06、0.1、(　　)级。

76. 精密压力表应在环境温度为(　　)℃条件下使用。

77. 检定一般压力表时，选择标准器的允许误差的绝对值应(　　)被检压力表允许误差绝对值的 1/4。

78. 使用 1～60 MPa 的三等活塞压力计，检定一块 0～40 MPa 的 1.6 级工作压力表，活塞压力计在 40 MPa 点的允许误差的绝对值为(　　)，被检压力表允许误差的绝对值为 0.64 MPa，符合量程要求。

79. 弹簧管式压力表主要由表壳、机芯、(　　)、表盘、指针、接咀等部件构成。

80. 弹簧管式压力表机芯中有拉杆，它能将弹簧管的管端位移(　　)扇形齿，使扇齿旋转。

81. 弹簧管式压力表的机芯中，扇形齿和中心齿的作用是使指针(　　)。

82. 弹簧管压力表机芯中的游丝能(　　)指针回转中的振荡。

83. 一般压力表指针尖端的宽度为(　　)。

84. 压力表的表盘应平整光洁，各标志应(　　)。

85. 压力表的表盘应平整，各种标志齐全、清晰。其中应有出厂编号及(　　)编号。

86. 一块合格的压力表，在水平或垂直安装位置时，如果既无压力又无真空其指针应在(　　)或紧靠零位止钉。

87. 一般压力表的检定环境温度为(　　)℃。

88. 氧气压力表除应在表盘,表壳上涂以明显的天蓝色外,还应在表盘上有(　　)字样。

89. 压力表示值允差是按(　　)规定的。

90. 在同一压力值下,压力表在(　　)时轻敲表壳后的示值之差的绝对值,叫回程误差。

91. 在检查压力表的示值时,待标准压力值稳定后,要轻敲表壳,读取轻敲前后的(　　)叫轻敲示值变动量。

92. 一般压力表检定中按规程要求,示值应估读至最小分度值的(　　)。

93. 一般压力表检定至测量上限后,应做耐压(　　)分钟试验。

94. 一般压力表检定中,测量上限不大于(　　)MPa 的压力表,工作介质应为清洁、无毒、无害化学性能稳定的气体或空气。

95. 双针双管压力表的两指针示值应(　　)检定。

96. 氧气表的无油脂检查方法为,将纯净的温水注入弹簧管内,经振荡甩入清水内,如液面无(　　)为合格。

97. 电接点压力表应在环境温度(　　),测试绝缘电阻。

98. 电接点压力表设定点的检定,应在上、下限各设定(　　)点检定。

99. 转动物体上任一垂直于转轴的直线所转过的角度和转过这个角度所需时间之比叫作转动的(　　)。

100. 转动物体的线速度是指匀速圆周运动的质点所经过的(　　)和质点走完这段弧长所需要的时间之比。

101. 物体的平均速度是指物体经过某一段路程和经过该段路程所用的(　　)之比。

102. 瞬时速度是指质点在任何(　　)的速度。

103. 质点作匀速圆周运动时,作用在质点上指向(　　)的力为向心力。

104. 质点在作匀速圆周运动时,作用(　　)的指向圆心的力为向心力。

105. 物体作圆周运动时,对维持它作圆周运动的物体的作用力叫(　　)。

106. 物体作圆周运动时,向心力的(　　)叫离心力。

107. 单位时间内物体旋转的(　　)称为频率。

108. 旋转物体单位时间内的转动次数叫频率,也就是物体的旋转(　　)即转速。

109. 物体旋转一周所用的(　　)叫周期。

110. 转速表按工作原理划分有离心式、定时式、磁感应式、电动式、频闪式和(　　)六种。

111. 转速计量的最常用的单位是(　　)。

112. 离心式转速表的准确度等级有(　　)级、1 级和 2 级三个等级。

113. 磁电式传感器的转速表的准确度等级有 0.5、(　　)、2、2.5 五个等级。

114. 离心式转速表中,离心器上重物的作用是(　　)以便拉动指针指示转速值。

115. 离心式转速表中弹簧的作用是(　　)以便与离心器上重物的离心力平衡,确定转速值。

116. 电子计数转速表的转速传感器能发出(　　)供给计数显示装置。

117. 某离心式转速表,表盘上标明转速比是 1∶10,当指针指示在 2 000 r/min 时,表轴的实际转速是(　　)r/min。

118. 机械式转速表的摆幅率检测时,须(　　)观察指针的摆动量。

119. 标准转速装置不确定度应高于被检转速表准确度等级(   )倍。

120. 在转速仪表检定中，测频法适用于(   )测量。

121. 在转速仪表检定中(   )用于低转速测量。

122. 转速表应在环境温度为(   )℃和相对湿度≤85%的条件下进行检定。

123. 转速表的检定环境中不应有影响转速表正常检定的(   )。

124. 手持离心式转速表检定时，被检表、表轴上的橡皮头应与标准装置转轴接触(   )上，并无滑动现象。

125. 手持式转速表光电传感器的反射头与被测旋转体的距离应(   )8 mm。

126. 手持离心式和磁电式转速表进行正式检定前应在(   )值进行3次试运转，待转速表无异常现象时方可进行正式常检定。

127. 定时式转速表的启动、制动、指针回零机构及指针工作状况的检查应连续操作(   )次。

128. 检定离心和磁电转速表时应在被测转速(   )后，读取指针的中间值作为示值。

129. 手持离心、磁电式转速表检定时，应在常用量限内均匀地选择5个检定点包括(   )。

130. 手持离心式转速表检定时常用量均匀分布地选取5点，其余量限各(   )，每点检定3次。

131. 电子计数转速表应在被检转速表的测量范围内按(   )序列选择8个检定点。

132. 接触式电子计数式转速表检定时应确认其转轴与被测转轴在同一轴线上，且橡皮头与被测轴头(   )现象。

133. 需要检回程误差的转速表有(   )离心转速表、磁电式转速表。

134. 力是物体间的(   )作用。

135. 力臂是转动中心到力的作用线的(   )。

136. 扭矩是力对物体(   )效果的大小。

137. 扭矩传感器能够把机械扭矩(   )成可被测量的电信号。

138. 扭矩扳子根据使用要求的不同可分指示式和(   )两大类。

139. 定值式扭矩扳子在扭矩到达规定值时应能发出“咔哒”的响声等信号，同时(   )。

140. 机械定值式扭矩子由扳接头、(   )扳手体、定值机构、力值弹簧及调节指示机构等构成。

141. 我国现行《扭矩扳子》检定规程规定扭矩扳手的准确度等级分为(   )、5、10共五个等级。

142. 对于准确度3级的扭矩扳子其示值允差为(   )。

143. 扭矩扳子检定装置的准确度等级分为(   )1级和2级。

144. 检定扭矩扳子所用标准装置的允差应(   )被检扭矩扳子允差的1/3。

145. 扭矩扳子检定时的环境温度为(   )。

146. 检定扭矩子的环境要求相对湿度不大于(   )。

147. 检定扭矩扳子应在规定的工作范围内均匀分布地选择不少于(   )点进行。

148. 1 kgf·m≈(   )N·m。

149. 10 N·m≈(   )kgf·m。

150. 通常一台电子台秤,主要由电源部分(　　)数字转换部分,机械承重结构键盘、显示部分所构成。

151. 检定(Ⅲ)级秤的标准砝码的质量误差,应不大于被检秤(　　)最大允许误差的1/3。

152. 数字指示秤的检定应包括:外观、零点、去皮准确度,秤量准确度,偏载,(　　),去皮和重复性检定等项目。

153. 数字指示秤的检定项目中应有外观检定和零点、去皮准确度,鉴别力、秤量准确度、偏载、(　　)和重复性测试等项目。

154. 数字指示秤凑整前的示值误差为显示数减去标准砝码的标称值加1/2(　　)再减去示值转换时添加的小砝码的质量。

155. 数字指示秤称量测试时,为了准确地确定示值误差,应当用0.1d的小砝码,逐个轻缓地向秤台上加放,直至显示值(　　)一个分度值为止。

156. 一台数字指示秤,秤量点测试应当测试(　　),500e(50e),2000e(200e),50%最大秤量和最大秤量。

157. 数字指示秤在称量测试时,用0.1d的小砝码逐个地加向秤台直至示值增加1d目的是为了准确地测试(　　)。

158. 对于电子吊钩秤应当进行旋转测试,其旋转测试的载荷为(　　)最大秤量。

159. 数字指示秤的去皮测试包括:最小秤量、最大允许误差改变的秤量(　　)可能的最大净重值5个秤量。

160. 数字指示秤在做鉴别力测试时,应在处于平衡的秤上,轻缓地放上等于(　　)的砝码时,原来的示值应有变化。

161. 对周期检定的电子台秤,执行(　　)检定的最大允差。

162. 如对数字指示秤进行使用中的检验,则其允差应执行首次检定最大允差的(　　)。

163. 质量是指物体中所包含(　　)的多少。

164. 机械杠杆平衡时,作用在杠杆上对支点的力矩的(　　)等于零。

165. 处于平衡状态的物体受到外界的(　　)失去平衡后,能自动恢复平衡的状态叫稳定平衡。

二、单项选择题

1. 计量工作的基本任务是保证量值的准确一致和测量器具的正确使用,确保国家计量法规和(　　)的贯彻实施。

(A)计量单位统一　(B)法定计量单位　(C)计量检定规程　(D)计量保证

2. 标准计量器具的准确度一般应为被检计量器具准确度的(　　)。

(A)1/2～1/5　(B)1/5～1/10　(C)1/3～1/10　(D)1/3～1/5

3. 在给定的一贯单位制中,每个基本量只有(　　)基本单位。

(A)一个　(B)两个　(C)三个　(D)四个

4. 计量检定应遵循的原则是(　　)。

(A)统一准确　(B)经济合理,就地就近

(C)严格执行计量检定规程　(D)严格执行检定系统表

5. 不合格通知书是声明计量器具不符合有关(　　)的文件。

(A)检定规程　(B)法定要求　(C)计量法规　(D)技术标准

6. 计量器具在检定周期内抽检不合格的,(　)。

(A)由检定单位出具检定结果通知书　(B)由检定单位出具测试结果通知书

(C)由检定单位出具计量器具封存单　(D)应注销原检定证书或检定合格证、印

7. 校准的依据是(　)或校准方法。

(A)检定规程　(B)技术标准　(C)工艺要求　(D)校准规范

8. 校准的依据是校准规范或(　)。

(A)检定规程　(B)技术要求　(C)工艺要求　(D)校准方法

9. 属于强制检定工作计量器具的范围包括(　)。

(A)用于重要场所方面的计量器具

(B)用于贸易结算、安全防护、医疗卫生、环境监测四方面的计量器具

(C)列入国家公布的强制检定目录的计量器具

(D)用于贸易结算、安全防护、医疗卫生、环境监测方面列入国家强制检定目录的工作计量器具

10. 强制检定的计量器具是指(　)。

(A)强制检定的计量标准

(B)强制检定的计量标准和强制检定的工作计量器具

(C)强制检定的社会公用计量标准

(D)强制检定的工作计量器具

11. 个体工商户制造、修理计量器具的范围和管理办法由(　)制定。

(A)国务院计量行政部门　(B)国务院有关主管部门

(C)政府计量行政部门　(D)政府有关主管部门

12. 未经(　)批准,不得制造、销售和进口国务院规定废除的非法定计量单位的计量器具和国务院禁止使用的其他计量器具。

(A)国务院计量行政部门　(B)有关人民政府计量行政部门

(C)县级以上人民政府计量行政部门　(D)省级以上人民政府计量行政部门

13. 不确定度的值是一个(　)。

(A)正数　(B)误差　(C)修正值　(D)可正可负的数

14. 1985年9月6日,第六届全国人大常委会第十二次会议讨论通过了《中华人民共和国计量法》,国家主席李先念发布命令正式公布,规定从(　)起施行。

(A)1985年9月6日　(B)1986年7月1日

(C)1987年7月1日　(D)1997年5月27日

15. 我国《计量法实施细则》规定,(　)计量行政部门依法设置的计量检定机构为国家法定计量检定机构。

(A)国务院　(B)省级以上人民政府

(C)有关人民政府　(D)县级以上人民政府

16. 企业、事业单位建立本单位各项最高计量标准,须向(　)申请考核。

(A)省级人民政府计量行政部门

(B)县级人民政府计量行政部门

(C)有关人民政府计量行政部门
(D)其主管部门同级的人民政府计量行政部门
17. 非法定计量检定机构的计量检定人员,由(　　)考核发证。
(A)国务院计量行政部门　(B)省级以上人民政府计量行政部门
(C)县级以上人民政府计量行政部门　(D)其主管部门
18. 计量器具在检定周期内抽检不合格的,(　　)。
(A)由检定单位出具检定结果通知书　(B)由检定单位出具测试结果通知书
(C)由检定单位出具计量器具封存单　(D)应注销原检定证书或检定合格印、证
19. 法定计量单位中,国家选定的非国际单位制的质量单位名称(　　)。
(A)公斤　(B)公吨　(C)米制吨　(D)吨
20. 国际单位制中,下列计量单位名称不属于有专门名称的导出单位是(　　)。
(A)牛(顿)　(B)瓦(特)　(C)电子伏　(D)欧(姆)
21. 按我国法定计量单位使用方法规定,3 cm^2应读成(　　)。
(A)3 平方厘米　(B)3 厘米平方　(C)平方 3 厘米　(D)3 个平方厘米
22. 按我国法定计量单位的使用规则,15 ℃应读成(　　)。
(A)15 度　(B)15 度摄氏　(C)摄氏 15 度　(D)15 摄氏度
23. 测量结果与被测量真值之间的差是(　　)。
(A)偏差　(B)测量误差　(C)系统误差　(D)粗大误差
24. 修正值等于负的(　　)。
(A)随机误差　(B)相对误差　(C)系统误差　(D)粗大误差
25. 计量保证体系的定义是:为实施计量保证所需的组织结构(　　)、过程和资源。
(A)文件　(B)程序　(C)方法　(D)条件
26. 按照 ISO 10012—1 标准的要求:(　　)。
(A)企业必须实行测量设备的统一编写管理办法
(B)必须分析计算所有测量的不确定度
(C)必须对所有的测量设备进行标识管理
(D)必须对所有的测量设备进行封缄管理
27. Q235A 牌号的钢材属于(　　)。
(A)普通碳素结构钢　(B)优质碳素结构钢　(C)合金钢　(D)工具钢
28. 下列钢材牌号中,优质碳素结构钢的是(　　)。
(A)T8　(B)65Mn　(C)Q235　(D)45
29. 能降低材料脆性的热处理工艺方法是(　　)。
(A)淬火　(B)退火　(C)表面发黑　(D)渗碳
30. 机械制图中反映前后、左右位置关系的是(　　)。
(A)主视图　(B)俯视图　(C)左视图　(D)右视图
31. 用去除材料的方法获得表面粗糙度的标注应该是(　　)。
(A)　(B)　(C)3.2　(D)3.2
32. 形位公差中,表示圆柱度的标注符号是(　　)。

(A)○　(B)◎　(C)⌭　(D)⌯

33. 符合国家标准的 M8 螺纹普通粗牙，牙距是(　　)mm。

(A)1.25　(B)1.1　(C)1.2　(D)0.9

34. 常用分度值为 0.02 mm 的游标卡尺，其游标尺每格与主标尺每格间距相差(　　)mm。

(A)0.02　(B)0.01　(C)0.10　(D)0.20

35. 千分尺使用前应先检查零位，当其测微杆端面与校正杆端面接触时，应(　　)检查微分筒刻线位置是否正确。

(A)拧紧微分筒　(B)转动测力旋扭控制接触力

(C)使校正杆端面轻微触及测微杆　(D)使用冲击力

36. 使用百分表测量平面时，应使测杆与被测面(　　)。

(A)垂直　(B)可以倾斜　(C)向后倾 10°角　(D)向右稍倾斜

37. 当锉削量较大时应使用(　　)。

(A)整形锉　(B)钳工锉　(C)特种锉　(D)油光锉

38. 选粗牙锯条适宜于锯削(　　)工件。

(A)软材料　(B)硬材料　(C)薄材料　(D)细小杆件

39. 使用万用表时，选用量程的原则的是(　　)。

(A)表针指示在 1/2～2/3 满量程内　(B)表针指示在 1/2 满量程以下

(C)表针指示在接近上限处　(D)表针指示在零点附近

40. 测量电压的仪表，本身的电阻(　　)。

(A)要足够的高　(B)应与被测件电阻等值

(C)越小越好　(D)应固定不变

41. 正确使用兆欧表时，应当是(　　)。

(A)连线使绞线　(B)指针向前摆动时读数

(C)摇动手柄指针稳定时读数　(D)指针能达到要求值即可

42. 下列图例中表示电解容的是(　　)。

(A)—▭—　(B)—┤├—　(C)—┤|—　(D)—▯|—

43. 交流电的三要素是(　　)。

(A)最大值、初相位、角频率　(B)有效值、相位角、频率

(C)相角、频率、平均值　(D)有效值、初相位、频率

44. 半导体二极管具有(　　)的性能。

(A)单向导电　(B)双向导电　(C)电流放大　(D)电压放大

45. 安全照明电压是(　　)V。

(A)24　(B)110　(C)60　(D)80

46. 压力是指平均作用在(　　)力。

(A)单位面积上的　(B)每平方米面积上的

(C)单位面积上的垂直　(D)单位面积上的全部

47. 压力单位换算中 0.1 MPa 约等于(　　)。

(A)1 kg/cm^2　(B)10 kgf/cm^2　(C)10 br　(D)1 mH_2O

48. 有两块真空表A,指示的负压力为－0.01 MPa,B指示的负压力为－0.02 MPa。则A与B的绝对压力相比(　　)。

(A)A大于B　(B)A小于B　(C)A等于B　(D)无一定关系

49. 某被测压力为4 MPa,选择一块1.6级压力表其测量上限为(　　)比较合理。

(A)6 MPa　(B)10 MPa　(C)5 MPa　(D)4 MPa

50. 一般压力表安装使用要求中应做到(　　)。

(A)表盘垂直或水平　(B)向后倾斜45°

(C)保证指针指向零刻线　(D)向左(右)倾斜45°

51. 合理选择使用压力表时,常用压力应当在测量上限的(　　)处,而最大压力不超过测量上限值。

(A)二分之一　(B)四分之三左右　(C)三分之一　(D)上限附近

52. 一块普通压力表,其表壳除以明显的白色,按规定这块表是用来测量(　　)气体。

(A)氧气　(B)氢气　(C)氨气　(D)乙炔

53. 一块合格的压力表,可以首先检查其零位指示是否正确,即在无压力或真空时,其指针是否紧靠零位止钉或在零点缩格以内,其条件是(　　)。

(A)表在任意位置　(B)表盘处于垂直或水平位置

(C)表径摇动后　(D)表在倾斜位置

54. 带滚动轴承的活塞压力计,其优点是可以测量(　　)压力,而保持很高的准确度。

(A)更高的　(B)更小的　(C)一般的　(D)变动的

55. 一台1～60 MPa二等活塞压力计,在4 MPa点时的基本误差是(　　)MPa。

(A)0.002　(B)0.003　(C)0.2　(D)0.24

56. 决定活塞压力计产生标准压力值的是专用砝码的质量,当地的重力加速度和(　　)。

(A)造压筒的直径　(B)活塞的有效面积

(C)连接管的直径　(D)活塞杆的长度

57. 标准活塞压力计的准确度等级分为(　　)级。

(A)0.01、0.02、0.03　(B)0.01、0.03、0.05

(C)0.02、0.004、0.06　(D)0.02、0.05、0.2

58. 精密压力表的准确度等级分为(　　)级。

(A)0.2、0.35、0.5　(B)0.16、0.25、0.4

(C)0.2、0.35、0.6　(D)0.16、0.25、0.4、0.6

59. 0.4级精密压力表使用温度超过(　　)℃时应做温度修正。

(A)20±2　(B)20±3　(C)20±5　(D)20±4

60. 检定一般压力表时,标准器允许误差的绝对值应不大于被检压力表允许误差绝对值的(　　)。

(A)1/3　(B)1/4　(C)1/2　(D)1/5

61. 有些压力表的外壳上后部开有一孔,这个孔是(　　)。

(A)多余的　(B)使表内外温度均衡的

(C)为测量气体的表漏气时放气的　(D)为观察机芯用的

62. 弹簧管式压力表中，弹簧管末端与扇形齿相连有一拉杆，其灵活性与压力示值之间(　　)。

(A)无关　　(B)能引起轻敲变动性

(C)使示值增大　　(D)影响测量上限值

63. 弹簧管式压力表中，连接弹簧管和扇形齿的是一个拉杆，对它的要求是(　　)。

(A)能起连接作用即可　　(B)长短合适

(C)稍长点好　　(D)适度灵活，长短合适

64. 弹簧管压力表机芯中的游丝起着(　　)的作用。

(A)平衡力矩　　(B)稳定指针　　(C)保证零位　　(D)调整示值

65. 一般压力表指针尖端的宽度应为(　　)。

(A)最小分度的1/5　　(B)分度线宽度的1/2

(C)不大于分度线宽度　　(D)不大于分度间距的1/3

66. 压力表的零位标志应不超过示值允差绝对值的(　　)倍。

(A)1.5　　(B)2　　(C)1　　(D)2.5

67. 检定一般压力表的环境相对湿度应不大于(　　)。

(A)80%　　(B)70%　　(C)85%　　(D)75%

68. 用于测量氧气的压力表，表盘应有(　　)色禁油字样。

(A)红　　(B)天兰　　(C)黑　　(D)绿

69. 一块测量范围为－0.1～0.06 MPa，1.0级压力真空表，其示值允差为(　　)MPa。

(A)0.001 6　　(B)0.000 6　　(C)0.016　　(D)0.06

70. 压力表的回程误差是(　　)下，升压和降压时压力表的轻敲后的示值之差。

(A)同一压力　　(B)满量程　　(C)不同压力　　(D)任一点时

71. 一般压力表检定记录数据时，按检定规程的要求，示值应估读到分度值的(　　)。

(A)1/5　　(B)1/10　　(C)1/4　　(D)1/2

72. 一般压力表的耐压试验，应在检测至上限后(　　)3分钟。

(A)切断压力源耐压　　(B)继续补允压力维持

(C)超过一定压力保证　　(D)卸除一定压力保压

73. 一般压力表的检定中，使用液体介质检定的压力表测量上限应为(　　)MPa。

(A)0.3～200　　(B)0.25～250　　(C)1～250　　(D)2.5～250

74. 一般压力真空表中，测量上限为0.15 MPa的其真空部分的检定要求为(　　)。

(A)只检二点　　(B)只检三点　　(C)检定一点　　(D)能指向真空即可

75. 双针双管压力表两指针的示值应(　　)为合格。

(A)完全一致

(B)都在允差内

(C)都不超差，且相互之差不大于允差的绝对值

(D)不影响

76. 电接点压力表绝缘电阻测试时，其环境相对湿度应不大于(　　)。

(A)80%　　(B)75%　　(C)85%　　(D)60%

77. 电接点压力表设定值与动作值之差对准确度为1.6级的直接作用式表来说应不超

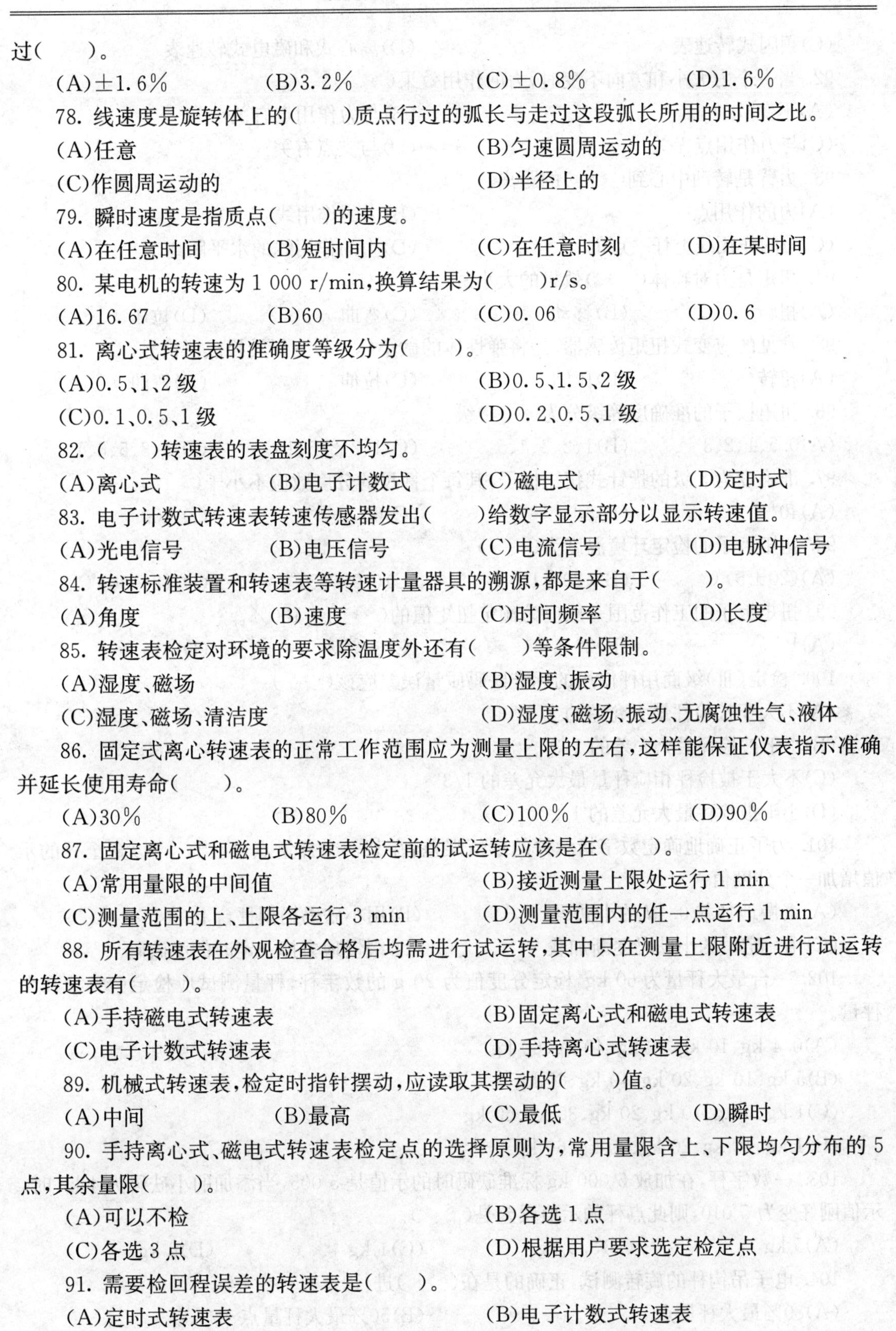

过(　　)。

(A)±1.6%　　(B)3.2%　　(C)±0.8%　　(D)1.6%

78. 线速度是旋转体上的(　　)质点行过的弧长与走过这段弧长所用的时间之比。

(A)任意　　(B)匀速圆周运动的

(C)作圆周运动的　　(D)半径上的

79. 瞬时速度是指质点(　　)的速度。

(A)在任意时间　　(B)短时间内　　(C)在任意时刻　　(D)在某时间

80. 某电机的转速为 1 000 r/min,换算结果为(　　)r/s。

(A)16.67　　(B)60　　(C)0.06　　(D)0.6

81. 离心式转速表的准确度等级分为(　　)。

(A)0.5、1、2 级　　(B)0.5、1.5、2 级

(C)0.1、0.5、1 级　　(D)0.2、0.5、1 级

82. (　　)转速表的表盘刻度不均匀。

(A)离心式　　(B)电子计数式　　(C)磁电式　　(D)定时式

83. 电子计数式转速表转速传感器发出(　　)给数字显示部分以显示转速值。

(A)光电信号　　(B)电压信号　　(C)电流信号　　(D)电脉冲信号

84. 转速标准装置和转速表等转速计量器具的溯源,都是来自于(　　)。

(A)角度　　(B)速度　　(C)时间频率　　(D)长度

85. 转速表检定对环境的要求除温度外还有(　　)等条件限制。

(A)湿度、磁场　　(B)湿度、振动

(C)湿度、磁场、清洁度　　(D)湿度、磁场、振动、无腐蚀性气、液体

86. 固定式离心转速表的正常工作范围应为测量上限的左右,这样能保证仪表指示准确并延长使用寿命(　　)。

(A)30%　　(B)80%　　(C)100%　　(D)90%

87. 固定离心式和磁电式转速表检定前的试运转应该是在(　　)。

(A)常用量限的中间值　　(B)接近测量上限处运行 1 min

(C)测量范围的上、上限各运行 3 min　　(D)测量范围内的任一点运行 1 min

88. 所有转速表在外观检查合格后均需进行试运转,其中只在测量上限附近进行试运转的转速表有(　　)。

(A)手持磁电式转速表　　(B)固定离心式和磁电式转速表

(C)电子计数式转速表　　(D)手持离心式转速表

89. 机械式转速表,检定时指针摆动,应读取其摆动的(　　)值。

(A)中间　　(B)最高　　(C)最低　　(D)瞬时

90. 手持离心式、磁电式转速表检定点的选择原则为,常用量限含上、下限均匀分布的 5 点,其余量限(　　)。

(A)可以不检　　(B)各选 1 点

(C)各选 3 点　　(D)根据用户要求选定检定点

91. 需要检回程误差的转速表是(　　)。

(A)定时式转速表　　(B)电子计数式转速表

(C)频闪式转速表　　(D)离心式和磁电式转速表

92. 当一个力大小和方向不变时,力的作用效果(　　)。

(A)不变　　(B)与力作用点有关

(C)与力作用点无关　　(D)与支点有关

93. 力臂是转动中心到(　　)的距离。

(A)力的作用点　　(B)力的作用线

(C)力的作用线上任一点的　　(D)力的作用线的水平距离

94. 扭矩是力对物体(　　)效果的大小。

(A)扭转　　(B)移动　　(C)弯曲　　(D)拉压

95. 常见的应变式扭矩传感器,是将弹性体的微小(　　)变形转换成电信号。

(A)扭转　　(B)压缩　　(C)拉伸　　(D)弯曲

96. 扭矩扳子的准确度等级分为(　　)级。

(A)0.5、1、2、3　　(B)1、2、3、4、5　　(C)1、2、3、5、10　　(D)1、3、5、6、10

97. 准确度为5级的指针式扭矩扳子,其每个标尺的分度数应不小于(　　)。

(A)40　　(B)50　　(C)60　　(D)100

98. 扭矩扳子的检定环境温度为(　　)。

(A)(20±5)℃　　(B)(20±10)℃　　(C)(10～35)℃　　(D)(5～30)℃

99. 扭矩扳子的工作范围一般应为额定扭矩值的(　　)～100%。

(A)10%　　(B)20%　　(C)30%　　(D)5%

100. 检定(Ⅲ)级商用秤使用的标准砝码质量误差应该(　　)。

(A)不大于被检秤最大允差的1/3

(B)小于被检秤最大允差的1/3

(C)不大于被检秤相应秤量最大允差的1/3

(D)小于被检秤最大允差的1/2

101. 为了正确地确定数字指示秤的示值误差,在某一个秤量点,应当(　　)直至秤的示值增加一个分度值。

(A)缓慢地加载0.1d的小砝码　　(B)用小砝码扔到秤台上

(C)用一定量的小砝码逐渐加载　　(D)缓慢地去掉一定时的小砝码

102. 一台最大秤量为60 kg,检定分度值为20 g的数字秤,秤量测试应检定(　　)几个秤量。

(A)0.4 kg、10 kg、30 kg、40 kg、60 kg

(B)5 kg、10 kg、20 kg、40 kg、60 kg

(C)1 kg、5 kg、10 kg、20 kg、30 kg、60 kg

(D)1 kg、10 kg、20 kg、30 kg、60 kg

103. 一数字秤,在加放5 000 kg标准砝码时的示值是5 005,当添加的小砝码为4 kg时,示值刚好变为5 010,则此点秤的示值误差是(　　)。

(A)5 kg　　(B)3.5 kg　　(C)1 kg　　(D)6 kg

104. 电子吊钩秤的旋转测试,正确的是在(　　)进行。

(A)80%最大秤量点　　(B)50%最大秤量点

(C)110%最大秤量点　　　　(D)60%最大秤量点

105. 一台具有 6 只传感器的 30 t 电子汽车衡，在偏载测试时合理的载荷应为(　　)。

(A)2 t　　(B)3 t　　(C)5 t　　(D)6 t

106. 对数字指示秤，按照 JJG 539—97 规程的要求，去皮称量测试至少应进行(　　)个秤量的测试。

(A)3　　(B)4　　(C)5　　(D)6

107. 一台数字指示秤，检定鉴别力开始时示值为 200 g，那么将要添加 1.4d 小砝码时秤的示值应为(　　)。(d=10 g)

(A)190 g　　(B)200 g　　(C)210 g　　(D)180 g

108. 某数字指示秤的重复性测试，在 5 000 kg 点的 5 次测试数据如下：P_1=5 003.5；P_2=5 001.0；P_3=5 003.5；P_4=5 002.0；P_5=5 006.5，该点的重复性误差为(　　)kg。

(A)4.5　　(B)1.5　　(C)2.0　　(D)5.5

109. 质量和重量是(　　)的两个概念。

(A)相近　　(B)相同　　(C)完全不同　　(D)可以替代

110. 当机械杠杆处于平衡状态时，作用在杠杆上的力对支点的力矩(　　)。

(A)方向相向　　(B)力矩值相等　　(C)代数和为零　　(D)向一个方向

111. 处于稳定平衡的物体其重心处于支点的(　　)。

(A)上方　　(B)下方　　(C)前方　　(D)同一个位置上

112. 当物体处于随遇平衡状态时，其重心与支点的位置(　　)。

(A)重合　　(B)不重合　　(C)在上方　　(D)在下方

113. 支点位于重心的下方，且又在通过重心的铅垂线上时，物体处于(　　)。

(A)稳定平衡状态　　　　(B)不稳定平衡状态

(C)随遇平衡状态　　　　(D)不平衡状态

114. 在机械杠杆中，支点位于力点和重点之间的是(　　)。

(A)一类杠杆　　(B)二类械杆　　(C)三类杠杆　　(D)复合杠杆

115. 使用第二种杠杆总是(　　)。

(A)省力的　　(B)费力的　　(C)省行程　　(D)缩短力臂

116. 机械衡器杠杆上刀线的几何位置要求应该相互平行，且有(　　)的距离。

(A)固定　　(B)确定　　(C)固定正确　　(D)规定

117. 机械杠杆秤中，刀子和刀承工作部分的硬度是(　　)。

(A)刀子的硬度大于刀承的硬度　　　　(B)刀承的硬度略大于刀子的硬度

(C)彼此相等　　　　(D)大小无关

118. 机械杠杆秤的稳定性是指(　　)。

(A)称量数据稳定不变

(B)机械结构的稳定程度

(C)杠杆系统受到外界干扰后自动灰复平衡的能力

(D)对同一物体称量结果一致

119. AGT 型案秤，调节底部拉带其一端的高低可以调整(　　)。

(A)秤的全量误差　　　　(B)秤沿计量杠杆纵向偏载误差

(C)垂直于计量杠杆方向的偏载误差　　(D)所有偏载误差

120. 评定衡器准确性的时候用(　　)。

(A)检定分度值 e　(B)最小分度值 d　(C)e 或 d 都可以　(D)最大分度值

121. 按 JJG 14—97《非自行指示秤检定规程》的规定,新型台、案秤周期检定时,2 000e 秤量点的允差为(　　)。

(A)±1.0e　(B)±1.5e　(C)±2.0e　(D)±3.0e

122. 一台合格的非自动指示秤,空秤时,计量杠杆支、力、重点沿刀承纵向分别移至极限位置,计量杠杆平衡时(　　)。

(A)允差可以放宽　　(B)摆幅允许减小

(C)摆幅不允许缩小　　(D)力点端只要能停止在示准器中间即可

123. 对一台最大秤量 100 kg 的 TGT 型台秤,测试灵敏度时,其计量杠杆力点端平衡静止位置的改变(　　)。

(A)应为 3 mm　(B)至少应为 3 mm　(C)应大于 3 mm　(D)应大于 5 mm

124. 对一台 6 点支承的 30 t 地秤,做偏载测试时,其偏载载荷取(　　)较为全适。

(A)10 t　(B)6 t　(C)4 t　(D)3 t

125. 一台地秤用 1 t 的标准砝码进行测试时,用副标尺和用主标尺的称量结果(　　)。

(A)其差值应不超过允差的绝对值　　(B)都不超过最大允差即可

(C)可以相差 1e　　(D)可以相差 1.5e

126. 一台 AGT-10 型案秤,偏载测试时,发现沿计量杠杆方向的二点示值超差,应当调整(　　)。

(A)支点刀的位置　　(B)力点刀的位置

(C)重点刀的位置　　(D)拉带一端的高低位置

127. 一台 AGT-10 型案秤,偏载测试时,误差一致,秤量点测示时出现线性误差,应当(　　)。

(A)调整一个支点刀的位置　　(B)同时等量调整两个支重距

(C)调整位带的长短　　(D)调整、拉带连接板的高低位

128. 调整台秤承重杠杆长杠杆合成力点刀的位置(刀刃间的距离)可以改善(　　)。

(A)偏载误差　(B)秤量点的误差　(C)零点误差　(D)灵敏性

129. 架盘天平的称量机构是一个(　　)。

(A)等臂杠杆机构　　(B)单杠杆机构

(C)罗伯威尔机构的应用　　(D)两个台秤机构的组合

130. 一台最大秤量为 1 000 g 的架盘天平,在 1/2 最大秤量四角检定时的允差为(　　)。

(A)0.5 g　(B)1 g　(C)0.2 g　(D)0.1 g

131. 一台最大秤量为 1 000 g 的架盘天平,其在最大秤量时的允许误差为(　　)。

(A)1 个分度　　(B)2 个分度

(C)该秤量的 1/1 000　　(D)该秤量的 1/2 000

132. 检定架盘天平所用标准砝码应为(　　)。

(A)等量砝码　　(B)M_1 等和等量砝码

(C)M_1 等砝码　　(D)M_2 等砝码

133. 弹簧管压力表机芯中,扇心齿的作用是(　　)。

(A)连接弹簧管和指针

(B)使指针运转平稳

(C)将弹簧管管端位移转换成转动加以放大

(D)推动中心齿转动

134. 压力表轻敲位移的检定应当在(　　)进行。

(A)每个检定点都　(B)进回程各点都　(C)只在升压时　(D)只中上限点

135. 旋转物体(　　)转动的次数称为频率。

(A)总的　(B)固定时间内的　(C)单位时间内　(D)一定时间内的

136. 频率与周期互为(　　)。

(A)倒数　(B)约数　(C)质数　(D)因数

137. 某物体的转速为 50 r/min,则其每转的转动周期为(　　)s。

(A)12　(B)1.2　(C)0.2　(D)0.02

138. 各种转速表中(　　)测量的是平均转速。

(A)时式转速表　(B)离心式转速表　(C)电动式转速表　(D)频闪式转速表

139. 1 bf·ft(磅力·英尺)≈(　　)N·m。

(A)0.5×0.3　(B)0.45×0.3　(C)4.45×0.25　(D)1.356

140. 下列计量器具中,(　　)是指示式计量器具。

(A)血压计　(B)量块　(C)电阻箱　(D)刚卷尺

141. 测量传感器是指(　　)。

(A)提供与输入量有确定关系的输出量的器件

(B)一种指示式计量器具

(C)输入和输出是同种量的仪器

(D)通过转换得到的指示值或等效信息的仪器

142. 某一玻璃液体温度计,其标尺下限示值为－20 ℃,而其上限示值为＋80 ℃,则该温度计的上限与下限之差为该温度计的(　　)。

(A)量程　(B)示值范围　(C)标称范围　(D)测量范围

143. 2 台检流计,A 台输入 1 mA 光标移动 10 格,B 台输入 1 mA 光标移动 20 格,A 台检流计的灵敏度比 B 台检流计的灵敏度(　　)。

(A)低　(B)高　(C)相同　(D)相近

144. 当一台天平的指针产生可觉察位移的最小负荷变化为 10 mg,则此天平的(　　)为 10 mg。

(A)鉴别力　(B)灵敏度　(C)分辨力　(D)死区

145. 在相同测量条件下,重复测量同一个被测量,测量仪器提供相近示值的能力称为测量仪器的(　　)。

(A)重复性　(B)稳定性　(C)复现性　(D)示值变化

146. 某一被检电压表的示值为 20 V,用标准电压表检定,其电压实际值(标准值)为 20.1 V,则示值 20 V 的误差为(　　)。

(A)－0.1 V　(B)0.1 V　(C)0.05 V　(D)－0.05 V

147. 检定一台准确度等级为2.5级、上限为100 A的电流表，发现在50 A的示值误差为2 A，且在各被检示值中为最大，所以该电流表检定结果引用误差不大于（　　）。

(A)＋2％　　(B)－2％　　(C)＋4％　　(D)－2.5％

148. 通常把被测量值为零时测量仪器的示值相对于标尺零刻线之差值称为（　　）。

(A)零值误差(即零值的基值误差)　　(B)零位误差

(C)固有误差　　(D)测量仪器的偏移

149. 使测量仪器的规定计量特性不受损也不降低，其后仍可在额定操作条件下运行而能承受的极端条件称（　　）。

(A)极限条件　　(B)参考条件　　(C)额定操作条件　　(D)正常使用条件

150. 根据测量标准的定义，下列计量器具中（　　）不是测量标准。

(A)100 kN材料实验机　　(B)100 kN国家力值基准

(C)100 kN 0.1级标准测力计　　(D)100 kN力标准机

151. 下列中（　　）不属于测量标准。

(A)工作计量器具　　(B)计量基准　　(C)标准物质　　(D)计量标准

152. 计量基准由（　　）根据社会、经济发展和科学进步的需要，统一规划，组织建立。

(A)国务院计量行政部门　　(B)省级计量行政部门

(C)各级计量行政部门　　(D)国务院有关部门

153. 下列计量标准中可以不经过计量行政部门考核、批准，就可以直接使用的是（　　）。

(A)企事业次级计量标准　　(B)社会公用计量标准

(C)企事业最高计量标准　　(D)部门最高计量标准

154. 某单位没有流量方面的计量标准，现在新建立了一项流量计量标准，它的量值可以溯源到本单位的质量和时间的计量标准，所以（　　）。

(A)可以判定其属于最高计量标准

(B)可以判定其属于次级计量标准

(C)无法叛定其属于最高计量标准还是次级计量标准

(D)既可以作为最高计量标准又可以作为次级计量标准

155. （　　）是经过计量行政部门考核、批准，作为统一本地区量值的依据，在社会上实施计量监督具有公证作用的计量标准。

(A)社会公用计量标准　　(B)部门最高计量标准

(C)企事业最高计量标准　　(D)企事业次级计量标准

156. 申请考核单位应当在《计量标准考核证书》有效期满前（　　）向主持考核的计量行政部门提出计量标准的复查考核申请。

(A)一个月　　(B)三个月　　(C)五个月　　(D)六个月

157. 计量机构进行计量检定必须配备（　　）。

(A)计量标准　　(B)抽样设备　　(C)测量设备　　(D)检测设备

158. 开展校准时，机构应使用满足（　　）的，对所进行的校准事宜的校准方法。

(A)顾客需要　　(B)仪器生产厂需要

(C)计量检定机构要求　　(D)以上全是

159. 开展商品量检测时，应使用国家统一的商品量检测技术规范，如无国家统一制定的技术规范,应执行由(　　)规定的检测方法。

(A)省级以上政府计量行政部门　(B)县级以上政府行政计量部门
(C)国家质量监督检疫总局　(D)计量检定机构

160. 为了保证检定、校准和检测质量的目标,必须对检定、校准和检测的(　　)两个方面进行全面有效控制,对控制获得的数据进行分析,并且采取相应的措施。

(A)实施过程和结果　(B)原始记录和证书报告
(C)人员和设备　(D)检测方法和检测设备

161. 检定、校准和检测结果的原始观测数据应在(　　)予以记录。

(A)工作时　(B)工作前　(C)工作后　(D)以上都可以

162. 计量技术机构采取纠正措施的目的是(　　)。

(A)查找不合格　(B)查找不合格的原因
(C)消除不合格　(D)消除不合格原因

163. 计量机构进行计量检定必须配备(　　)。

(A)计量标准　(B)抽样设备　(C)测量设备　(D)检测设备

164.(　　)是以确定量值为目的的一组操作。

(A)计量　(B)测试　(C)测量　(D)以上皆非

165. 某一检定员,对某一测量仪器在参考条件下,通过检定确定了该测量仪器的各点的示值误差,该误差是(　　)。

(A)测量仪器的基本误差　(B)测量仪器的最大允许误差
(C)测量仪器的重复性　(D)以上皆否

三、多项选择题

1. 企、事业单位最高计量标准的量值应当经(　　)检定或校准来证明其溯源性。

(A)法定计量检定机构
(B)质量技术监督部门授权的计量技术机构
(C)具有计量标准的计量机构
(D)知名的检测机构

2. 下列条件中(　　)是计量标准必须具备的条件。

(A)计量标准器及配套设备能满足开展计量检定或校准工作的需要
(B)具有正常工作所需要的环境条件及设施
(C)具有一定数量高级职称的计量技术人员
(D)具有完善的管理制度

3. 企、事业单位最高计量标准的主要配套设备中的计量器具可以向(　　)溯源。

(A)具有相应测量能力的计量技术机构
(B)法定计量检定机构
(C)质量技术监督部门授权的计量技术机构
(D)具有测量能力的高等院校

4. 指出国际单位制的基本单位是(　　)。

(A)千克　(B)牛(顿)　(C)秒　(D)摄氏度

5. 每项计量标准应当配备至少两名持有(　　)的检定或校准人员。
(A)与开展检定或校准项目相一致的《计量检定员证》
(B)《注册计量师资格证书》和相应项目的注册证
(C)相应专业的学历证书
(D)相应技术职称证书
6. 下列关于计量标准的稳定性描述中,(　　)是正确的。
(A)若计量标准在使用中采用标称值或示值,则稳定性应当小于计量标准的最大允许误差的绝对值
(B)若计量标准需要加修正值使用,则稳定性应当小于计量标准修正值的合成标准不确定度
(C)经常在用的计量标准,可不必进行稳定性考核
(D)新建计量标准一般应当经过半年以上的稳定性考核,证明其所复现的量值稳定可靠后方能申请计量标准考核
7. 计量标准考核的后续监管包括计量标准器或主要配套设备的(　　)。
(A)更换　(B)撤销　(C)暂停使用　(D)恢复使用
8. 以下不属于法定单位名称的是(　　)。
(A)公尺　(B)公斤　(C)公分　(D)公升
9. 以下属于强制检定的计量器具是(　　)措施。
(A)锅炉用压力表　(B)工艺测量的精密压力表
(C)量传的精密压力表　(D)质量检测的压力表
10. 以下不属于强检的计量器具是(　　)。
(A)用称量物品的秤　(B)商场使用的秤
(C)氧气站氧气表　(D)焊接用乙炔瓶上乙炔表
11. 强制检定的对象包括(　　)。
(A)社会公用计量标准器具
(B)标准物质
(C)列入《中华人民共和国强制检定的工作计量器具目录》的工作计量器具
(D)部门和企、事业单位使用的最高计量器具
12. 加强计量监督管理的核心内容(　　)。
(A)健全国家计量法制　(B)解决国家计量单位的统一
(C)全国量值的准确可靠　(D)强化强检器具的管理
13. 测量仪器检定或校准的状态标识可包括(　　)。
(A)检定合格证　(B)产品合格证　(C)准用证　(D)检定证
14. 对检定、校准证书的审核是保证工作质量的一个重要环节,核验人员对证书的审核内容包括(　　)。
(A)对照原始记录检查证书上的信息是否与原始记录一致
(B)对数据的计算或换算进行验算并检查结论是否正确
(C)检查数据的有效数字和计算单位是否正确
(D)检查被测件的功能是否正常

15. 检定工作完成后,经检定人员在原始记录上签字后交核验人员审核,以下(　　)情况下核验人员没有尽到职责。

(A)经核验人员检查,在检定规程中要求的检定项目都已完成,核验人员就在原始记录上签名

(B)核验人员发现数据和结论有问题,不能签字并向检定人员指出问题

(C)由于对检定人员的信任,核验人员即刻在原始记录上签字

(D)核验人员发现检定未依据最新有效版本的检定规程进行,原始记录如实填写了老版本,核验人员要求检定员在原始记录中改写为新版本

16. 在中华人民共和国境内进行计量检定(　　)计量器具必须遵守计量法。

(A)制造　　(B)修理　　(C)销售　　(D)使用

17. 测量标准是为了(　　)量的单位或一个或多个量值,用作参考的实物量具、测量仪器、参考物质或测量系统。

(A)定义　　(B)复现　　(C)获得　　(D)保存

18. 下列关于密度单位 kg/m^3 叙述错误的是(　　)。

(A)千克每立方米　　(B)千克每三次方米

(C)中文符号千克/立方米　　(D)千克(米)^3

19. 社会公用计量标准必须经过计量行政部门主持考核合格,取得(　　),方能向社会开展量值传递。

(A)《标准考核合格证书》　　(B)《计量标准考核证书》

(C)《计量检定员证》　　(D)《社会公用计量标准证书》

20. 对用于(　　)方面的列入强制检定目录的工作计量器具实施强制检定。

(A)质量监督　　(B)安全防护　　(C)医疗卫生　　(D)环境监测

21. 以下单位书写正确的是(　　)。

(A)KPA　　(B)Pa　　(C)MG　　(D)Mg

22. 计量立法的宗旨是(　　)。

(A)加强计量监督管理,保障计量单位制的统一和量值的准确可靠

(B)适应社会主义现代化建设的需要,维护国家、人民的利益

(C)保障人民的健康和生命、财产的安全

(D)有利于生产、贸易和科学技术的发展

23. 国家法定计量检定机构应根据质量技术监督部门的授权履行下列职责(　　)。

(A)建立社会公用计量标准　　(B)执行强制检定

(C)没收非法计量器具　　(D)承办有关计量监督工作

24. 以下属于力学计量的项目有(　　)。

(A)压力　　(B)速度　　(C)温度　　(D)硬度

25. 计量检定规程可以由(　　)制定。

(A)国务院计量行政部门　　(B)省、自治区、直辖市政府计量行政部门

(C)国务院有关主管部门　　(D)法定计量检定机构

26. 需要强制检定的计量标准包括(　　)。

(A)社会公用计量标准　　(B)部门最高计量标准

(C)企事业单位最高计量标准　　(D)工作计量标准

27. 以下不属于力学计量的项目有(　　)。

(A)温度计量　(B)测力计量　(C)衰减计量　(D)时间计量

28. 下列选项中满足压力表检定规程环境条件的是(　　)。

(A)环境温度 18 ℃　(B)环境温度 26 ℃　(C)相对湿度 90%　(D)相对湿度 80%

29. 以下选项符合压力表指针指示端的宽度的是(　　)。

(A)1/3　(B)1/2　(C)2/3　(D)1

30. 以下常用压力单位换算正确的是(　　)。

(A)1 MPa=9.8 kg/cm^2　　(B)1 MPa=10 bar

(C)145.038 psi=1 MPa　　(D)1 MPa=100 kPa

31. 弹簧管式压力表的测量包括(　　)测量。

(A)固体　(B)液体　(C)气体　(D)真空

32. 弹簧管式压力表中,连接弹簧管和扇形齿的是一个拉杆对它的要求是(　　)。

(A)能起连接作用即可　　(B)长短合适

(C)稍长点好　　(D)适度灵活

33. 弹簧管式压力表的指针偏转平稳性,在测量范围内指针偏转应(　　)。

(A)平稳　(B)无跳动　(C)适度灵活　(D)无卡住

34. 弹簧管式压力表的氧气表还必须标以(　　)。

(A)红色"禁油"　　(B)色标颜色为黄色

(C)色标颜色为天蓝色　　(D)色标颜色为深绿色

35. 检定弹簧管式压力表的标准器的允许误差可以是被检表允许误差绝对值的(　　)。

(A)1/3　(B)1/4　(C)1/5　(D)1/6

36. 检定弹簧管式压力表的可供选的标准器(　　)。

(A)砝码　　(B)活塞压力计

(C)弹簧管式精密压力表　　(D)液体压力计

37. 弹簧管式压力表的测量上限值的数字应符合(　　)。

(A)1×10^n　(B)2×10^n　(C)2.5×10^n　(D)5×10^n

38. 以下是弹簧管式压力表的准确度等级有(　　)。

(A)0.4 级　(B)1.6 级　(C)2.5 级　(D)0.25 级

39. 以下属于精密压力表的准确度等级有(　　)。

(A)1 级　(B)0.25 级　(C)1.6 级　(D)0.1 级

40. 电接点式压力表的检定除示值检定外还应进行(　　)检定。

(A)绝缘电阻　(B)连通性　(C)设定点偏差　(D)切换差

41. 双针双管或双针单管压力表的检定先对单针示值检定后还应增加(　　)检查。

(A)绝缘电阻　(B)无油脂检查　(C)两管连通性　(D)两指针示值之差

42. 以下不属于 Q235A 牌号的钢材的是(　　)。

(A)普通碳素钢　(B)优质碳素结构钢　(C)合金钢　(D)工具钢

43. 以下钢材牌号中,不是碳素钢结构钢的是(　　)。

(A)T8　(B)65Mn　(C)表面发黑　(D)渗碳

44. 以下属于交流电的三要素(　　)。

(A)最大值　(B)初相位　(C)角频率　(D)有效值

45. 当挫削量较大时不能使用(　　)。

(A)整形挫　(B)钳工锉　(C)特种锉　(D)油光锉

46. 使用中的扭矩扳子的检定项目包括(　　)。

(A)超载　(B)示值　(C)外观　(D)示值回零

47. 以下属于预置式扭矩扳子的是(　　)。

(A)指针式　(B)机械式　(C)数字式　(D)电子式

48. 扭矩扳子的检定一般不少于三点,对一把 20～100 N·m 扭矩扳子,以下比较合理的选点有(　　)。

(A)0,20,80　(B)10,50,100　(C)20,60,100　(D)20,70,100

49. 需要检回程误差的转数表的是(　　)。

(A)离心式　(B)电子计数式　(C)定时式转数表　(D)磁电式转数表

50. 一块 Y-60×4 MPa 的 2.5 级氧气压力表,下列可以选作为标准的是(　　)。

(A)水介质二等活塞压力计

(B)油介质二等活塞压力计

(C)0.25 级 6 MPa 精密压力表和氧气校验台

(D)0.4 级 4 MPa 精密压力表和氧气校验台

51. 一块 Y-60×4 MPa 的 2.5 级乙炔压力表,下列可以选作为标准的是(　　)。

(A)水介质二等活塞压力计

(B)油介质二等活塞压力计

(C)0.25 级 6 MPa 精密压力表和气体校验台

(D)0.4 级 4M Pa 精密压力表和气体校验台

52. 一块 Y-100×0.16 MPa 的 1.6 级普通压力表,下列可以选作为标准的是(　　)。

(A)油介质二等活塞压力计

(B)0.05 级活塞压力真空计

(C)0.25 级 0.16 MPa 精密压力表和气动效验台

(D)0.6 级 0.25 MPa 精密压力表和压力效验台

53. 一块直径 100 mm,量程为 1.6 MPa 的 1.0 级弹簧管式压力表,下列可作为标准的是(　　)。

(A)Y-150,量程 2.5 MPa 的 0.4 级精密压力表

(B)Y-150,量程 1.6 MPa 的 0.6 级精密压力表

(C)测量范围(0.1～6)MPa,0.02 级的活塞压力计

(D)测量范围(0.1～6)MPa,0.05 级的活塞压力计

54. 一块直径 100 mm,量程为 1.6 MPa 的 1.6 级弹簧管式压力表,下列可作为标准的是(　　)。

(A)Y-150,量程 1.6 MPa 的 0.25 级精密压力表

(B)Y-150,量程 1.6 MPa 的 0.6 级精密压力表

(C)测量范围(0.1～6)MPa,0.02 级的活塞压力计

(D)测量范围(0.1～6)MPa,0.05级的活塞压力计

55. 一块直径60 mm,量程为4 MPa的2.5级弹簧管式压力表,下列可作为标准的是(　　)。

(A)Y-150,量程4 MPa的1.0级压力表

(B)Y-150,量程10 MPa的0.6级精密压力表

(C)测量范围(0.1～6)MPa,0.02级的活塞压力计

(D)测量范围(0.1～6)MPa,0.05级的活塞压力计

56. 以下准确度等级精密压力表,在工作中常被选用来作标准的是(　　)。

(A)0.1级　(B)0.25级　(C)0.4级　(D)0.6级

57. 精密压力表的指针刀锋指示端应垂直于分读盘,并能满足覆盖最短分度线的是(　　)。

(A)1　(B)1/4　(C)2/4　(D)3/4

58. (　　)不适合JJG 14—97非自行指示秤检定规程。

(A)首次检定　(B)随后检定　(C)定型鉴定　(D)样机试验

59. 以下是组成杠杆式机械衡器的杠杆系的零件的有(　　)。

(A)刀子、刀承　(B)吊耳、连杆　(C)秤盘　(D)上述选项都是

60. 非自行指示秤的(　　)属于强制必备标志。

(A)制造厂的名称和商标　(B)出厂编号

(C)最大安全载荷　(D)检定分度值

61. 非自行指示秤的(　　)不属于强制必备标志。

(A)型式批准标志和编号　(B)准确度等级

(C)计数秤的计数比　(D)最大秤量

62. 非自行指示秤的(　　)属于必要时可备标志。

(A)不用于贸易结算　(B)最大安全载荷　(C)出厂编号　(D)最小秤量

63. 非自行指示秤的(　　)属于必要时必备标志。

(A)出厂编号　(B)最大安全载荷　(C)准确度等级　(D)最大秤量

64. 检定架盘天平可用相应质量的(　　)。

(A)F_1　(B)F_2　(C)M_1　(D)M_2

65. JJG 156—2004规程适用于架盘天平的(　　)。

(A)型式评价　(B)首次检定　(C)后续检定　(D)使用中检定

66. 所有转数表在外观检查合格后均需进行试运转,其中只在测量上限附近进行试运转的转数表有(　　)。

(A)手持式转数表　(B)固定离心式转数表

(C)电子计数式转数表　(D)磁电式转数表

67. 以下砝码组正确的序列是(　　)。

(A)$(1;1;2;5)\times10^n$ kg　(B)$(1;1;1;2;5)\times10^n$ kg

(C)$(1;2;2;5)\times10^n$ kg　(D)$(1;2;5;5)\times10^n$ kg

68. 应用杠杆平衡原理的秤是(　　)。

(A)案秤　(B)台秤　(C)电子秤　(D)地秤

69. 以下是天平的计量性能的有(　　)。
(A)天平的灵敏性　(B)天平的稳定性
(C)天平的正确性　(D)天平的示值的不变性
70. 机械天平的检定环境除温湿度要求外还要求(　　)。
(A)防震　(B)光线　(C)气流　(D)空气偏酸性
71. 下列天平属于①$_3$级天平的是(　　)。
(A)TG328A 标尺分度值是 0.1 mg 最大秤量为 200 g
(B)GT2A 最大秤量是 200 g,检定标尺分度值是 0.1 mg
(C)TG405 最大秤量是 5 kg,标尺分度值是 5 mg
(D)WT2A 最大秤量是 20 g,检定标尺分度值是 0.01 mg
72. 压力计量在相同条件正反行程在同一点示值上所得误差是(　　)。
(A)回程误差　(B)位置误差　(C)倾斜误差　(D)来回差
73. 弹性压力表根据弹性敏感压力元件种类分为(　　)。
(A)弹簧管式　(B)薄膜式　(C)波纹管式　(D)膜盒式
74. 电子吊钩秤的旋转测试,以下正确的是(　　)。
(A)对于一台 30 t 秤应在 30 t 秤量点测试
(B)对于一台 30 t 秤应在 25 t 秤量点测试
(C)对于一台 20 t 秤应在 12 t 秤量点测试
(D)对于一台 20 t 秤应在 16 t 秤量点测试
75. 所有转速表在外观检查合格后均需进行试运转,其中只在测量上限附近进行试运转的转速表是(　　)。
(A)手持磁电式　(B)固定离心式　(C)电子计数式　(D)磁电式
76. 评定衡器准确性的时候不能用(　　)。
(A)最小分度值 d　(B)检定分度值 e　(C)e 和 d 都可以　(D)最大分度值
77. 调整台秤杠杆长杆合成点刀的位置可以改善秤量点的误差,不能改善(　　)。
(A)偏载误差　(B)线性误差　(C)零点误差　(D)灵敏性
78. 以下是电子衡器组成部分的有(　　)。
(A)机械结构　(B)秤重传感器　(C)显示控制仪表　(D)度盘
79. 以下属于机械衡器的主要特性的有(　　)。
(A)稳定性　(B)灵敏性　(C)正确性　(D)不变性(重复性)
80. 检定分度值 e 是以质量单位表示,其表示形式为(　　),k 为整数。
(A)5×10^k　(B)3×10^k　(C)2×10^k　(D)1×10^k
81. 按现行检定规程(　　)等级砝码不允许有调整腔。
(A)E_2　(B)F_1　(C)F_2　(D)M_1
82. 计量压力的仪器仪表按仪器的作用原理可以分为(　　)。
(A)液体式　(B)弹簧式　(C)数字式　(D)电测式
83. 扭矩扳子按其结构特征可分为(　　)。
(A)指示式扭矩扳子　(B)可调式扭矩扳子
(C)定值式扭矩扳子　(D)折弯式扭矩扳子

84. 关于工作用扭矩扳子准确度等级,正确的是( )。

(A)1 级 (B)0.5 级 (C)2 级 (D)7 级

85. 下列属于国家重点管理力学计量器具是( )。

(A)电话计费器 (B)水表 (C)木杆秤 (D)出租车计价器

86. 标准活塞压力计的精确度等级正确的是( )。

(A)0.02 (B)0.025 (C)0.05 (D)0.02

87. 确定活塞压力计计量值的主要因素是( )。

(A)重力加速度 (B)活塞的有效面积

(C)专用砝码的有效面积 (D)专用砝码的重量

88. 以下属于力学计量测试的有( )。

(A)质量 (B)硬度 (C)流量 (D)长度

89. 力矩单位"牛顿米",用国际符号表示时,下列符号中( )是正确的。

(A)NM (B)Nm (C)mN (D)N·m

90. 下列量中属于国际单位制导出量的有( )。

(A)电压 (B)电阻 (C)电荷量 (D)电流

91. 下列单位中,属于国际单位制中的单位有( )。

(A)毫米 (B)吨 (C)吉赫 (D)千帕

92. JJG 573—2003 膜盒压力表检定规程适用于( )首次检定、后续检定和使用中的检定。

(A)真空压力表 (B)压力真空表 (C)膜盒压力表 (D)双针双管压力表

93. 膜盒压力表的外形有( )。

(A)水平矩形 (B)正方形 (C)垂直矩形 (D)圆形

94. 膜盒压力表的准确度等级有( )。

(A)1 级 (B)1.6 级 (C)2.5 级 (D)4 级

95. 电接点膜盒压力表设定点偏差检定时二位调节仪表,设定点偏差应在仪表量程的( )附近分度线上进行。

(A)25% (B)90% (C)75% (D)50%

96. 电接点膜盒压力表设定点偏差检定时三位调节仪表,带上限的设定点偏差应在仪表量程的( )附近分度线上进行。

(A)25% (B)50% (C)75% (D)90%

97. 电接点膜盒压力表设定点偏差检定时三位调节仪表,带下限的设定点偏差应在仪表量程的( )附近分度线上进行。

(A)25% (B)50% (C)75% (D)90%

98. 使用中的电接点膜盒压力表可以不检( )。

(A)设定点偏差 (B)切换差 (C)绝缘电阻 (D)绝缘强度

99. 活塞压力计按照结构大致可分为( )。

(A)简单活塞压力计 (B)反压型活塞压力计

(C)可控间隙活塞压力计 (D)标准活塞压力计

100. 根据测量标准的定义,下列计量器具中( )是测量标准。

(A)100 kN 材料实验机　　(B)100 kN 国家力值基准
(C)100 kN 0.1 级标准测力计　　(D)100 kN 力标准机窗体顶端

四、判 断 题

1. 计量的定义是实现单位统一、量值准确可靠的活动。(　　)
2. 以确定量值为目的的一组操作称为测量。(　　)
3. 测量仪器是用来测量并能得到被测对象确切量值的一种技术工具或装置。(　　)
4. 灵敏度是指测量仪器响应的变化除以对应的激励变化。(　　)
5. 测量结果是指由测量所得到的赋予被测量的值。(　　)
6. 未修正结果是指系统误差修正前的测量结果。(　　)
7. 测量准确度是测量结果与被测量真值之间的一致程度。(　　)
8. 准确度是一个定性的概念。(　　)
9. 重复性是指在相同条件下,对同一被测量进行测量所得结果的一致性。(　　)
10. 复现性是指在改变了的测量条件下,同一被测量之间的一致性。(　　)
11.《中华人民共和国计量法》自 1987 年 7 月 1 日施行。(　　)
12. 计量器具新产品定型鉴定由国务院计量行政部门授权的技术机构进行。(　　)。
13. 对计量标准考核的目的是确定其准确度。(　　)
14. 无计量检定证件的,不得从事计量检定工作。(　　)
15. 计量器具在检定周期内抽检不合格的,发给检定结果通知书。(　　)
16. 国际单位制是在米制基础上发展起来的单位制。(　　)
17. 吨(t)是 1 000 千克的重量。(　　)
18. 帕(斯卡)是国际单位制中具有专门名称的导出单位。(　　)
19. 测量结果减去被测量的示值称为测量误差。(　　)
20. 偏差与修正值相等。(　　)
21. 系统误差及其原因不能完全获知。(　　)
22. 测量仪器的引用误差是测量仪器的误差除以仪器的特定值。(　　)
23. 修正值是用代数方法与未修正测量结果相加,以补偿其系统误差的值。(　　)
24. 漂移是测量仪器计量特性的慢变化。(　　)
25. 金属材料的机械性能是指材料的抗拉强度、抗弯和塑性,并不包括冲击和疲劳性能。(　　)
26. 45 号钢属于碳素工具钢。(　　)
27. 淬火提高了材料的硬度,但却增加了材料的脆性。(　　)
28. 碳钢按含碳量可分为高碳钢、中碳钢和低碳钢。(　　)
29. 机械制图中,左视图反映了物体的前、后、左、右位置关系。(　　)
30. 在表面粗糙度标记符号中:"$\sqrt{}$"表示用任何去除材料的方法获得的表面。(　　)
31. 形位公差标记符号中"⌭"表示圆柱度。(　　)
32. 按照国家标准普通公制螺纹的牙形角为 60°。(　　)
33. 当游标卡尺,游标 50 分度的长度正好与主标尺 49 mm 长度对齐时,它的分度值为 0.02 mm。(　　)

34. 使用千分尺测量工作前应先核对零位，测量工件时，应注意测量力的控制，使用测力机构拧紧测微杆。（　　）

35. 使用百分表测量工件时可以从零开始，无须使测杆预紧一定矩离。（　　）

36. 锉削的三种基本方法，使用效果相同。（　　）

37. 粗牙锯条适宜于锯削硬材料。（　　）

38. 钻硬材料时，钻头的顶角取小值比较好的。（　　）

39. 正确使用万用表首先要正确地扦好表笔，选好测量挡和量限。（　　）

40. 测量电流的仪表本身的电阻应尽量小，以减少仪表的影响。（　　）

41. 使用兆欧表时，要注意电压和等指针稳定时读数。（　　）

42. 半导体三极管的符号是。（　　）

43. 交流电的电流有效值 I 与最大值 I_m 的关系是 $I=\frac{I_m}{\sqrt{2}}$。（　　）

44. 半导体二极管具有单向导电性。（　　）

45. 36 V 属于安全照明电压。（　　）

46. 压力是指平均作用在单位面积上的全部力。（　　）

47. 1 Pa≈10 mmH_2O。（　　）

48. 如果一个容器不漏气，一般压力表指示的压力就是容器内的全部压力值。（　　）

49. 如果一个工业压力表指针指在零位上，则说明被测的压力为零也就是说被测点上单位面积上毫无压力。（　　）

50. 一块 1.6 级工业压力表出厂质量很好，经校准其示值准确性完全满足 1 级要求，根据现场要求可以改为 1 级使用。（　　）

51. 一般工业压力表的测量上限有 0.1、0.2、0.4、0.5、1.0 MPa。（　　）

52. 一般压力表安装使用时，安装位置应使其指针回到零位，如不回零可以调整表位使其倾斜一定角度。（　　）

53. 当被测压力最大值为 10 MPa 时，选一块测量上限为 10 MPa 的压力表较为合理。（　　）

54. 氧气压力表的颜色标志应当为蓝色或绿色。（　　）

55. 压力表在使用前应当观察其指针的零点位置。当表与大气相通时其针能指向零位即为正常。（　　）

56. 活塞压力计产生的标准压力值与砝码的质量有关，而与重力加速度无关。（　　）

57. 三等标准准活塞压力计其准确度等级为 0.1 级。（　　）

58. 活塞压力计使用时应保证其工作介质的黏度，特别是对低压和高压范围内的测量。（　　）

59. 精密压力表使用温度不应超过(20±5)℃。（　　）

60. 检定一般压力表时，标准器准确度应为被检表的准确度的 1/3。（　　）

61. 按标准器准确度的要求用一块 0.4 级测量上限为 1.6 MPa 的精密压力表作标准器，可以检定 1.6 级测量上限为 1 MPa 的工作压力表。（　　）

62. 管弹簧式压力表的一个重要部件是机芯，其完整的构成包括上、下夹板，中心齿，游

丝,拉杆共五件。( )

63. 弹簧管式压力表机芯中有一拉杆。它的作用是拉动扇形齿,使有压力作用时扇形齿能旋转。( )

64. 弹簧管压力表机芯中的游丝力矩直接影响压力表的示值误差。( )

65. 一般压力表指针尖端的宽度应小于分度线宽度。( )

66. 一些压力表带有零位止钉,止钉的位置往往不在标准零刻线位置,"缩格"不得超过示值允差绝对值的1倍。( )

67. 检定压力表示值时的环境压力应为普通大气压力。( )

68. 氧气压力表应有明显的标识,这只要求在表的适应位置标以天蓝色。( )

69. 一块测量上限为25 MPa的1.6级压力表,其在5 MPa点的示值为5.4 MPa,此表示值超差。( )

70. 回程误差是指压力表升压和降压的示值的之差。( )

71. 检定压力表时,为检查压力示值的稳定性,应当轻敲表壳,观察压力示值变化。( )

72. 一般压力表检定中读数应估读到最小分度值的1/4。( )

73. 为检查压力表的耐压性能,应在测量上限的80%处,保压3分钟,指针无掉压现象。( )

74. 测量上限200 MPa的压力表其测量介质应为药用甘油和乙二醇的混合液。( )

75. 一般压力真空表中,测量上限为4 MPa的真空部分的检定,只要疏空时指针能指向指空方向即可。( )

76. 双针双管压力表、两指针示值都不应超差为示值合格。( )

77. 检查氧气表弹簧管内有无油脂,可用温水注入弹簧管内,待水淌出后,看其有无油花判别。( )

78. 电接点压力表应测试绝缘电阻,按规定条件测试时,其阻值应不大于20 MΩ。( )

79. 电接点压力表的设定点偏差按检定规程要求,直接作用比磁助式大。( )

80. 转动物体上任一直线单位时间内转过的角度称为转动的角速度。( )

81. 线速度是旋转物体上的任意点转过的弧长与转过这段弧长所用的时间之比。( )

82. 物体的平均速度是指物体经过某两点的直线距离与经过这两点全部路程所用的时间之比。( )

83. 瞬时速度是指物体在任何时间内的速度。( )

84. 物体作圆周运动时,发生在物体间的力叫向心力。( )

85. 旋转物体单位时间内转动的次数称为频率。( )

86. 频率除以时间所得商为周期。( )

87. 磁电式转速表的准确度等级共有0.2级、0.5级、1级、1.5级、2级共五种。( )

88. 离心式转速表的准确度等级有0.2级、0.4级、1级共三个准确度等级。( )

89. 电子计数式转速表的转速传感器与电动式转速表的转速传感器具有相同的作用原理。( )

90. 转速表的转速比是表盘上刻度值与被测转速之比。( )

91. 转速表指针摆幅率为指针摆动量与仪表测量上限之比。( )

92. 在转速量值传递中，标准装置的不确定度应高于被检转速表准确度一个等级。(　)

93. 检定转速表时，有两种方法，测周法或测频法，这两种方法使用的效果相同。(　)

94. 转速表的检定环境温度为(20±3)℃，周围无影响检定的磁场和电场，无腐蚀性气体，液体。(　)

95. 检定电子计数式转速表时，应在其转轴中心位置贴上一明显的标记以便传感接收转速信号。(　)

96. 电子计数转速表正式检定前的试运转应选定最低和最高两个检定点进行试运转。(　)

97. 定时转速表的试运转应在被检表测量范围的50%进行3次，运转正常方可进行示值检定。(　)

98. 有些指针式转速表在检定时，指针有一定的摆动，这属于不正常，应待指针稳定后读数。(　)

99. 手持离心式和磁电式转速表检定的选点要求为各量限一律均匀分布地选取5点。(　)

100. 电子计数式转速表检定时应在被检表测量范围内均匀分布地选择5点。(　)

101. 对非接触式电子计数式转速表，检定时要调整好被检表与标准装置间距，检查是否有信号输入即可。(　)

102. 指针式转速度应当做回程检定。(　)

103. 我们说一个物体的重量为2公斤和质量为2 kg是完全相同的含义。(　)

104. 对同一转动中心，力的方向改变时，力臂也将随之改变。(　)

105. 扭矩是力对物体的扭转效果的大小。(　)

106. 应变式扭矩传感器由承受扭矩的弹性体和测量扭矩的应变电桥组成。(　)

107. 按国家现行检定规程规定，扭矩扳子的准确度等级分为1、2、3、4、5五个等级。(　)

108. 对准确度等级为5级的数字式扭矩扳子，其重复性应不大于扳手最大扭矩值的5%。(　)

109. 检定扭矩扳子所用标准装置的误差不应大于被检扭矩扳子示值允差的1/3。(　)

110. 扭矩扳子可在常温下检定。(　)

111. 对指示式扭扳子一般只检定3点，每点检定3次，以3次的平均值作为检定结果。(　)

112. 一台从广州出厂的电子地秤运往哈尔滨投产使用，一般安装完毕按原有校准结果使用即可。(　)

113. 检定数字秤所用标准砝码的质量误差，应为被检秤最大允许误差的三分之一。(　)

114. 数字指示秤的完整检定项目，包括外观、零点、灵敏度、准确度、偏载和重复性检定共六项。(　)

115. 数字指示秤只要空秤时显示“0”就是零点合格。(　)

116. 对一台数字指示的秤即使空秤时指示为“0”也应认真检测一下其零点示值误

差。(　　)

117. 一台数字指示秤,按照现行检定规程的规定,秤量测试中,正确的秤量点选择是空秤,50%最大秤量,允许误差改变的秤量点和最大秤量。(　　)

118. 数字指示秤的示值误差的准确值是示值减去标准砝码的量值。(　　)

119. 电子吊钩秤的秤量测试中旋转测试正确的测试方法是旋转一周每 90°记录一个数据。(　　)

120. 数字秤偏载测试的载荷约为最大秤量与最大添加皮重值之和的 1/3。(　　)

121. 数字指示秤的去皮测试应进行以下五个秤量的测试,零点测试、500e(50e)、2 000e(200e)、50%最大秤量、可能的最大净重值。(　　)

122. 数字指示秤的鉴别力是指秤能感觉到的微小质量变化的最小值。(　　)

123. 数字指示秤的重复性测试,可以是 3 次或多次,但应取全部测试数据的最大差值为判定根据。(　　)

124. 对周期检定的电子地秤,应当执行首次检定的最大允差。(　　)

125. 重量就是重力。(　　)

126. 衡器测量的是物体的重量。(　　)

127. 机械杠杆上具有相反方向的力矩时,杠杆将处于平衡状态。(　　)

128. 支点和重心处于同一位置时物体可以处于稳定平衡状态。(　　)

129. 钢球放在水平桌面上的状态属于随遇平衡。(　　)

130. 钢笔立在桌面上属于不稳定平衡。(　　)。

131. 机械杠杆中,第二类杠杆重点位于支点和力点之间。(　　)

132. 第三种杠杆的特点是费力但得到较大行程。(　　)

133. 串连杠杆系的特点是两个或两个以上的杠杆,不同名称的受力点联结在一起。(　　)

134. 两个杠杆的相同名称的受力点联结在一起构成的杠杆系称为串联杠杆系。(　　)

135. 衡器同一杠杆上刀线的几何位置最基本的要求是必须相互平行,且有固定正确的距离。(　　)

136. 机械杠杆秤中,刀子工作部分的硬度应大于刀承的硬度。(　　)

137. 机械杠杆秤的灵敏性是指计量杠杆摆动的灵活程度。(　　)

138. AGT 型案秤,底部有一拉带,它能保证秤的四角秤量完全正确。(　　)

139. AGT 型案秤的连杆的作用,仅使秤盘在称量中不倒覆。(　　)

140. 一台非自行指示秤,其分度值 $d=5$ kg,而 $e=d$,因而就用它来评定秤的准确性。(　　)

141. 按准确度,机械杠杆秤,可分为 1/1 000 和 1/500 两个等级。(　　)

142. 按《非自动指示秤检定规程》的规定,一台 TGT100 型台秤,在 200e 秤量点修后检定时的允差为±1.0e。(　　)

143. 秤的检定分度值等计量标志不一定要在秤体上标出。(　　)

144. 非自行指示秤的周期检定中可以不作回零测试和重复性测试。(　　)

145. 对增砣标尺秤,计量杠杆的力点端横向推拉至示准器任一边时,计量杠杆力点端均

能自动回中，其至示准器两边的距离均大于 5 mm。（　　）

146. 非自行指示秤的零点误差不用测试。（　　）

147. 非自行指示秤进行称量测试时，某一点测试没有成功，则卸除载荷，调整零点，从这一点继续向下测试。（　　）

148. 对非自行指示秤来说，秤量点测试，自 $500e(50e)$ 起始，测至最大秤量(其中包含允许误差改变的秤点和标尺最大秤量点)即可。（　　）

149. 非自行指示秤的灵敏度测试应在空秤和最大秤量二点进行。（　　）

150. 非自行指示秤，做偏载试验时其各点示值的差值不应超过该秤量下的允差。（　　）

151. 台秤的周期检定可以不作重复性测试。（　　）

152. 非自行指示秤，在同一秤量值上，用增砣和用游砣，或用主游砣和副游砣时，其示值都不应超差，各示值间并无要求。（　　）

153. 按《非自行指示秤》检定规程的要求，其检定周期一般不超过一年。（　　）

154. AGT 案秤的拉带如有丢失可以用铁丝制作一个代用。（　　）

155. AGT 型案秤偏载测试时，出现垂直于计量杠杆方向的两个点示值超差，调整底座上拉带一端的高低位置即可。（　　）

156. AGT 型案秤偏载测试时出现沿计量杠杆纵向二点超差时，应当调整拉带一个端点的高低位置。（　　）

157. AGT 型案秤，秤量测试，示值超差应当调整拉带或连杆。（　　）

158. 对 AGT500 型台秤来说，偏载测试四角有正向超差，也有负向超差，这时应当转动短杠杆的力点刀，改变其支力臂。（　　）

159. 当台秤的偏载合格，大秤量不合格出现正差(示值大于标准砝码标准值)时，应调整承重杠杆的力臂。（　　）

160. 架盘天平的称量原理仅是一个等臂杠杆机构。（　　）

161. 检定架盘天平的空秤误差，可以将重力架推向任何一极边位置上，打破天平的平衡，以观察其是否能恢复平衡，及恢复平衡所添加的小砝码的质量是否超差。（　　）

162. 架盘天平的分度值应在空秤、1/2 最大秤量和全秤三个秤量点进行。（　　）

163. 架盘天平，测定四角秤量误差时所使用的秤量为 1/3 最大秤量。（　　）

164. 架盘天平标尺任一分度的秤量误差不得大于最大秤量的 1/2 000。（　　）

165. 架盘天平在最大秤量时的示值误差不得大于该秤量下的 2 个分度值。（　　）

五、简 答 题

1. 什么叫量值传递？

2. 什么叫计量检定规程？

3. 什么叫周期检定？

4. 什么叫计量器具的校准？

5. 我国计量工作的基本方针是什么？

6. 计量检定人员的职责是什么？

7. 什么叫法定计量单位？

8. 测量误差的来源可从哪几个方面考虑?

9. 按数据修约规则,将下列数据修约到小数点后 2 位。

(1)3.141 59 修约为____________

(2)2.715 修约为____________

(3)4.155 修约为____________

(4)1.285 修约为____________

10. 将下列数据化为 4 位有效数字:

3.141 59;14.005;0.023 151;1 000.501

11. 对钢材进行热处理的目的是什么?

12. 简述弹簧管式压力表的构造及主要零部件的功能。

13. 简述用扳牙套螺纹的注意事项。

14. 试简要说明锯削操作要点。

15. 简要说明锉刀的保养注意事项。

16. 简述使用万用表的注意事项。

17. 试说明压力的定义,并指出其法定计量单位。

18. 试说明绝对压力与表示压力和疏空的关系。

19. 简述活塞压力计的构造及各部分的功能。

20. 试说明检定一般压力表时选择标准器应符合的条件。

21. 弹簧管压力表机芯中,扇心齿和中心齿的共同作用是什么?

22. 压力表盘上一般应有哪些标志?

23. 什么是压力表的回程误差?

24. 简述一般压力表的耐压检定操作。

25. 简述双针双管压力表两管连通性检查方法。

26. 简述氧气表的无油脂判别方法。

27. 简述电接点压力表绝缘电阻的检验方法。

28. 简述电接点压力表绝缘电阻检验时的操作方法。

29. 试说明物体转动角速度的概念。

30. 转速仪表按工作原理分为六种,请说出它们的具体类型。

31. 国家转速表检定规程 JJG 105—2000 中规定的电子计数式转速表一共有哪几个准确度等级?以 0.05 级为例说明其示值允许误差和示值允许变动性各为多少?

32. 简述离心式转速表的构造原理。

33. 举例说明转速表的转速比的概念。

34. 怎样确定指针度盘式转速表的摆幅率?

35. 手持离心式转速表使用时,应注意哪些问题?

36. 电子计数式转速表检定时一般应怎样选点?

37. 简述机械定值式扭矩扳子的构造及工作原理。

38. 检定扭矩扳手应如何选择标准器?

39. 简要说明一台电子秤(从原理上划分)主要由哪几部分构成。

40. 简述机械杠杆平衡的力矩条件。

41. 按照支点、力点、重点的位置杠杆可以分为哪几种？

42. 简述一、二、三类机械杠杆各自的特点。

43. 按 JJG 14—97《非自行指示秤检定规程》的要求，说明其检定项目有哪些。

44. 简要说明非自行指示秤灵敏度测试的操作方法。

45. 试举例说明由两个杠杆组成串连杠杆的例子。

46. 试举例说明由两个杠杆组成并联杠杆的例子。

47. 简要说明机械杠杆衡器中，对刀线位置的要求。

48. 简要说明机械杠杆秤的重复性。

49. 简要说明何谓杠杆秤的正确性。

50. 简单说明机械杠杆秤的灵敏性。

51. 有一 AGT-10 型案秤，杠杆系统简化示意图如图 1 所示，试求其杠杆系统的臂比。当最大秤量10 kg 时，其增砣的质量为多少？

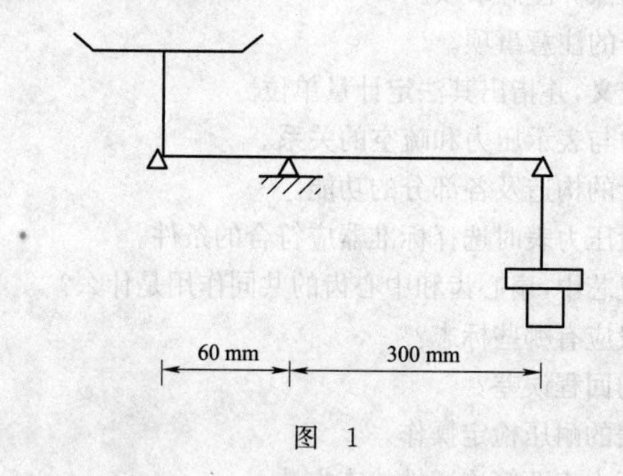

图 1

52. 有一 AGT-10 型案秤，其杠杆系简化示意图如图 2 所示，试求其杠杆系的臂比。当秤盘上重物为 4 kg 时，其增砣的质量应该是多少？

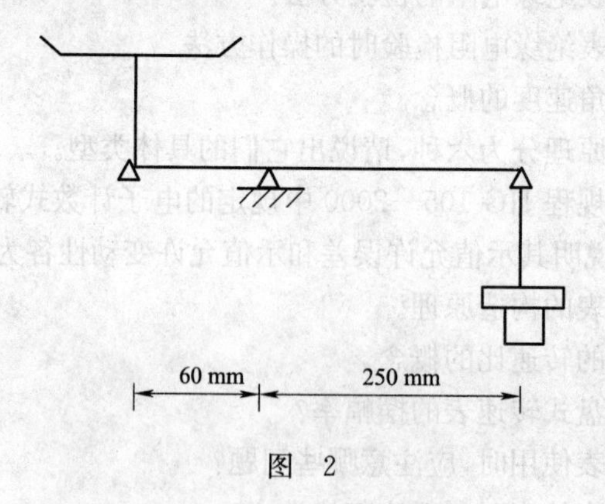

图 2

53. 假设有一台 AGT 型案秤，其杠杆系简化示意图如图 3 所示。若秤盘上的重物为 10 kg 时，其增砣的质量为 2 kg，试求图中杠杆的支重距 a。

54. AGT 型案秤、连杆有何作用？

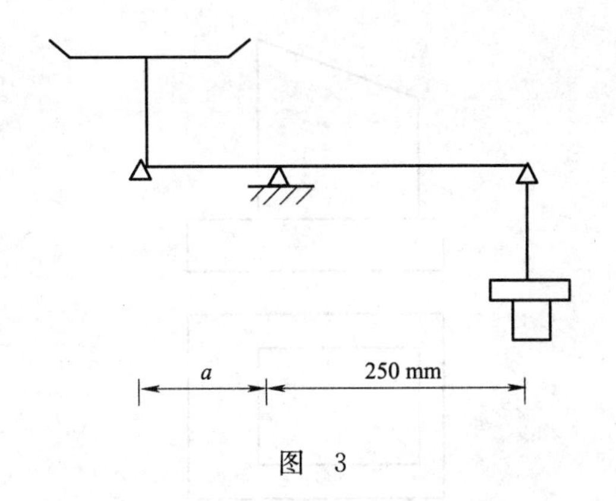

图 3

55. 国家现行检定规程中机械电子秤是按照什么原则划分准确度等级的?

56. 我们在检查秤的外观时,秤体上应有哪些必备的标志?

57. 非自行指示秤的称量测试包括哪些必测的称量点?

58. 简述非自行指示秤检定规程中重复性测试的要求。

59. 简要说明对 AGT 案秤、拉带的要求。

60. 试说明 AGT 型案秤,偏载测试时出现垂直于计量杠杆方向的两点不合格时的调修方法。

61. 如果一台 AGT-10 型案秤,偏载测试时出现沿计量杠杆方向的两点超差,应当如何调修?

62. AGT-10 型案秤偏载测试误差一致。称量测试时,出现线性误差,应如何调修?

63. TGT 型台秤偏载测试,四角误差不一致,有的超差其原因是什么?

64. 简述架盘天平空秤误差的测定方法。

65. 简述架盘天平分度值的测定方法。

66. 什么是测量结果和示值?

67. 何谓秤的检定?

68. 非自行指示秤首次检定是在何种状态下进行?

69. 对检定合格的秤应该对什么部位加封?

70. 简述电子计数式转速表的工作原理。

六、综 合 题

1. 试计算一台测量范围为 0.1～6 MPa 的三等活塞压力计在 0.5 MPa 点的基本允许误差。

2. 试计算一台测量范围为 1～60 MPa 的三等活塞压力计其在检定 10 MPa 压力点的基本允许误差。

3. 检定一块 0～4 MPa 的 1.6 级一般压力表,选用测量范围为 0.1～6 MPa 的三等活塞压力计作标准器,试验算其基本允许误差是否合格。

4. 如图 4 所示根据主视图和俯视视图画出第三视图(左视图)。

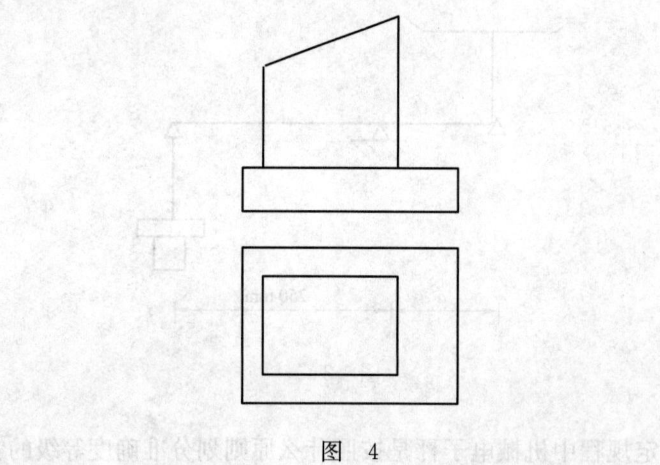

图 4

5. 某块 1.6 级量程为 0～40 MPa 压力表，其 20 MPa 点的轻敲前的值为 20.2 MPa，轻敲后 20.0 MPa，试计算并判别该点的轻敲位移是否合格。

6. 一块测量范围为 0～16 MPa 准确度为 1.6 级的压力表，其在 8 MPa 的检定数据如表 1 所示。

检定点：升压示值，降压示值。试判定其示值误差是否合格（计算加以说明）。

表 1

检定点（MPa）	升降示值		降压示值	
	轻敲前	轻敲后	轻敲前	轻敲后
8	8.1	8.2	8.1	7.9

7. 一块测量范围为 0～6 MPa，准确度为 2.5 级的压力表，其在 3 MPa 点的检定数据如表 2 所示，计算其最大示值误差，并判别其是否合格。

表 2

检定点（MPa）	升降示值		降压示值	
	轻敲前	轻敲后	轻敲前	轻敲后
3	3.04	3.00	2.92	3.04

8. 一块测量范围为 0～40 MPa，准确度为 1.6 级的压力表，其在 20 MPa 点的检定数据如表 3 所示，判断其示值是否合格，并计算加以说明。

表 3

检定点	升压示值		降压示值	
	轻敲前	轻敲后	轻敲前	轻敲后
20	19.2	19.6	19.6	19.4

9. 一块测量范围为 0～2.5 MPa，准确度为 1.6 级的普通压力表，在 2 MPa 点的检定数据如表 4 所示，试计算并判定其回程误差是否合格。

表 4

检定点	升压示值		降压示值	
	轻敲前	轻敲后	轻敲前	轻敲后
2	2.00	1.99	2.01	2.04

10. 一块测量范围为 0～1 MPa,准确度为 2.5 级的普通压力表,其在 0.6 MPa 点的检定数据如表 5 所示,试计算并判定其回程误差是否合格。

表 5

检定点	升压示值		降压示值	
	轻敲前	轻敲后	轻敲前	轻敲后
0.6	0.62	0.64	0.62	0.63

11. 一块测量范围为 0～10 MPa,准确度为 1.6 级的一般压力表,其在 8 MPa 的检定数据如表 6 所示,试计算并判定 8 MPa 点回程误差是否合格。

表 6

检定点	升压示值		降压示值	
	轻敲前	轻敲后	轻敲前	轻敲后
8	7.96	7.96	8.00	8.04

12. 一块测量范围 0～1.6 MPa,准确度为 1.6 级的一般压力表,其在 1.2 MPa 点的检定数据如表 7 所示,试计算并判定其轻敲位移是否合格。

表 7

检定点	升压示值		降压示值	
	轻敲前	轻敲后	轻敲前	轻敲后
1.2	1.20	1.22	1.21	1.22

13. 一块测量范围 0～10 MPa,准确度为 2.5 级的压力表,其在 6 MPa 点的检定数据如表 8 所示,试判断其轻敲位移是否合格(计算加以说明)。

表 8

检定点	升压示值		降压示值	
	轻敲前	轻敲后	轻敲前	轻敲后
6	5.8	6.0	6.0	6.2

14. 一块测量范围为 0～25 MPa,准确度为 1.0 级的压力表,其 20 MPa 点的检定数据如表 9 所示,试判断其轻敲位移是否合格(计算加以说明)。

表 9

检定点	升压示值		降压示值	
	轻敲前	轻敲后	轻敲前	轻敲后
20	20.1	20.0	20.0	20.1

15. 某1级手持式离心转速表在100/400量限度盘下标称值为200 r/min时的检定数据为197 r/min,197 r/min,198 r/min,试计算其基本误差 w 及示值变动性 b,并判定其是否合格。

16. 某1级离心转速表在300/1 200量程挡600 r/min点检定时其指针摆动范围为14 r/min,16 r/min和12 r/min,试计算该表的指针摆幅率,并处理检定结果。

17. 某固定式离心转速表,准确度为0.5级,其测量范围内1 000～15 000 r/min,检定10 000 r/min时的实测值为10 098,10 000,10 082,试求其基本误差 w 和示值变动性 b。

18. 某固定式离心转速表,其准确度为0.5级,测量范围为1 000～4 000 r/min,检定2 000 r/min时其实测值为2 015、2 015、2 010,求基本误差 w 和示值变动性 b,判断其是否合格并说明理由。

19. 一把测量范围为750～2 000 N·m的5级定值式扭矩扳手,其在1 000 N·m点的检定结果(在标准扭矩仪上的三次读数)为:970.6,1 030.7,1 010.5;试计算此点的示值相对误差 e 和示值重复性 r,并判定其是否合格及不合格的原因。

20. 一把测量范围为750～2 000 N·m的5级定值式扭矩扳手,其在2 000 N·m点的检定数据如表10所示(表中实测值为标准器上的读数),试求其示值误差与重复性,并判定其是否合格并说明不合格的原因。

表　10

检定点(示值)(N·m)	调整方向	扭矩速度	实测值(动作值)(N·m)							
			1	2	3	4	5	平均	误差(%)	重复性(%)
2 000			1 904.2	1 890.5	1 895.5					

21. 有一测量范围为750～2 000 N·m的5级定值式扭矩扳子,其在1 000 N·m点检定数据如表11所示,请计算该点的示值相对误差 e 和示值重复性 r,并判定其是否合格。(表中数据为标准器上读数)

表　11

检定点(示值)(N·m)	调整方向	扭矩速度	实测值(动作值)(N·m)							
			1	2	3	4	5	平均	误差(%)	重复性(%)
1 000			1 010.3	1 020.5	1 040.6	/	/			

22. 某TGT-100型台秤,修理后的测试数据如表12所示,试判别其是否合格,并指出不合格的原因。(e=50 g)

表 12

偏载测试	M=30 kg							灵敏度测试	标尺	*Max*	
	1	2	3	4	5	6	7				
	25 g	20 g	−30 g	10 g							
秤量测试	*Min*		标尺		500*e*		2 000*e*		0		
	10 g		20 g		30 g		45 g		20 g		
	主标尺	1	2	3	4	5	6	7	8	9	10
		11	12	13	14	15	16	17	18	19	20
重复性	50%			*Max*							
	1	2	3	1	2	3	1	2	3		
	20 g	30 g	10 g	−10 g	20 g	65 g					

23. 一台 ATG-10 型案秤,检定数据如表 13 所示,试判定其是否合格,并指出不合格的原因。(e=5 g,最大秤量为 10 kg,按修理后的检定允差处理)

表 13

偏载测试	M=30 kg							灵敏度测试	标尺	*Max*	
	1	2	3	4	5	6	7		/	/	/
	1.5 g	2.0 g	6.0 g	1.0 g							
秤量测试	*Min*		标尺		500*e*		2 000*e*		0		
	0.5 g		1.5 g		2.0 g		6.0 g		0.5 g		
	主标尺	1	2	3	4	5	6	7	8	9	10
		11	12	13	14	15	16	17	18	19	20
重复性	50%			*Max*							
	1	2	3	1	2	3	1	2	3		
	2.0 g	2.5 g	3.0 g	2.5 g	3.0 g	4.0 g					

24. 一台 TGT-50 型台秤,经修理后检定测试数据如表 14 所示,试判定其是否合格,并指出不合格的原因。(e=20 g,*Max*=50 kg)

表 14

偏载测试	M=30 kg							灵敏度测试	标尺	*Max*	
	1	2	3	4	5	6	7				
	10 g	6 g	4 g	2 g							
秤量测试	*Min*		标尺		500*e*		2 000*e*		*Max*		0
	2 g		4 g		16 g		24 g		36 g		10 g

续上表

秤量测试	主标尺	1	2	3	4	5	6	7	8	9	10
		11	12	13	14	15	16	17	18	19	20
重复性	50%			*Max*							
	1	2	3	1	2	3	1	2	3		
	10 g	16 g	8 g	8 g	20 g	24 g					

25. 一台 TGT-1000 型台秤，经修理后，测试数据如表 15 所示，试判断其是否合格，并指出不合格的原因。(e=500 g,Max=1 000 kg)

表　15

偏载测试	M=300 kg							灵敏度测试	标尺	*Max*	
	1	2	3	4	5	6	7				
	100 g	400 g	200 g	400 g							
秤量测试	*Min*		标尺		500e		2 000e		0		
	200 g		−200 g		−300 g		600 g		200 g		
	主标尺	1	2	3	4	5	6	7	8	9	10
		11	12	13	14	15	16	17	18	19	20
重复性	50%			*Max*							
	1	2	3	1	2	3	1	2	3		
	100 g	200 g	100 g	−100 g	+500 g	+200 g					

26. 一台 AGT-10 型案秤，修理后的测试数据如表 16 所示，试判别其是否合格，并指出不合格的原因。(e=5 g,Max=10 kg)

表　16

偏载测试	M=3 kg							灵敏度测试	标尺	*Max*	
	1	2	3	4	5	6	7				
	2.0 g	1.5 g	5.5 g	2.5 g							
秤量测试	*Min*		标尺		500e		2 000e		*Max*		
	2.0 g		3.0 g		2.0 g		4.0 g		1.0 g		
	主标尺	1	2	3	4	5	6	7	8	9	10
		11	12	13	14	15	16	17	18	19	20
重复性	50%			*Max*							
	1	2	3	1	2	3	1	2	3		
	2.5 g	3.0 g	2.0 g	4.0 g	−1.5 g	1.0 g					

27. 一台检定分度值 e=10 kg,最大秤量 Max=30 t 的电子地秤,周期检定中部分检定数据如表 17 所示,请根据检定原始数据,计算填写化整前的误差 $E(E_c)$值,并根据 E_c值判断其是否合格,如不合格说明不合格的原因。

表　17　　　　单位:kg

名称	电子地秤	型号		最大秤量	30 t	准确度		分度值 e	10 kg						
计量编号		生产厂	使用单位		出厂号		检定温度								
外观检查															
置零准确度	10e	I	Δm	E_0	去皮准确度	I	Δm	E	mpe						
	100	100	5	0											
秤量测试	序号	m	I ↓	I ↑	Δm ↓	Δm ↑	E ↓	E ↑	E_c ↓	E_c ↑	mpe				
	1	100	100		4										
	2	200	200		2										
	3	5 000	5 000		1										
	4	15 000	15 010		3										
	5	20 000	20 010		6										
	6	30 000													
偏载测试							旋转测试								
	m=200 g	mpe=	g				m=	g	mpe=	g					
	1	2	3	4	5	6	0°	90°	180°	270°	360°	−270°	−180°	−90°	0°
I	6 000	6 000	6 010	6 000	6 000	6 010									
Δm	4	3	3	3	4	6									
E_c															

28. 一台最大秤量为 5 kg,分度值 e=1 g 的电子台秤周期检定时的部分测试数据如表 18 所示,请计算填写各秤量点的化整前示值误差 E 和 E_c。并判别其是否合格,如不合格请指明不合格的原因。(不得漏判)

表　18　　　　单位:g

名称	电子地秤	型号		最大秤量	30 t	准确度		分度值 e	10 kg		
计量编号		生产厂	使用单位		出厂号		检定温度				
外观检查											
置零准确度	10e	I	Δm	E_0	去皮准确度	I	Δm	E	mpe		
	10	10	05	0							
秤量测试	序号	m	I ↓	I ↑	Δm ↓	Δm ↑	E ↓	E ↑	E_c ↓	E_c ↑	mpe
	1	10	0.010	0.010	0.3	0.3					
	2	20	0.020	0.040	0.4	0.4					

续上表

	序号	m	I ↓	I ↑	Δm ↓	Δm ↑	E ↓	E ↑	E_c ↓	E_c ↑	mpe
秤量测试	3	500	0.501	0.501	0.7	0.6					
	4	2 000	2.001	2.001	0.8	0.6					
	5	2 500	2.500	2.500	0.5	0.4					
	6	5 000	5.000								

偏载测试							旋转测试								
	m=2 000 g		mpe=	g			m=	g	mpe=	g					
	1	2	3	4	5	6	0°	90°	180°	270°	360°	−270°	−180°	−90°	0°
I	2 000	2 000	2 001	2 000											
Δm	0.2	0.4	0.4	0.3											
E_c															

29. 一台最大秤量 Max=20 t，检定分度值 e=5 kg 的电子地秤，周期检定的部分数据如表 19 所示，请计算填写化整前的示值误差 E 和 E_c，并判定其秤量点的示值是否合格，如不合格请指明不合格的原因。

表 19

单位：kg

名称	电子地秤	型号		最大秤量	20 t	准确度		分度值 e	10 kg
计量编号		生产厂	使用单位		出厂号		检定温度		
外观检查									

置零准确度	10e	I	Δm	E_0	去皮准确度	I	Δm	E	mpe
	50	50	25	0					

	序号	m	I ↓	I ↑	Δm ↓	Δm ↑	E ↓	E ↑	E_c ↓	E_c ↑	mpe
秤量测试	1	50	50		2						
	2	100	100		3						
	3	2 500	2 500		6						
	4	6 000	6 000		3						
	5	10 000	10 005		2						
	6										

偏载测试							旋转测试								
	m=200 g		mpe=	g			m=	g	mpe=	g					
	1	2	3	4	5	6	0°	90°	180°	270°	360°	−270°	−180°	−90°	0°
I															
Δm															
E_c															

30. 如图 5 所示的简单杠杆中，$a=10$ mm，$b=20$ mm，$W=100$ N；当杠杆处于平衡状态时，求 P。

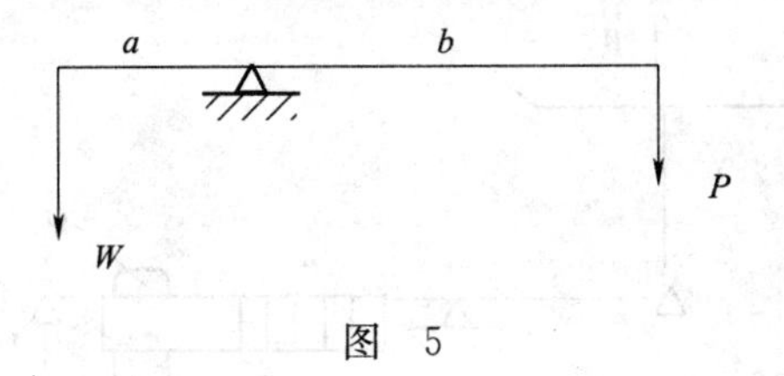

图 5

31. 如图 6 所示的简单杠杆中，$a=25$ cm，$b=75$ cm，$W=100$ N；当杠杆处于平衡状态时，P 为多大？

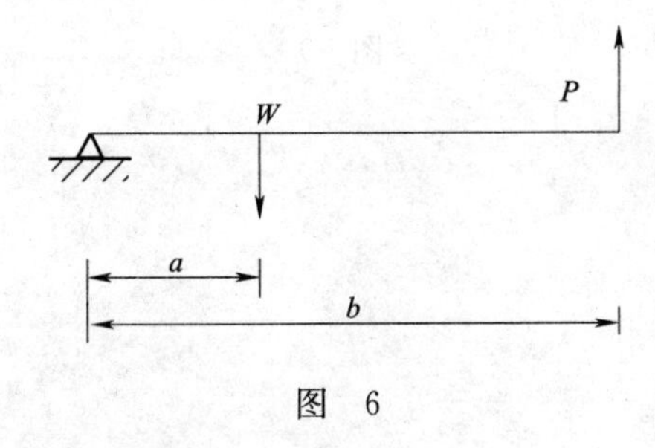

图 6

32. 试说明非自行指示秤零点测试的内容及方法。

33. 如图 7 所示的简单杠杆中杠杆处于平衡状态时，$W=100$ N，$P=10$ N，$a=20$ cm，试求 b。

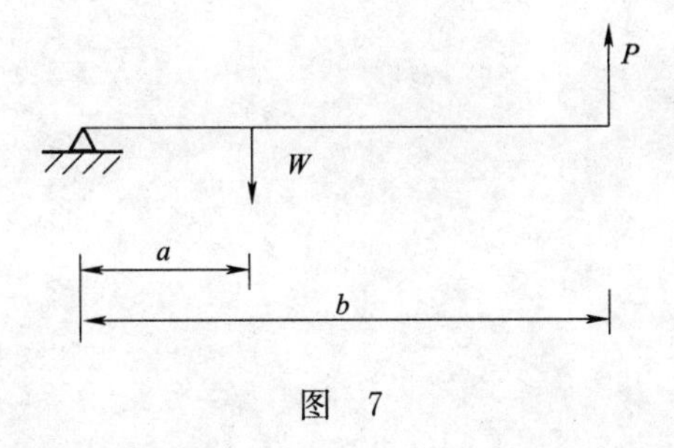

图 7

34. 如图 8 所示，一台台秤，承重杠杆的重臂 $a=50$ mm，承重杠杆的力臂 $b=500$ mm，计量杠杆的重臂 $c=60$ mm，计量杠杆的力臂 $d=300$ mm，如果秤台上的砝码是 30 kg，试求增砣盘上增砣的质量 P。

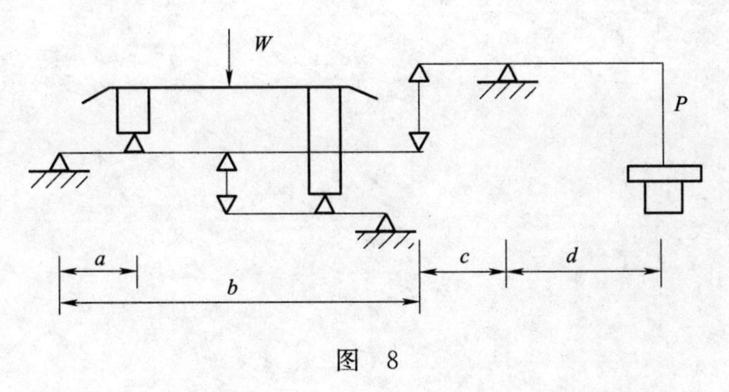

图 8

35. 如图 9 所示，一案秤的支重距 $a=60$ mm，标尺长 $L=300$ mm，标尺最大刻度为 500 g，试求游砣的质量 Q。

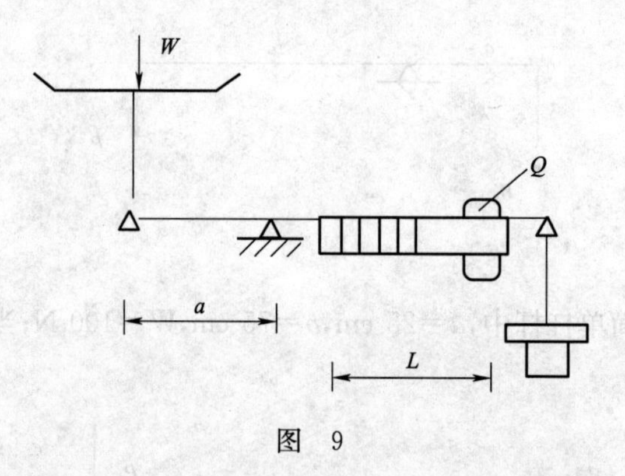

图 9

硬度测力计量工(初级工)答案

一、填 空 题

1. 准确可靠　　2. 一组操作　　3. 一致程度　　4. 连续多次
5. 全部工作　　6. 定量确定　　7. 测量单位　　8. 特定量
9. 特定量　　10. 准确可靠　　11. 时间间隔　　12. 示值误差
13. 申请检定　　14. 参数　　15. B　　16. 1986年7月1日
17. 法定计量检定机构　　18. 与其主管部门同级　　19. 法律效力　　20. 注销
21. 检定结果通知书　　22. 字迹清楚　　23. 法定地位　　24. 米制
25. 米　　26. m　　27. Pa　　28. 人员误差
29. 代数方法　　30. 资源　　31. 强度　　32. 碳素工具钢
33. 碳素结构钢　　34. 机械(力学)性能　　35. 快速冷却　　36. 上、下、前、后的
37. 剖面　　38. $\overset{3.2}{\checkmark}$　　39. 平面度　　40. 螺矩
41. 49 mm　　42. 0.01 mm　　43. 一定初始测量力　　44. 整形锉
45. 交叉锉　　46. 细牙　　47. 向前　　48. 大
49. 垂直　　50. 量程　　51. 并联　　52. 串联
53. ∞　　54. 电阻　　55. 最大值　　56. 单向
57. 36　　58. 单位面积　　59. 0.981　　60. 绝对压力
61. 1　　62. 4×10^n　　63. 垂直或水平　　64. 测量范围
65. 深绿色　　66. 零位刻线内　　67. 带滚动轴承的　　68. 滑动
69. 0.2%　　70. 10%　　71. 静压　　72. 0.2
73. 活塞杆　　74. 下降速度　　75. 0.16、0.25、0.4、0.6
76. 20±10　　77. 不大于　　78. 0.08 MPa　　79. 弹簧管
80. 传递给　　81. 旋转(转动)　　82. 减轻
83. 不大于分度线宽度　　84. 清晰可辨　　85. 制造许可证
86. 零位标志内　　87. 20±5　　88. 红色禁油　　89. 引用误差
90. 升压和降压　　91. 示值之差　　92. 1/5　　93. 3
94. 0.25　　95. 分别　　96. 彩色油影　　97. 15 ℃～35 ℃
98. 2　　99. 角速度　　100. 弧长　　101. 时间
102. 时刻　　103. 圆心　　104. 在质点上　　105. 离心力
106. 反作用力　　107. 次数　　108. 速度　　109. 时间
110. 电子计数式　　111. 转/分或 r/min　　112. 0.5　　113. 11.5
114. 产生离心力　　115. 产生一个力矩　　116. 电脉冲信号　　117. 200

118. 在被测转速稳定时　119. 2～3　120. 高转速
121. 测周法　122. 20±5　123. 磁场和振动　124. 位于同一轴线
125. 不小于　126. 常用量限的中间　127. 10　128. 稳定
129. 上限值和下限值　130. 选一点　131. 1、2、5　132. 无滑动
133. 手持固定式　134. 相互　135. 垂直距离(距离)　136. 扭转
137. 转换　138. 定值式　139. 解除作用力　140. (减力)杠杆系统
141. 1、2、3　142. 标称值的±3%　143. 0.5 级　144. 不大于
145. (20±10)℃　146. 85%　147. 5　148. 9.8(9.81)
149. 1.02　150. 传感器部分(力传感器件)　151. 相应秤量
152. 鉴别力　153. 去皮检定　154. 显示分度值　155. 刚好增加
156. 最小秤量　157. 化整前的示值　158. 80%　159. 50%最大秤量
160. 1.4d　161. 首次　162. 2 倍　163. 物质
164. 代数和　165. 干扰

二、单项选择题

1. C　2. C　3. A　4. B　5. B　6. D　7. D　8. D　9. D
10. B　11. A　12. A　13. A　14. B　15. D　16. D　17. D　18. D
19. D　20. C　21. A　22. D　23. B　24. C　25. B　26. C　27. A
28. D　29. B　30. B　31. B　32. C　33. A　34. A　35. B　36. A
37. B　38. A　39. A　40. A　41. C　42. D　43. A　44. A　45. A
46. C　47. A　48. A　49. A　50. A　51. C　52. D　53. B　54. A
55. B　56. B　57. D　58. D　59. B　60. B　61. C　62. C　63. D
64. B　65. C　66. B　67. C　68. A　69. A　70. A　71. A　72. A
73. B　74. A　75. C　76. A　77. A　78. B　79. C　80. A　81. A
82. A　83. D　84. C　85. D　86. B　87. B　88. B　89. A　90. B
91. D　92. B　93. B　94. A　95. A　96. C　97. A　98. B　99. B
100. C　101. A　102. A　103. B　104. A　105. D　106. C　107. B　108. D
109. C　110. C　111. B　112. A　113. B　114. A　115. A　116. C　117. B
118. C　119. B　120. A　121. A　122. B　123. B　124. B　125. A　126. D
127. B　128. B　129. C　130. A　131. C　132. B　133. C　134. B　135. C
136. A　137. B　138. A　139. D　140. A　141. A　142. A　143. A　144. A
145. A　146. A　147. A　148. A　149. A　150. A　151. A　152. A　153. A
154. A　155. A　156. D　157. A　158. A　159. A　160. A　161. A　162. D
163. A　164. C　165. A

三、多项选择题

1. AB　2. ABD　3. ABC　4. AC　5. AB　6. ACD　7. ABD
8. ACD　9. AC　10. AD　11. ACD　12. BCD　13. AC　14. ABC
15. ABD　16. ABCD　17. ABD　18. BCD　19. BD　20. ABCD　21. BD

22. ABCD　23. ABD　24. ABD　25. ABC　26. ABC　27. ACD　28. AC
29. ABC　30. ABC　31. BCD　32. BD　33. ABD　34. AC　35. AB
36. BCD　37. AC　38. BC　39. BD　40. ACD　41. CD　42. BCD
43. ABC　44. ABC　45. ACD　46. BC　47. BD　48. CD　49. AD
50. ACD　51. ACD　52. BC　53. CD　54. ACD　55. ACD　56. BC
57. BCD　58. CD　59. AB　60. AD　61. AC　62. BC　63. AB
64. ABC　65. BCD　66. BC　67. ABC　68. BD　69. ABCD　70. ABC
71. ABD　72. AD　73. ABCD　74. BD　75. BD　76. ACD　77. ABCD
78. ABC　79. ABCD　80. ACD　81. AB　82. ABCD　83. ABC　84. AC
85. BD　86. ABD　87. ABD　88. ABC　89. BD　90. ABC　91. ACD
92. ABC　93. ABD　94. BCD　95. ACD　96. BC　97. AB　98. CD
99. ABC　100. BCD

四、判 断 题

1. √　2. √　3. √　4. √　5. √　6. √　7. √　8. √　9. ×
10. ×　11. ×　12. √　13. ×　14. √　15. ×　16. √　17. ×　18. √
19. ×　20. √　21. √　22. √　23. √　24. √　25. ×　26. ×　27. √
28. √　29. ×　30. ×　31. ×　32. √　33. √　34. √　35. ×　36. ×
37. ×　38. ×　39. √　40. √　41. √　42. √　43. √　44. √　45. √
46. ×　47. ×　48. ×　49. ×　50. ×　51. ×　52. ×　53. ×　54. ×
55. ×　56. ×　57. ×　58. √　59. ×　60. ×　61. ×　62. ×　63. √
64. ×　65. √　66. √　67. √　68. ×　69. ×　70. ×　71. √　72. ×
73. ×　74. √　75. √　76. ×　77. ×　78. ×　79. ×　80. ×　81. ×
82. ×　83. ×　84. ×　85. √　86. ×　87. ×　88. ×　89. ×　90. ×
91. ×　92. ×　93. ×　94. ×　95. ×　96. √　97. ×　98. ×　99. ×
100. ×　101. ×　102. ×　103. ×　104. √　105. √　106. √　107. ×　108. ×
109. ×　110. ×　111. ×　112. ×　113. ×　114. ×　115. ×　116. √　117. ×
118. ×　119. ×　120. √　121. ×　122. √　123. ×　124. ×　125. √　126. ×
127. ×　128. ×　129. √　130. √　131. ×　132. ×　133. √　134. ×　135. √
136. ×　137. ×　138. ×　139. ×　140. √　141. ×　142. ×　143. ×　144. ×
145. ×　146. ×　147. ×　148. ×　149. ×　150. ×　151. ×　152. ×　153. √
154. ×　155. ×　156. √　157. ×　158. ×　159. √　160. ×　161. √　162. ×
163. ×　164. ×　165. ×

五、简 答 题

1. 答:量值传递是通过对计量器具的检定或校准将国家基准所复现的计量单位量值(2分),通过各等级计量标准传递到工作计量器具(2分),以保证对被测对象量值的准确和一致(1分)。

2. 答:为进行计量检定(1分),评定计量器具的计量性能(1分),判断计量器具是否合格(1分),保证量值传递正确进行的技术法定性文件(2分)。

3. 答:根据检定规程规定的周期(3分),对计量器具所进行的随后检定(2分)。

4. 答:在规定条件下(1分),为确定测量仪器或测量系统所指示的量值(1分),或实物量具或参考物质所代表的量值(1分),与对应的由标准所复现的量值之间关系的一组操作(2分)。

5. 答:国家有计划地发展计量事业(1分),用现代计量技术、装备各级计量检定机构(1分),为社会主义现代化建设服务(1分),为工农业生产、国防建设、科学实验、国内外贸易以及人民健康、安全提供计量保证(2分)。

6. 答:(1)正确使用计量基准或计量标准并负责维护、保养,使其保持良好的技术状况(2分)。

(2)执行计量技术法规,进行检定工作(1分)。

(3)保证计量检定的原始数据和有关技术资料的完整(1分)。

(4)承办政府计量部门委托的有关任务(1分)。

7. 答:由国家以法令形式规定强制使用或允许使用的计量单位(5分)。

8. 答:可从设备(1分)、环境(1分)、方法(1分)、人员(1分)和测量对象(1分)几个方面考虑。

9. 答:(1)3.14(1分);(2)2.72(1分);(3)4.16(2分);(4)1.28(1分)。

10. 答:3.142(1分);14.00(1分);2.315×10^{-2}(1分);1.001×10^{3}(2分)。

11. 答:钢材热处理的目的是为了改善材料内部的组织结构和改善材料的机械(力学)性能(5分)。

12. 答:弹簧管式压力表由表壳、表盘、指针、机芯、弹簧管、压力表接口等部分构成(2分)。其中表壳的功能是将各部件连接在一起并保护其不受损坏,表盘和指针指示压力值,弹簧管感受介质的压力产生变形(1分)。机芯将弹簧管的变形放大并转换为指针的旋转运动(1分)。压力表接口用来安装压力表,使压力介质进入压力表(1分)。

13. 答:在套螺纹前应对杆件上端面进行倒角(1分)。倒至螺纹的最小直径为宜(1分)。套牙时应使扳牙端面与杆件轴线垂直施加一定压力,待成牙后不再加压(1分)。套牙过程中要加乳化液、机油,或切削液提高质量,工件要夹紧(1分)。要经常反转扳牙以断屑(1分)。

14. 答:要根据材料选择锯条、软材和大件用粗牙锯条,硬件和薄壁管件用细牙锯条(2分)。装夹锯条松紧适度,牙尖向前,零件夹持牢固,锯锋靠近钳口(1分)。起锯角度要小,推锯压力不过猛、过大、硬材要加切削液(1分)。将断时要轻缓(1分)。

15. 答:(1)不锉淬火件和毛坯件(1分);(2)防止沾油、沾水以勉生锈(1分);(3)不要当锤击工具用(1分);(4)使用新锉要先检一面用,用后刷净铁削(1分);(5)使用整形锉要忌用力过猛以免断锉(1分)。

16. 答:(1)使用前要检查转换开关和表笔的位置是否正确,以免损坏仪表和发生事故(0.5分);

(2)测量电压时,应并联仪表,测量电流时应串联仪表(1分);

(3)测量直流时应注意极性(1分);

(4)测量电阻应先检查短接时的零位(1分);

(5)测量500 V以上高压要注意人身安全(1分);

(6)使用完毕扳向电压最高挡,拔下表笔(0.5分)。

17. 答:压力是指垂直均匀作用在单位面积上的全部力(3分)。其法定计量单位为Pa(帕斯卡)(2分)。

18. 答:当绝对压力大于大气压力时,绝对压力与大气压力的差值为表示压力(3分)。当绝对压力小于大气压力时,大气压力与绝对压力的差值为疏空(2分)。

19. 答:活塞压力计主要由专用砝码产生标准力值(2分),活塞与专用砝码一起产生标准压力值(1分)。造压筒用来产生需要的压力(1分),联结管路和阀门、压力表接口使仪器构成一个整体(1分)。

20. 答:检定一般压力表选择的标准器应符合三个条件(2分),第一量限不小于被检表(1分),第二能够实现被检表要检定的压力值(1分),第三其允许误差的绝对值应不大于被检表允许误差绝对值的1/4(1分)。

21. 答:弹簧管压力表机芯中,利用扇形齿和中心齿将弹簧管末端的位移放大并转换成旋转运动传递给指针(4分),使指针指示出压力值(1分)。

22. 答:压力表表盘上一般应有制造厂名和商标(1分);产品名称、计量单位和数字(1分);制造许可证标志及编号(1分);准确度等级(1分);出厂编号;真空表应有"—"或"负"标志(1分)。

23. 答:在同一压力值下(2分),压力表升压和降压时轻敲表壳后的示值之差的绝对值(3分)。

24. 答:检定一般压力表在升压检至测量上限后(2分),切断压力(真空)源(1分),耐压3分钟(1分),然后倒序回检(1分)。

25. 答:将双针双管压力表的一只接口装在校验器上(1分),加压至测量上限(1分),该指针应指到上限(1分),另一指针应在零位(1分),且另一接口不应有油渗出(1分)。

26. 答:为保证安全,在示值检定前、后应进行无油脂检查(1分)。检查方法是:先用纯净的温水注入弹簧管内经过振荡(1分),将水甩入装有清水的器具内(1分),观察水面上有无彩色的油影(1分),以确认表内有无油脂(1分)。

27. 答:电接点压力表绝缘电阻的测试应在环境温度为15~35 ℃(1分),相对湿度不大于80%的条件下(1分),用直流工作电压为500 V的高阻表在各接线端子和外壳间进行(1分),摇动高阻表,待示值稳定10 s后读数(1分),其值应不小于20 MΩ方为合格(1分)。

28. 答:用直流500 V高阻表(1分),将表输出端(引线)连接在电接点压力表各接线端子与外壳之间(2分),摇动高阻表待指针稳定10 s后读数(2分)。

29. 答:转动物体上任一垂直转轴的直线所转过角度与转过这个角度所需时间之比称为转动的角速度(5分)。

30. 答:转速表按工作原理分为离心式(1分)、定时式(1分)、磁感应式(1分)、电动式(1分)、频闪式和电子计数式(1分)转速表六种类型。

31. 答:JJG 105—2000检定规程规定电子计数式转速表的准确等级有0.01,0.02,0.05,0.1,0.2,0.5,1级等共七个准确度等级(2分)。其0.05级的示值允差为$0.05\%n\pm1$个字,示值允许变动性为 0.05%n+2 个字(2 分),其中 n 为转速表示值(1 分)。

32. 答:离心式转速表是当转速表转轴转动时(1 分),离心器上的重物在惯性离心力作用下离开轴心(1 分),同时通过传动系统带动指针回转(1 分),当离心力与弹簧产生的力矩平衡时(1 分),指针停留的位置指示出转速值的一种机械式转速表(1 分)。

33. 答:转速表的转速比是指表转轴的实际转速与表盘示值的比值(2 分)。例如:表轴转速为 100 r/min 时指针的示值为 1 000 r/min(2 分),则该表的转速比为 1∶10(1 分)。

34. 答:待被测转速稳定后(1 分),转速表的指针围绕着某一转速值来回摆动(1 分),其摆动示值的最大值减去最小值之差与该挡测量上限或该转速表的测量范围之比即为该测量点的摆幅率(3 分)。

35. 答:(1)不能用低速挡测量高转速(2 分);

(2)转速表表轴与被测轴接触时,要对准轴心,动作要缓慢(1 分);

(3)表轴与被测件不要顶得过紧,不产生相对滑动即可(1 分);

(4)转速表使用前应加润滑油,从表壳和调速盘上的油孔注入(1 分)。

36. 答:一般应在测量范围内按 1、2、5 序列选择 8 个检定点(5 分)。

37. 答:机械定值式扭矩扳子,由扳接头、减力杠杆系、定值机构、力值弹簧及调节机构、扳手体和指示刻线等组成(3 分)。由扳接头传来的扭矩经减力杠杆系减小力值后作用于定值机构处,当此力与力值弹簧的压力相等时,定值机构动作,卸除扭力同时发出讯号(2 分)。

38. 答:检定扭矩扳手用标准装置的扭矩应大于、等于被检扭矩扳子的最大扭矩(2 分),标准装置给出的标准值的扩展不确定度为被检扭矩扳子最大允差的 1/3～1/10(3 分)。

39. 答:一台电子秤,必须有机械承重部件(1 分),将载荷转换为电信号的传感器(1 分),供电电源(1 分),数字转换部件(1 分),显示、键盘等部件构成(1 分)。

40. 答:当作用在机械杠杆上对支点的力矩的代数和为零时(3 分),则杠杆处于平衡状态(2 分)。

41. 答:按照支、力、重点的位置杠杆可以分为三种(2 分)。

第一种杠杆,支点位于力点和重点之间(1 分)。

第二种杠杆,重点位于支点和力点之间(1 分)。

第三种杠杆,力点位力重点和支点之间(1 分)。

42. 答:第一类杠杆,力的大小可以根据结构来调整(既可以省力,也可以使力保持不变或力减小)使用方便(2 分)。

第二类杠杆,总是省力的(1 分)。

第三类杠杆,费力,但是可以获得较大的行程(2 分)。

43. 答:共有七项:外观检查;零点测试;称量测试;偏载测试;灵敏度测试;回零测试;重复性测试(5 分)。

44. 答:对一台非自行指示秤应在标尺(付标尺)最大秤量值和最大秤量二点处进行灵敏度测试(1 分)。测试时先将该秤量下计量杠杆调至平衡(1 分),并使其静止于某一位置(1 分),然后轻缓地在承重台面上加上或去掉一约等于该秤量点允差值的砝码(1 分),观察计量杠杆力点端新的静止位置偏离原位置的距离应大于或等于 3 mm 或 5 mm(1 分)。

45. 答:如图 1 所示,杠杆 AO_1B 的力点和杠杆 CO_2D 的重点 C 相连接就构成了串联杠杆(2 分)。(图 3 分)

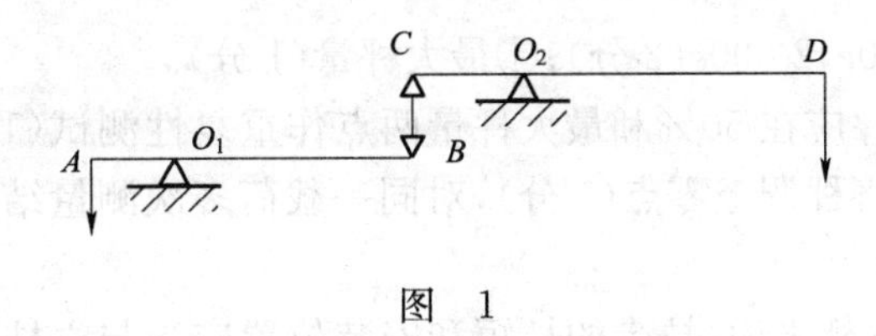

图 1

46. 答:两个杠杆构成并联杠杆的例子。如图 2 所示,杠杆 A_1O_1B 和杠杆 A_2O_2B 的力点 B 连接在一起,就构成了并联杠杆系(2 分)。(图 3 分)

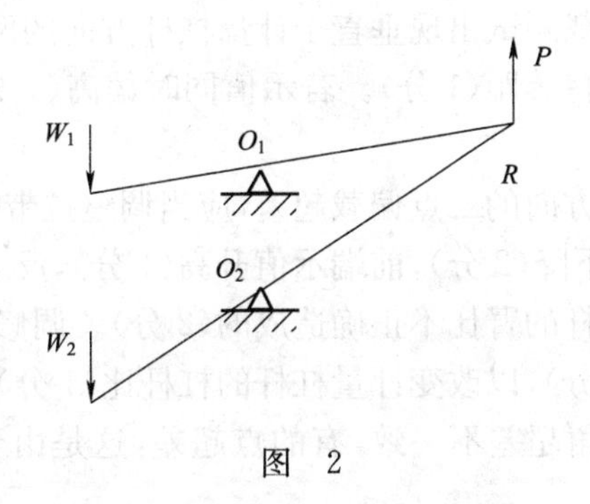

图 2

47. 答:机械杠杆衡器中刀线的位置直接关系到机械秤的计量性能(1 分),要求同一杠杆上的刀线必须平行(1 分),且保持固定、正确的矩离(1 分),并根据杠杆的用途要求或在同一平面上(1 分),或稍有偏离(1 分)。

48. 答:机械杠杆秤的重复性是同一台秤(1 分),在相同环境条件下(1 分),在同一地点(1 分),同一操作者多次对同一物体进行称量(1 分),称量结果的一致性(1 分)。

49. 答:机械杠杆秤的正确性是指具有固定正确的杠杆比或杠杆系的臂比(5 分)。

50. 答:机械杠杆秤的灵敏性是指秤对微小质量变化的觉察能力(5 分)。

51. 答:此案秤杠杆系统的臂为$\frac{60}{300}=\frac{1}{5}$(2 分),当最大称量为 10 kg 时,其增砣的质量应为:10×1/5=2(kg)(3 分)。

52. 答:此案秤杠杆系的臂比为$\frac{60}{300}=\frac{1}{5}$(2 分),当秤盘上的重物为 4 kg 时,其增砣的质量应为 4×1/5=0.8(kg)(3 分)。

53. 答:对这一案秤,其杠杆的臂比为$\frac{a}{250}=\frac{2}{10}$(3 分),$a=\frac{2\times250}{10}=50$(mm)(1 分),故杠杆的支重距 a 应为 50 mm(1 分)。

54. 答:AGT 型案秤、连杆与立柱、计量杠杆、拉带一起构成了平行四边形的罗伯威尔机构以保证秤盘在使用时不倾覆(3 分),及重物在秤盘中沿计量杠纵向移动时称量结果一致(2 分)。

55. 答:机械、电子秤是按检定分度值对应的检定分度数的大小范围来划分准确度等级的(5 分)。

56. 答:秤体上必备的标志包括:制造厂名称和商标,准确度等级(1 分),最大、最小秤量(1 分),检定分度值(1 分),制造许可证标志和编号(1 分),增砣秤的臂比(1 分)。

57. 答:①最小称量(1 分);②标尺或主、副标尺的最大秤量值(1 分);③最大允许误差改变的秤量如 50e,200e,500e,2 000e(2 分);④最大秤量(1 分)。

58. 答:非自行指示秤应在 50%和最大秤量两点作重复性测试(1 分),每点应至少进行 3 次(1 分),每次测试前应将秤调至零点(1 分),对同一载荷多次测量结果之差应不大于该秤量最大允差的绝对值(2 分)。

59. 答:对 AGT 型案秤来说,拉带的长短和安装位置应当与立柱、计量杠杆、连杆一起构成正确的罗伯威尔机构的平行四边形(3 分)。其与连杆接处应灵活(1 分),变动量应尽可能小(1 分)。

60. 答:AGT 型案秤,偏载测试出现垂直于计量杠杆方向的两点示值超差;应当调整计量杠杆的支重距(1 分),使其保持等距(1 分)。若示值同时偏高(1 分),则应减小支重距(1 分),反之相反(1 分)。

61. 答:调修沿计量杠杆方向的二点偏载超差,应当调整拉带(1 分),拉带连接板一端向下调会使重物在秤盘后端示值下降(2 分),前端示值升高(1 分),反之相反(1 分)。

62. 答:这是由于计量杠杆的臂比不正确造成的(2 分)。调修时一般应当同时等量地增大或缩小计量杠杆的支重距(2 分),以改变计量杠杆的杠杆比(1 分)。

63. 答:TGT 型台秤,四角超差不一致,有的点超差,这是由于承重杠杆的支重距不相等造成的(5 分)。

64. 答:先将天平空载时调整至平衡(1 分),然后将两端重力架和中刀在刀承上的位置分别置于极边位置(1 分),打破天平的平衡,天平应能自行恢复平衡(1 分),或在较轻的秤里添加一允差砝码(1 分),天平能达到或超过平衡位置,天平秤即为合格(1 分)。

65. 答:架盘天平的分度值在空秤和全秤两点进行(2 分),测定时是在处于平衡状态的天平上轻缓地加放质量等于空秤或全量一个分度值的砝码(2 分),天平指针静止点的位置的改变应不小于一个分度(1 分)。

66. 答:由测量所得到的赋予被测量的值称为测量结果(3 分),测量仪器所给出的量的值是测量仪器的示值(2 分)。

67. 答:秤的检定是查明和确认秤是否符合法定要求的程序(2 分)。它包括检查(1 分)、加标记(1 分)和出具检定证书(1 分)。

68. 答:只有当秤(含进口秤)通过了定型鉴定或样机试验(2 分),并取得了制造许可证(2 分),才可进行首次检定(1 分)。

69. 答:应对可能改变计量性能的器件或直接影响到秤的量值的部位加印封或铅封(5 分)。

70. 答:电子计数式转速表是利用转速传感器将机械旋转频率转换为电脉信号(3 分),通过电子计数器计数显示相应的转速值(2 分)。

六、综 合 题

1. 答:0.5 MPa 点在活塞压力计测量范围 0.1~6 MPa 的 10%以内,其允许误差是测量上限 10%的±0.2%(5 分),即:

6×10%×(±0.2%)≈±0.001 2(MPa) (5 分)

2. 答:10 MPa 点在该活塞压力计测量范围的 10%以上,其基本允许误差为测量值的±0.2%(5 分),即:

10×(±0.2%)=±0.02(MPa) (5 分)

3. 答:被检表的允许误差为:4×(±1.6%)=±0.064(MPa) (3 分)

其检定点为 1、2、3、4 MPa(1 分),全部在活塞压力计的测量上限的 10%以上(1 分),其中活塞压力计允许误差最大值为 4 MPa 点(1 分),其值为:4×(±0.2%)=±0.008(MPa),小于被检表允许误差的 1/4:0.064÷4=0.016(MPa)。符合国家检定规程的要求(合格)(4 分)。

4. 答:如图 3 所示(10 分)。

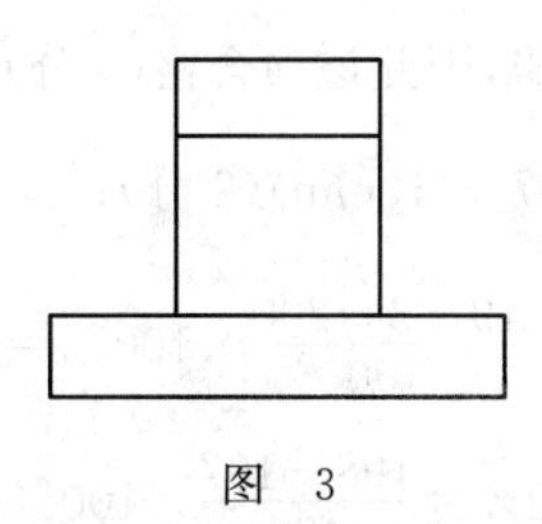

图 3

5. 答:该表在 20 MPa 点的轻敲位移是:

20.2-20.0=0.2(MPa) (3 分)

该表允许误差的绝对值的一半是:

40×1.6%÷2=0.32(MPa) (3 分)

0.2<0.32,该表轻敲位移合格(4 分)。

6. 答:该表的允差为 16×(±1.6%)=±0.256(MPa) (4 分)

该表在 8 MPa 点,所有示值中误差最大的为 8.2 MPa(2 分),其示值误差为 0.2 MPa(2 分),小于允许误差 0.256 MPa。因此合格(2 分)。

7. 答:该表的示值允差为:6×±(2.5%)=±0.15(MPa) (3 分)

检定结果的最大示值误差为:2.92-3=-0.08(MPa)(3 分),|-0.08|<0.15(MPa),因此该表示值合格(4 分)。

8. 答:该表的示值允差为:40×(±1.6%)=±0.64(MPa)(3 分);

该表检定结果最大示值误差为:19.2-20=-0.8(MPa)(3 分);

-0.8 MPa 已超过示值允差 0～0.64 MPa,因此不合格(4 分)。

9. 答:该表的示值允差为:2.5×(±1.6%)=±0.04(MPa)(3 分);

其回程误差为:2.04-1.99=0.05(MPa)(3 分);

回程误差大于示值允差的绝对值,因此该表不合格(4 分)。

10. 答:该表的示值允差为:1×(±2.5%)=±0.025(MPa)(3 分);

0.6 MPa 点的回程误差为:|0.63-0.64|=0.01(MPa)(3 分);

回程误差小于示值允差,因此该表合格(4 分)。

11. 答:该表的示值允差为:10×(±1.6%)=±0.16(MPa)(3 分);

8 MPa 点的回程误差为:8.04-7.96=0.08(MPa)(3 分);

回程误差小于示值允差的绝对值,因此合格(4 分)。

12. 答:该表的示值允差为:1.6×(±1.6%)=±0.0256(MPa)(3 分);

1.2 MPa 点的最大轻敲位移为:1.22-1.20=0.02(MPa)(3 分);

该轻敲位移已超过示值允差绝对值的一半，因此该表不合格(4分)。

13. 答：该表的示值允差为：10×(±2.5%)=±0.25(MPa)(3分)；

6 MPa点的最大轻敲位移为：6.2−6.0=0.2(MPa)(3分)；

其值已超过示值允差的一半，因此该项不合格(4分)。

14. 答：该答的示值允差为：25×(±1.0%)=±0.25(MPa)(3分)；

20 MPa点最大轻敲位移为：20.1−20.0=0.1(MPa)(3分)；

该值小于示值允差绝对值的一半，因此该项合格(4分)。

15. 答：$\bar{n}=\dfrac{198+197+197}{3}=197.3$(r/min)(2分)；

基本误差：$w=\dfrac{\bar{n}-n_{标}}{N}\times100\%=\dfrac{197.3-200}{400}\times100\%=-0.67\%$(2分)；

示值变动性：$b=\dfrac{n_{\max}-n_{\min}}{N}\times100\%=\dfrac{198-197}{400}\times100\%=0.25\%$(2分)；

它们都不超过1级表的允差±1%和1%，故本表合格(4分)。

16. 答：该表在600 r/min点的指针摆幅率$\beta=\dfrac{16}{1\,200}=1.3\%$(4分)，该摆幅率已超过1.0%，故该表不合格(3分)。如其他项目符合要求可以降为2级使用(3分)。

17. 答：$\bar{n}=\dfrac{10\,098+10\,000+10\,082}{3}=10\,060$(r/min)

基本误差：$w=\dfrac{\bar{n}-n_{标}}{N}\times100\%=\dfrac{10\,060-10\,000}{15\,000}\times100\%=0.4\%$

示值变动性：$b=\dfrac{n_{\max}-n_{\min}}{N}\times100\%=\dfrac{10\,098-10\,000}{15\,000}\times100\%=0.65\%$(以上每步计算2分)

由于该表准确度为0.5级，因示值变动性超差属不合格，可降级使用(4分)。

18. 答：$\bar{n}=\dfrac{2\,015+2\,015+2\,010}{3}=2\,013.3$(r/min)(2分)；

基本误差：$w=\dfrac{\bar{n}-n_{标}}{N}\times100\%=\dfrac{2\,013.3-2\,000}{4\,000}\times100\%=0.3\%$(2分)；

示值变动性：$b=\dfrac{n_{\max}-n_{\min}}{N}\times100\%=\dfrac{2\,015-2\,010}{4\,000}\times100\%=0.1\%$(2分)；

其中基本误差w和示值变动性b均不超差，该表合格(4分)。

19. 答：此检定点三次结果的平均值：$\overline{M}=\dfrac{970.6+1\,030.7+1\,010.5}{3}=1\,003.9$(N·m)(2分)；

示值相对误差：$e=(1\,000-1\,003.9)/1\,003.9\times100\%=-3.9\%$(2分)；

示值重复性：$r=\dfrac{1\,030.7-970.6}{1\,003.9}\times100\%=6.8\%$(2分)；

此点重复性达6.9%超过允差±5.0%，不合格(2分)。

示值相对误差合格，重复性不合格，此扳子不合格(2分)。

20. 答:该点实测值的平均值:$\overline{M}=\frac{1\ 904.2+1\ 890.5+1\ 895.6}{3}=1\ 896.8$(N·m)(2 分);

示值相对误差:$e=\frac{2\ 000-1\ 896.8}{1\ 896.8}\times100\%=5.4\%$(2 分);

示值重复性:$r=\frac{1\ 904.2-1\ 890.5}{1\ 896.8}\times100\%=0.7\%$(2 分);

其中示值相对误差超过此扳子的允差±5.0%,不合格(2 分)。

示值重复性小于此扳子的允差 5.0%不超差(2 分)。

此扳子由于示值相对误差超差不合格。

21. 答:此点示值的平均值:$\overline{M}=\frac{1\ 010.3+1\ 020.5+1\ 040.6}{3}=1\ 023.8$(N·m)(2 分);

此点示值相对误差:$e=\frac{1\ 000-1\ 023.8}{1\ 023.8}=-2.3\%$(2 分);

此点示值重复性:$r=\frac{1\ 040.6-1\ 010.3}{1\ 023.8}=3.0\%$(2 分)。

该扭矩扳子的示值相对误差和示值重复性均不超过此扳子的允差,此扳子合格(4 分)。

22. 答:(1)该秤在 500e 点的最大允差为±25 g,实际已达 30 g 超差(4 分)。

(2)该秤的重复性允差是 50 g,而最大秤量点的重复性示值之差达到 75 g,超过该秤量最大允差值的绝对值 50 g,该点超差。此秤有秤量和重复性两项不合格,属不合格秤(6 分)。

23. 答:(1)此秤偏载允差为±5 g,实测第 3 点已达至 6 g,超过允差不合格(3 分)。

(2)此秤秤量测试结果中,最大秤量示值误差 6.0 g 已超过该点最大允差±5 g,不合格(3 分)。

(3)此秤重复性测试合格(2 分)。

(4)此秤属不合格秤(2 分)。

24. 答:(1)该秤偏载测试全部合格(3 分)。

(2)该秤、秤量点测试,2 000e 点允差为±20 g,实测 24 g 超差。最大秤量点允差为±30 g,实测值 36 g 超差(3 分)。

(3)该秤重复性测试合格(2 分)。

(4)该秤属不合格秤(2 分)。

25. 答:(1)该秤偏载测试合格(2 分)。

(2)该秤称量测试 500e 点的误差−300 g 超过了该点的允差±250 g,不合格。2 000e 点的误差 600 g 超过了该点的允差±500 g,不合格(3 分)。

(3)该秤的重复性测试,在最大秤量点的示值之差为 600 g 超过了该点的最大允差绝对值 500 g,因此超差不合格(3 分)。

(4)此秤由于秤量点和重复性不合格而不合格(2 分)。

26. 答:(1)此秤偏载最大允差±5 g,而测试中第 3 点为 5.5 g,已超差,不合格(3 分)。

(2)此秤标尺最大秤量的允差为±2.5 g,实际已达 3.0 g,已超差,不合格(3 分)。

(3)重复性测试中的最大秤量点测试最大差值已达 4.0−(−1.5)=5.5 g,超过该点最大允差的绝对值 5 g,此点超差不合格(3 分)。

此秤属不合格秤(1 分)。

27. 答：E 和 E_c 值见表 1。

表 1　　单位：kg

名称	电子地秤	型号		最大秤量	30 t	准确度		分度值 e	10 kg	
计量编号		生产厂		使用单位		出厂号		检定温度		
外观检查										
置零准确度	$10e$	I	Δm	E_0	去皮准确度	I	Δm	E		mpe
	100	100	5	0						
秤量测试	序号	m	I ↓	I ↑	Δm ↓	Δm ↑	E ↓	E ↑	E_c ↓	E_c ↑
	1	100	100		4		+1		+1	
	2	200	200		2		+3		+3	
	3	5 000	5 000		1		+4		+4	
	4	15 000	15 010		3		+12		+12	
	5	20 000	20 010		6		+9		+9	
	6	30 000								

（秤量测试 mpe 栏：第 5 行 10，第 6 行 15）

	偏转测试						旋转测试								
	m=200 g		mpe= g				m= g	mpe= g							
	1	2	3	4	5	6	0°	90°	180°	270°	360°	−270°	−180°	−90°	0°
I	6 000	6 000	6 010	6 000	6 000	6 010									
Δm	4	3	3	3	4	6									
E_c	+1	+2	+12	+2	+1	+9									

检定结果中有二点不合格(3 分)。

(1)秤量点测试。15 000 kg 秤量点其最大允差为＋10 kg，实测已达＋12 kg，此点示值超差不合格(3 分)。

(2)偏载测试中，第三点示值误差＋12 kg 超过该点最大允许误差＋10 kg，故该秤不合格(4 分)。

28. 答：数字指示秤检定(校准)记录 E 值计算结果见表 2(3 分)。

表 2　　单位：g

名称	电子地秤	型号		最大秤量	30 t	准确度		分度值 e	10 kg	
计量编号		生产厂		使用单位		出厂号		检定温度		
外观检查										
置零准确度	$10e$	I	Δm	E_0	去皮准确度	I	Δm	E		mpe
	10	10	0.5	0						
秤量测试	序号	m	I(kg) ↓	I(kg) ↑	Δm ↓	Δm ↑	E ↓	E ↑	E_c ↓	E_c ↑
	1	10	0.010	0.010	0.3	0.3	+0.2	+0.2	+0.2	+0.2
	2	20	0.020	0.040	0.4	0.4	+0.1	+0.1	+0.1	+0.1

（秤量测试另有 mpe 栏，未填）

续上表

秤量测试	序号	m	I(kg) ↓	I(kg) ↑	Δm ↓	Δm ↑	E ↓	E ↑	E_c ↓	E_c ↑	mpe
	3	500	0.501	0.501	0.7	0.6	+0.8	+0.9	+0.8	+0.9	
	4	2 000	2.001	2.001	0.8	0.6	+0.7	+0.9	+0.7	+0.9	
	5	2 500	2.500	2.500	0.5	0.4	0	+0.1	0	+0.1	
	6	5 000	5.000								

偏载测试 m=2 000 g mpe= g	1	2	3	4	5	6
I	2 000	2 000	2 001	2 000		
Δm	0.2	0.4	0.4	0.3		
E_c	+0.3	+0.1	+1.1	+0.2		

旋转测试 m= g mpe= g	0°	90°	180°	270°	360°	−270°	−180°	−90°	0°
I									
Δm									
E_c									

其中:秤量点测试中,500 g点,加卸载化整前示值误差经过修正为+0.8 g和+0.9 g均超过该点的最大允差值+0.5 g,此点示值不合格(3分)。

偏载测试中,第三点的化整前示值误差经修正为+1.1 g超过该秤量点的最大示值允差±1.0 g此点不合格。此秤属不合格秤(4分)。

29. 解:E值计算如表3所示(5分)。

表 3　　单位:kg

名称	电子地秤	型号		最大秤量	20 t	准确度		分度值 e	10 kg
计量编号		生产厂	使用单位		出厂号		检定温度		
外观检查									

置零准确度	10e	I	Δm	E_0	去皮准确度	I	Δm	E	mpe
	50	50	2.5	0					

秤量测试	序号	m	I ↓	I ↑	Δm ↓	Δm ↑	E ↓	E ↑	E_c ↓	E_c ↑	mpe
	1	50	50		2		+0.5		+0.5		
	2	100	100		3		−0.5		−0.5		
	3	2 500	2 500		6		−3.5		−3.5		
	4	6 000	6 000		3		−0.5		−0.5		
	5	10 000	10 005		2		+5.5		+5.5		
	6										

偏载测试 m=200 g mpe= g	1	2	3	4	5	6
I						
Δm						
E_c						

旋转测试 m= g mpe= g	0°	90°	180°	270°	360°	−270°	−180°	−90°	0°
I									
Δm									
E_c									

其中秤量点测试中，2 500 kg 和 10 000 kg 点修正后示值误差－3.5 kg 和＋5.5 kg 分别超过各点的最大允差值±2.5 kg 和±5 kg，均不合格(5 分)。

30. 答：根据杠杆的力矩平衡方程(4 分)：

$Wa=Pb \qquad P=\frac{Wa}{b}=\frac{100\times10}{20}=50(\text{N})$ (4 分)

杠杆平衡时，P 应为 50 N(2 分)。

31. 答：这是一个二类杠杆(3 分)，其力矩平衡方程为

$Wa=P(a+b) \qquad P=\frac{Wa}{a+b}=\frac{100\times25}{25+75}=25(\text{N})$ (5 分)

由计算得 P 为 25 N(2 分)。

32. 答：非自行指示秤的零点测试：

(1)在准备工作做好的情况下，调整计量杠杆上的平衡螺母观察其力点端的摆幅是否能达到矩视准器上下边缘 1 mm 的距离(2 分)。

(2)对增砣标尺秤，观察计量杠杆力点端推至示准器任一边后能否自动回到距中心线 5 mm 以内(2 分)。

(3)将计量杠杆的支、力、重点刀分别沿其刀承的纵向推至极限位置时，观察计量杠杆的摆幅距示准器上、下边沿的距离不得大于 2 mm(3 分)。

(4)将计量杠杆恢复原位，沿承重台面刀承的纵向分别重拉轻放一次，或用车辆(10 t 以上的地秤)往返滚压台面一次，计量杠杆应能保持平衡(3 分)。

33. 答：这是一个二类杠杆(3 分)，其力矩平衡方程为：

$Wa=Pb \qquad b=\frac{Wa}{P}=\frac{100\times2}{10}=200(\text{cm})$ (5 分)

所以 b 应为 200 cm(2 分)。

34. 答：此台秤杠杆系的杠杆比为(2 分)：

$\frac{60}{300}\times\frac{50}{500}=\frac{1}{50} \quad \frac{P}{W}=\frac{1}{50}$ (3 分)

所以：$P=\frac{1}{50}\times30=0.6(\text{kg})$ (3 分)

秤台上砝码为 30 kg 时，增砣的质量应为 0.6 kg(2 分)。

35. 答：按题意，即当秤盘上加放 500g 的重物时，游砣从“0”刻线移动 L 的距离，对计量杠杆的支点力矩增加值为 $Qg\times L$ 的力矩(3 分)；这力矩与重物对支点的力矩 $W\times g\times a$ 所平衡所以：$Wa=QL$(3 分)

$Q=\frac{Wa}{L}=\frac{50\times60}{300}=100(\text{g})$ (4 分)

硬度测力计量工(中级工)习题

一、填 空 题

1. 测量的定义是以确定量值为目的的(　　)。

2. 计量是实现单位统一、量值(　　)的测量。

3. 测量设备是测量仪器、测量标准、参考物质、辅助设备以及进行测量(　　)的资料的总称。

4. 测量范围是指测量仪器的误差处在规定极限内的一组(　　)的值。

5. 测量结果是指由测量所得到的赋予(　　)的值。

6. 测量准确度是测量结果与被测量(　　)之间的一致程度。

7. 重复性是指在相同测量条件下,对同一被测量进行(　　)测量所得结果之间的一致性。

8. 复现性是指在改变了测量条件下,同一被测量的测量结果之间的(　　)。

9. 表征合理地赋予被测之值的分散性,与测量结果相联系的(　　),称为测量不确定度。

10. 不确定度的"A"类评定是指用(　　)的方法,来评定标准不确定度。

11. 测量(计量)单位是为定量表示同种量的大小而约定地定义和采用的(　　)。

12. 量值是量的数值与(　　)的乘积。

13. 溯源性是指通过一条具有规定不确定度的不间断的(　　),使测量结果或测量标准的值能够与规定的参考标准,通常是与国家测量标准或国际测量标准联系起来的特性。

14. 计量器具的定义是:单独地或连同(　　)一起用以进行测量的器具。

15. 计量器具的检定是:(　　)计量器具是否符合法定要求的程序,它包括检查、加标记和(或)出具检定证书。

16. 周期检定是按(　　)和规定程序,对计量器具定期进行的一种后续检定。

17. 校准是在规定条件下,为确定测量仪器或测量系统所指示的量值,或实物量具,参考物质代表的量值,与对应的由标准所复现的量值之间的(　　)的一组操作。

18. 我国《计量法》规定,属于强制检定范围的计量器具,未按照规定(　　)或者检定不合格继续使用的,责令停止使用,可以并处罚款。

19. 我国《计量法》规定,未取得《制造计量器具许可证》、《修理计量器具许可证》制造或修理计量器具的,责令(　　),没收违法所得,可以并处罚款。

20. 进口计量器具必须经省级以上人民政府计量行政部门(　　)后,方可销售。

21.《计量法》于(　　)经第六届全国人民代表大会常务委员会第十二次会议通过。

22.《计量法》是国家管理计量工作,实施计量法制监督的(　　)。

23. 实行统一立法,(　　)的原则是我国计量法的特点之一。

24. 我国《计量法》规定,国务院计量行政部门负责建立各种(　　)器具,作为统一全国量值的最高依据。

25. 省级以上人民政府有关主管部门建立的各项最高计量标准，由(　　)计量行政部门主持考核。

26. 对社会上实施计量监督具有公证作用的计量标准是(　　)。

27. 我国《计量法实施细则》规定，企业、事业单位建立本单位各项最高计量标准，须向(　　)的人民政府计量行政部门申请考核。

28. 计量检定人员出具的检定数据，用于量值传递、计量认证、技术考核、裁决计量纠纷和实施计量监督具有(　　)。

29. 检定证书、检定结果通知书必须(　　)、数据无误，有检定、检验、主管人员签字，并加盖检定单位印章。

30. 使用不合格计量器具或者破坏计量器具准确度和伪造数据，给国家和消费者造成损失的，责令其赔偿损失，没收计量器具和全部违法所得，可并处(　　)以下的罚款。

31. 中华人民共和国法定计量单位是以(　　)单位为基础，同时选用了一些非国际单位制的单位构成的。

32. 国际单位制的基本单位单位符号是：m、kg、(　　)、A、K、mol、cd。

33. 国际单位制的辅助单位有(　　)(rad)和球面度(sr)。

34. 转速的单位 r/min 是法定计量单位中(　　)国际单位制单位。

35. 国际单位制中具有专门名称的导出单位帕斯卡的符号是(　　)。

36. 国际单位制中功和能的单位符号是(　　)。

37. 测量误差定义为测量结果(　　)被测量的真值。

38. 误差按其来源可分为：设备误差、环境误差、人员误差、(　　)、测量对象。

39. 测量误差除以被测量的(　　)称为相对误差。

40. 在重复性条件下，对同一被测量进行(　　)测量所得结果的平均值与被测量的真值之差称为系统误差。

41. 测量的引用误差是测量仪器的误差除以仪器的(　　)。

42. 修正值是用代数方法与未修正测量结果(　　)，以补偿误差的值。

43. 为实施计量保证所需的组织结构、(　　)、过程和资源称为计量保证体系。

44. 计量控制是根据国家法规由指定的机构提供(　　)的工作体系。

45. 计量确认是指为确保测量设备处于满足预期使用要求的所需要的(　　)。

46. 金属材料的机械性能包括(　　)硬度、弹性、塑性、冲击韧性等。

47. 牌号为 HT150 的铸铁为(　　)铸铁。

48. 钢材按其化学成分可分为碳素钢和(　　)。

49. 钢的热处理是通过在固态下的加热保温和(　　)改变其内部组织以改变其性能的工艺方法。

50. 将钢加热至临界温度以上，保温一段时间(　　)的热处理方法称为淬火。

51. 为了更清晰地表达零件的内部复杂结构可以采用剖视(　　)的画法。

52. 表面粗糙度符号点 3.2 表示的是用(　　)的方法获得的表面 Ra=3.2 mm。

53. 形位公差中，◎表示的是(　　)。

54. 尺寸公差符号 ϕ50H7 表示(　　)的基本尺寸为 ϕ50 mm，标准公差等级为 7 级。

55. 齿轮传动可以实现精确,固定的(　　),且传动力矩较大。

56. 按国际规定,螺纹的螺距有(　　)之分。

57. 千分尺测微螺杆的螺距是 0.5 mm,其微分筒上一周为 50 分度,则每个分度的分度值为(　　)。

58. 正确划线后应在划线交点处或按一定间距在所划线上打上(　　)。

59. 钻削小孔时转速要(　　),进给量要小且平稳。

60. [符号]在液压系统图中是(　　)的符号。

61. 衡器的准确度是由(　　)和分度数来划分的。

62. 普通仪表中由交流 220 V 电压变为直流电常采用全桥式整流电路,电路中用(　　)半导体二根管。

63. 交流电的大小,方向都是(　　)。

64. 普通数字压力仪表应由电源、信号采集和放大部分,A/D 转换和数据处理按键(　　)构成。

65. 安全用电的电压为 12 V,(　　)和 36 V。

66. 使用兆欧表时,要检查兆欧表自身好坏,断开联线,摇动手柄指针应指向(　　)处。

67. 压力是指均匀作用在(　　)上的垂直力。

68. 压力单位 Pa(帕),其值为(　　)。

69. 在工业用压力表中,压力表指示的压力是(　　)大于当地大气压力的差值。

70. 压力仪表按仪表的构造原理可分为(　　)、模盒、模片式、波纹管式、液体式、活塞式及数字式压力计等。

71. 活塞压力计按结构可分为直接承重式、滑动轴承式、(　　)、双活塞式和差动活塞式等几种。

72. 活塞压力计的基本误差在其测量上限的 10% 以下,按其测量上限 10% 的百分数计算,(　　)至测量上限按实际测量值的百分数计算。

73. 活塞压力计是根据密封容器的液体压力向各向等压传递的(　　)原理制造的。

74. 使用活塞压力计时需先将其调至水平,主要是为了保持(　　)的垂直,以产生准确的压力值。

75. 精密压力表的准确度等级分为(　　)级。

76. 精密压力表应在环境温度为(　　)条件下使用。

77. 压力传感器是将压力量转换成(　　)电量的组件。

78. 数字压力计由(　　)、电源、信号处理和数字显示部分组成。

79. 检定一般压力表所用标准器应满足量程、检定点的要求和标准器允许误差绝对值(　　)被检压力表允许误差绝对值的 1/4。

80. 管弹簧式压力表由表壳、安装座、弹簧管、(　　)表盘、指针、表玻璃、表封等组成。

81. 弹簧管式压力表的机芯中,拉杆和扇形齿使弹簧管管端的(　　)转换成齿轮的旋转。

82. 弹簧式压力表中管弹簧其横截面成(　　)形,以便在受到介质压力时管端发生位移。

83. 一般工业压力表检定项目包括:外观、(　　)、示值检定,压力真空表真空部分的检定和其他特种压力表的附加检定。

84. 一般压力表的零点检查中，其零点缩格应不大于(　　)。

85. 一般压力表的示值检定应进行轻敲，其轻敲(　　)的示值都不应超差。

86. 对一般压力表检定至测量上限时应进行耐压试验，此时应(　　)压力源。

87. 精密压力表应在环境温度为(　　)条件下检定。

88. 电接点压力表应在环境温度(　　)，测试绝缘电阻。

89. 弹簧管式压力表示值误差出现线性误差时应当调整机芯中扇形齿(　　)的位置。

90. 使用中的活塞压力计应当经常进行密封性检验，其检查的方法是用一块 1.6 级压力表使系统造压至大于压力计的上限值，保压 10 分钟以观察(　　)的情况。

91. 精密压力表应至少检定(　　)点(不含零点)。

92. 数字压力计应检定外观、通电显示、零位漂移、示值基本误差、(　　)和绝缘电阻等项目。

93. 机械式轮轴压入记录器除应按一般压力表检定压力表外，还应检准(　　)。

94. 质量是指物体中所包含(　　)的多少。

95. 机械杠杆平衡时，作用在杠杆上对支点的力矩的(　　)等于零。

96. 机械杠杆按支、重、力点的位置不同可分为三类，第一类杠杆支点位于重点和力点(　　)。

97. 串联杠杆系的好处是可以(　　)。

98. 台秤承重杠杆中的长杠杆在复合杠杆中属于(　　)杠杆。

99. 机械衡器中，刀子的硬度(　　)刀承的硬度。

100. 机械衡器中的刀线相互平行，这样才保证衡器的正确性和(　　)。

101. 机械秤的计量性能有：(　　)、正确性、灵敏性和重复性。

102. ATG-10 型案秤，由(　　)、立柱、拉带和连杆组成了罗伯威尔机构。

103. 台秤的杠杆系统由(　　)杠杆系组成。

104. 地秤的承重台面由(　　)杠杆系支承构成。

105. 检定衡器用的标准砝码的综合误差应不大于被检衡器相应秤量最大允差的(　　)。

106. 数字电子秤一般由承重传感器、承重台面、电源、信号处理部分和(　　)部分构成。

107. 现代电子秤常用的应变式称重传感器由弹性体、(　　)和密封引线等组成。

108. 数字电子秤的仪表一般由电源、信号放大处理和(　　)部分构成。

109. 非自行指示秤的检定项目包括：外观检查、零点、秤量、偏载、灵敏度、(　　)和重复性测试。

110. 非自行指示秤的灵敏度在副标尺(　　)和最大秤量两点进行。

111. 如图 1 所示，ATG-10 型案秤的计量杠杆上标明臂比为 1/5，用钢尺量得计量杠杆的支重距 a=60 mm，则计量杠杆的支力距 b 为(　　)mm。

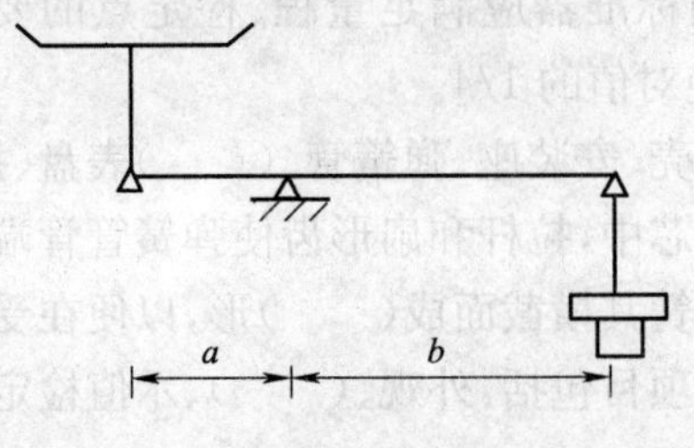

图 1

112. TGT-100 型台秤、计量杠杆上标明等臂比为 1/50，则其称量 50 kg 时增砣的质量应为(　　)kg。

113. 当 AGT 型案秤的偏载误差为沿计量杠杆纵向的后端示值偏大时，应将拉带连接调整板一端向(　　)调整。

114. 台秤的偏载合格而秤量测试时出现大秤量示值偏高，应当将底层承重长杠杆力点刀的刀刃向(　　)侧转动以减小力矩。

115. 对地秤的计量杠杆进行单独测试时，其允许误差应为首次检定最大允差的(　　)倍。

116. 数字指示秤的检定应包括：外观、零点、秤量准确度、(　　)、偏载、去皮检定和重复性检定等项目。

117. 数字指示秤秤量测试时，为了准确地确定示值误差，应当用 0.1d 的小砝码，逐个轻缓地向秤台上加放，直至显示值(　　)一个分度值为止。

118. 数字指示秤，开机显示"0"，则其空秤误差应当用(　　)测试来确定。

119. 对一台Ⅲ级数字秤的秤量点应至少进行最小秤量，(　　)，2 000e，50%最大秤量和最大秤量至少五个点的测试。

120. 对于有 6 支传感器的 30 t 电子地秤，其合理的偏载试验载荷应为(　　)。

121. 数字秤的重复性测试应在(　　)和最大秤量附近进行。

122. 对固定式电子吊秤应进行旋转测试，应将 80%最大秤量的砝码加至吊钩上(　　)各旋转一周，每 90°记录一个数据。

123. 数字指示秤的去皮测试包括：最小秤量、最大允许误差改变的秤量、(　　)和可能的最大净重值 5 个秤量。

124. 数字指示秤在做鉴别力测试时，应在处于平衡的秤上，轻缓地放上等于(　　)的砝码时，原来的示值应有变化。

125. 力是物体间的(　　)作用。

126. 力矩是力和(　　)的乘积。

127. 应变式扭矩传感器是将弹性体的微小(　　)转换成电信号。

128. 扭矩扳子根据使用要求的不同，可分为指示式和(　　)两大类。

129. 10 N·m≈(　　)kgf·m。

130. 检定扭矩扳子所用标准装置的允差应(　　)被子检扭矩扳子允差的 1/3。

131. 扭矩扳子检定时的环境温度为(　　)。

132. 检定扭矩扳子应在规定的工作范围内均匀分布地选择不少于(　　)点进行。

133. 扭矩扳子的示值检定每个检定点应(　　)。

134. 硬度是材料抵抗(　　)变形和塑性变形以及破坏的能力。

135. 洛氏硬度是用一定角度的全钢石圆锥压头，或钢球压在先加一定初负荷后，再施加规定的主负荷保荷一定时间后，卸除(　　)，立即读取残留压痕深度换算为相应硬度值。

136. 洛氏硬度按施加的(　　)不同分为 A、B、C 等不同的标尺。

137. 布氏硬度是以一定直径的钢球，在一定负荷下，压入试样，保荷一定时间后卸除载荷，测量压痕表面积，以压痕(　　)上的平均压力来表示硬度值的。

138. 布氏硬度试验规范以不同直径的钢球和不同的(　　)来区分的。

139. 维氏硬度是在全钢石四棱锥压头上施以规定的负荷，保压一定时间后，卸除负荷，测量压痕表面积，以压痕表面积上的(　　)表示硬度值的。

140. 维氏硬度试验规范规定由不同的负荷等级使用(　　)压头进行试验。

141. 里氏硬度试验是以规定质量和钢球直径的冲击体，冲击试样以(　　)和冲击速度之比来表示试样硬度值的。

142. 液压万能试验机由液压泵、控制阀、油缸提供试验力，(　　)测定试验力，机体和夹头等装夹工件。

143. 液压万能试验机的准确度按现行检定规程(JJG 139—1999)，规定有(　　)等级。

144. 周期检定的洛氏硬度计的检定项目包括外观检查、升降丝杆与主轴同轴度检定、和(　　)。

145. 标准洛氏硬度块的示值是在标准洛氏硬度计上(　　)。

146. 工作洛氏硬度计的示值检定，应在标准硬度块上测试六点，第一点不计，其余五点(　　)，取五点的平均值与标准块的示值相比较。

147. 周期检定布氏硬度计的检定项目有外观检查，升降丝杆与主轴(　　)和示值检定。

148. 首次检定合格的标准布氏硬度块，其有效期为(　　)。

149. 对用 10 mm 钢球压头的布氏硬度值的检定，应在标准硬度块上均匀分布地打(　　)点，取其平均值作为硬度计的示值。

150. 布氏硬度计的力值测试应当在负荷杠杆下沉的(　　)位置上进行测试，各测试结果均应合格。

151. 里氏硬度计的示值检定应在标准块上测试 5 次，计算出其算术平均值，两个冲击点压痕中心矩不得小于(　　)。

152. 液压万能试验机的示值检定，应从每个度盘的 20%开始，均匀分布地选择不少于(　　)点进行。

153. 0.3 级标准测力仪其长期稳定度在一年或半年内为(　　)。

154. 机械天平，横梁杠杆平衡的条件是各力对支点的(　　)为零。

155. 处于稳定平衡的杠杆系统其重心位于支点的(　　)。

156. 当支点与杠杆系统的重心重合时，系统处于(　　)。

157. 机械天平是利用质量相同的物体在同一地点的重力(　　)的原理来确定物体的质量的。

158. 机械天平按构造不同可分为等臂和(　　)天平。

159. 天平按工作原理的不同，可分为(　　)天平，弹性、液压式和电子天平。

160. 机械杠杆天平由杠杆横梁、立柱，开关支承机构，(　　)，标牌指示机构、盘托、框架等部分组成。

161. 机械天平的计量性能包括：灵敏性、稳定性、(　　)和示值不变性。

162. 机械杠杆天平的正确性是指横梁具有(　　)杠杆比。

163. 机械杠杆天平的灵敏性是指天平对(　　)差的觉察测力。

164. 机械杠杆天平的线灵敏度为指针的(　　)与引起此位移微小质量增量的比值。

165. 机械杠杆天平的感量与灵敏度互为(　　)。

166. 机械杠杆天平的稳定性是指处于(　　)的天平，受到外界干扰后，能自动回恢平衡。

167. 机械杠杆天平的示值不变性是指对同一物体进行连续(　　),其秤量结果的一致性。

168. 天平的使用应当尽量保持温度(　　),无振动和影响秤量的磁场。

169. 对于质量计量,除温度、振动、磁场、光线、热源要求外,还应当严格地注意(　　)。

170. 使用天平时应严禁在(　　)取放秤量物。

171. 使用天平禁止(　　)称量粉末状,潮湿和有腐蚀性的物质。

172. 精密秤量的天平,应当开启(　　)进行取放秤量物。

173. 放置天平的平台应当具有良好(　　)措施,以消除周围设备、车辆的影响。

174. 机械杠杆天平的检定,安装前,应对横梁,刀子,刃承,支承,吊挂系统,用绸布蘸少量(　　)擦拭干净。

175. 天平室内称量操作时,应无气流扰动,并避免操作人员的(　　)对天平的影响。

二、单项选择题

1. 与给定的特定量定义一致的值(　　)只有一个。

(A)不一定　(B)一定是　(C)经确认　(D)不可能

2. 标准计量器具的准确度一般应为被检计量器具准确度的(　　)。

(A)1/2～1/5　(B)1/5～1/10　(C)1/3～1/10　(D)1/3～1/5

3. 不合格通知书是声明计量器具不符合有关(　　)的文件。

(A)检定规程　(B)法定要求　(C)计量法规　(D)技术标准

4. 校准的依据是(　　)或校准方法。

(A)检定规程　(B)技术标准　(C)工艺要求　(D)校准规范

5. 属于强制检定工作计量器具的范围包括(　　)。

(A)用于重要场所方面的计量器具

(B)用于贸易结算、安全防护、医疗卫生、环境监测四方面的计量器具

(C)列入国家公布的强制检定目录的计量器具

(D)用于贸易结算、安全防护、医疗卫生、环境监测方面列入国家强制检定目录的工作计量器具

6. 进口计量器具必须经(　　)检定合格后,方可销售。

(A)省级以上人民政府计量行政部门　(B)县级以上人民政府计量行政部门

(C)国务院计量行政部门　(D)当地国家税务部门

7. (　　),第六届全国人大常委会第十二次会议讨论通过了《中华人民共和国计量法》,国家主席李先念同日发布命令正式公布,规定从 1986 年 7 月 1 日起施行。

(A)1985 年 9 月 6 日　(B)1986 年 7 月 1 日

(C)1987 年 7 月 1 日　(D)1977 年 7 月 1 日

8. 实际用以检定计量标准的计量器具是(　　)。

(A)最高计量标准　(B)计量基准　(C)副基准　(D)工作基准

9. 省级以上人民政府有关主管部门建立的各项最高计量标准由(　　)主持考核。

(A)政府计量行政部门　(B)省级人民政府计量行政部门

(C)国务院计量行政部门　(D)同级人民政府计量行政部门

10. 非法定计量检定机构的计量检定人员，由(　　)考核发证。
(A)国务院计量行政部门　(B)省级以上人民政府计量行政部门
(C)县级以上人民政府计量行政部门　(D)其主管部
11. 计量器具在检定周期内抽检不合格的，(　　)。
(A)由检定单位出具检定结果通知书
(B)由检定单位出具测试结果通知书
(C)由检定单位出具计量器具封存单
(D)应注销原检定证书或检定合格印、证
12. 伪造、盗用、倒卖强制检定印、证的，没收其非法检定印、证和全部非法所得，可并处(　　)以下的罚款；构成犯罪的，依法追究刑事责任。
(A)3 000 元　(B)2 000 元　(C)1 000 元　(D)500 元
13. 法定计量单位中，国家选定的非国际单位制的质量单位名称是(　　)。
(A)公斤　(B)公吨　(C)米制吨　(D)吨
14. 国际单位制中，下列计量单位名称属于有专门名称的导出单位是(　　)。
(A)摩(尔)　(B)焦(耳)　(C)开(尔文)　(D)坎(德拉)
15. 某篮球队员身高以法定计量单位符号表示是(　　)。
(A)1.95 米　(B)1 米 95　(C)1 m 95　(D)1.95 m
16. 测量结果与被测量真值之间的差是(　　)。
(A)偏差　(B)测量误差　(C)系统误差　(D)粗大误差
17. 随机误差等于误差减去(　　)。
(A)系统误差　(B)相对误差　(C)测量误差　(D)测量结果
18. 修正值等于负的(　　)。
(A)随机误差　(B)相对误差　(C)系统误差　(D)粗大误差
19. 计量保证体系的定义是：为实施计量保证所需的组织结构、(　　)、过程和资源。
(A)文件　(B)程序　(C)方法　(D)条件
20. 计量检测体系要求对所有的测量设备都要进行(　　)。
(A)检定　(B)校准　(C)比对　(D)确认
21. Q235A 牌号的钢材属于(　　)。
(A)普通碳素结构钢　(B)优质碳素结构钢　(C)合金钢　(D)工具钢
22. 铸铁是含碳量大于(　　)的铁碳合金。
(A)2.11%　(B)3.2%　(C)5.5%　(D)0.2%
23. 钢的淬火能(　　)。
(A)提高材料的硬度　(B)降低材料的硬度
(C)降低材料的强度　(D)降低材料的韧性
24. 内螺纹的外边界应当采用(　　)。
(A)细实线　(B)粗实线　(C)点划线　(D)双点划线
25. 用车床加工的表面要求 Ra 不大于 3.2 μm 应当标注为(　　)。
(A)3.2　(B)3.2　(C)3.2　(D)6.3 3.2

26. 形位公差中表示对称度的符号是(　　)。

(A)// (B)═ (C)⌰ (D)∠

27. 基本尺寸为 ϕ50 mm 的公差等级为 6 级基孔制的孔的应表示为(　　)。

(A)ϕ50H6 (B)ϕ50h6 (C) ϕ50H7 (D) $\phi 50\,\frac{H6}{f7}$H6

28. 要保证准确的传动比应采用(　　)。

(A)齿轮传动 (B)皮带传动 (C)一般链条传动 (D)三角皮带传动

29. 普通公制螺纹的牙形角应为(　　)。

(A)60° (B)55° (C)45° (D)36°

30. 常用分度值为 0.02 mm 的游标卡尺，其游标尺每格与主标尺每格间距相差(　　)mm。

(A)0.02 (B)0.01 (C)0.10 (D)0.20

31. 划线工作应当包括(　　)。

(A)看图、工件刷色、准备工具、找正(或水平)工件，按序划线、检查、打样冲

(B)看图、工件刷色、划线

(C)看图、准备工具、支承工件、划线、打样冲

(D)看图、工件刷色、准备工具、支承工件、划线

32. 钻薄工件时，钻头的顶角应当(　　)。

(A)成 118°的标准角 (B)磨成专用大顶角形

(C)使顶角小些 (D)什么样顶角都可以

33. “O”形密封圈是靠(　　)完成液压油的高压密封的。

(A)截面的圆形 (B)油压下的弹性变形

(C)装配时的压紧 (D)表面的黏结力

34. 电解电容的符号是(　　)。

(A)—[] 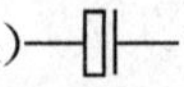|— (B)— 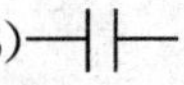||— (C)— 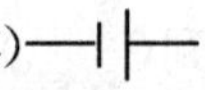|[— (D)—|(—

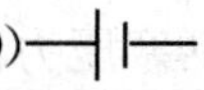

35. 图 2 所示为(　　)电路。

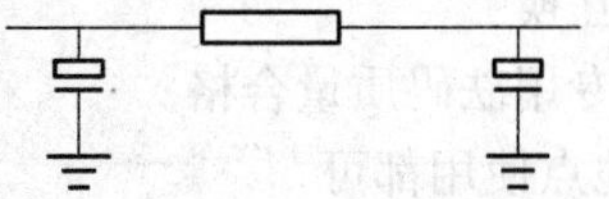

图　2

(A)π 型滤波电路 (B)T 型滤波电路 (C)Γ 型滤波电路 (D)桥式整流电路

36. 交流电的三要素是(　　)。

(A)最大值、初相位、角频率 (B)有效值、相位角、频率

(C)相角、频率、平均值 (D)有效值、初相位、频率

37. 一般数字压力仪表由(　　)部分构成。

(A)电源、信号采集放大、A/D 转换、数据处理和按键显示部分

(B)电源、放大、显示

(C)电源、数字处理和显示

(D)电源、信号放大、数显

38. 安全用电电压为(　　)V。

(A)24　(B)110　(C)60　(D)80

39. 正确使用兆欧表时,应当是(　　)。

(A)连线使绞线　(B)指针向前摆动时读数

(C)摇动手柄指针稳定时读数　(D)指针能达到要求值即可

40. 压力是指平均作用在(　　)力。

(A)单位面积上的　(B)每平方米面积上的

(C)单位面积上的垂直　(D)单位面积上的全部

41. 压力单位换算中0.1 MPa约等于(　　)。

(A)1 kg/cm^2　(B)10 kgf/cm^2　(C)10 br　(D)1 mH_2O

42. 有两块真空表,A指示的负压力为－0.01 MPa,B指示的负压力为－0.02 MPa。则A与B的绝对压力相比(　　)。

(A)A大于B　(B)A小于B　(C)A等于B　(D)无一定关系

43. 斜管微压力计属于(　　)。

(A)液体压力计　(B)管式压力计　(C)膜盒压力计　(D)波纹管式压力计

44. 带滚动轴承的活塞压力计,其优点是可以测量(　　)压力,而保持很高的准确度。

(A)更高的　(B)更小的　(C)一般的　(D)变动的

45. 活塞压力计的基本误差计算方法(　　)。

(A)在满量程内是一样的　(B)是分段的

(C)是按不同点进行的　(D)按测量上限进行的

46. 决定活塞压力计产生标准压力值的是专用砝码的质量,当地的重力加速度和(　　)。

(A)造压筒的直径　(B)活塞的有效面积

(C)连接管的直径　(D)活塞杆的长度

47. 活塞压力计使用时应做到(　　)。

(A)保证水平,专用砝码对号使用,液体介质黏度适当

(B)仪器调致水平,砝码可以互换

(C)液体介质黏度高一些好,专用砝码质量合格

(D)检定合格的仪器在任何地点使用都可

48. 精密压力表的准确度等级分为(　　)级。

(A)0.2、0.35、0.5　(B)0.16、0.25、0.4

(C)0.2、0.35、0.6　(D)0.06、0.1、0.16、0.25、0.4、0.6

49. 0.4级精密压力表使用温度超过(　　)℃时应作温度修正。

(A)20±2　(B)20±3　(C)20±5　(D)20±4

50. 压力传感器的作用是(　　)。

(A)直接显示压力值　(B)把压力量转换为可测的电量

(C)把压力值放大到可测的值　(D)把压力传至另一仪表

51. 有些压力表的外壳上后部开有一孔,这个孔是(　　)。

(A)多余的　(B)使表内外温度均衡的

(C)为测量气体的表漏气时放气的　　(D)为观察机芯用的

52. 管弹簧式压力表机芯具有(　　)的作用。

(A)将弹簧管的管端位移转换成指针的转动并加以放大

(B)指示压力

(C)使指针转动

(D)连接弹簧管和表针

53. 管弹簧式压力表的弹簧管截面(　　)。

(A)可以是圆形的　　(B)应该是扁形或椭圆的

(C)可以是正方的　　(D)没有形状限制

54. 一般压力表的检定中,耐压检定(　　)。

(A)应在上限耐压 3 分钟　　(B)可以不检

(C)达到测量上限即可　　(D)耐压 3 分钟允许有 10%的卸压

55. 一般压力表的零位检查,在无压力和真空时,其指针应紧靠零位止钉或在零点缩格内,但其条件是(　　)。

(A)表在任意位置　　(B)表盘处于垂直或水平位置

(C)表经振动后　　(D)表在倾斜位置

56. 压力表的回程误差是(　　)下,升压和降压时压力表的轻敲后的示值之差。

(A)同一压力下　　(B)满量程　　(C)不同压力　　(D)任一点时

57. 一般压力表的耐压试验,应在检至测量上限后(　　)3 分钟。

(A)切断压力源耐压　　(B)继续补允压力维持

(C)超过一定压力保持　　(D)卸除一定压力保压

58. 一般压力真空表中,测量上限为 0.15 MPa 的,其真空部分的检定要求(　　)。

(A)只检二点　　(B)只检三点　　(C)检定一点　　(D)能指向真空即可

59. 电接点压力表绝缘电阻测试时,其环境湿度应为不大于(　　)。

(A)80%　　(B)75%　　(C)85%　　(D)60%

60. 一般压力表检定中,使用液体介质检定的压力表测量限应为(　　)MPa。

(A)0.3～200　　(B)0.25～250　　(C)1～250　　(D)2.5～250

61. 当一般弹簧管压力表示值出现随压力值增大正误差越来越大时,应当(　　)。

(A)扇形齿尾部滑块向下调　　(B)将扇形齿尾部滑块向上调

(C)缩短拉杆　　(D)加长拉杆

62. 活塞压力计进行旋转延续时间自校验时,(　　)砝码旋转达到规定间为合格。

(A)初速度不限

(B)在规定初速度下

(C)砝码直径无限制

(D)在规定的初速度和负荷下,砝码直径不超过一定值

63. 精密压力表检定要求(　　)。

(A)示值检定只进行一次读数

(B)示值检定进行二次读数,检定点不少于 8 个

(C)检定点可以只取 5 个

(D)示值检定进行二次,检定根据表的情况而定

64. 数字压力计的检定项目有(　　)检定等。

(A)外观、示值、电阻

(B)外观、零位、示值误差、绝缘电阻

(C)外观、示值误差、回程误差、零点漂移、绝缘电阻

(D)外观、送电显示检查、零位漂移、示值基本误差、回程误差、绝缘电阻

65. 机械轮轴压装记录仪(　　)。

(A)只检压力表示值

(B)只检压力表示值和力值二项

(C)要进行外观、走纸、压力表检定,力值进程误差和记录准确可靠性校准、检验

(D)要进行外观、走纸、压力表示值、力值误差检验

66. 质量和重量是(　　)的两个概念。

(A)相近　(B)相同　(C)完全不同　(D)可以替代

67. 当机械杠杆处于平衡状态时,作用在杠杆上的对支点的力(　　)。

(A)方向相同　(B)力矩值相等　(C)代数和为零　(D)方向相反

68. 使用第二种杠杆总是(　　)。

(A)省力的　(B)费力的　(C)省行程　(D)缩短力臂

69. 一般使用并联杠杆系是为了(　　)。

(A)省力　(B)扩大受力面　(C)保证秤量准确　(D)保证秤的灵敏性

70. ATG-10 型案秤中的计量杠杆(　　)。

(A)是复合杠杆　(B)不是复合杠杆　(C)是单体杠杆　(D)是二类杠杆

71. 机械杠杆秤中,刀子和刀承工作部分的硬度是(　　)。

(A)刀子的硬度稍大于刀承的硬度　(B)刀承的硬度稍大于刀子的硬度

(C)彼此相等　(D)大小无关

72. 机械秤上同一杠杆上刀线的位置应该是(　　)。

(A)相互平行且稳固的　(B)相互平行、稳固、距离正确

(C)固定结实即可　(D)相对固定即可

73. 机械杠杆秤的稳定性是指(　　)。

(A)称量数据的稳定不变

(B)机械结构的稳定程度

(C)杠杆系统受外界干扰自动恢复平衡的能力

(D)对同一物体称量结果一致

74. ATG-10 型案秤称重机构计量杠杆、立柱、拉带、连杆应保持正确的(　　)。

(A)罗伯威尔机构　(B)矩形　(C)等边形　(D)方形

75. 台秤的杠杆系统应为(　　)系统。

(A)串联、并联杠杆　(B)串联杠杆　(C)并联杠杆　(D)合力合体杠杆

76. 地秤并联的各承重杠杆一般应具有(　　)的杠杆比,才能保证偏载秤量结果一致。

(A)相同　(B)不同　(C)可大可小　(D)确定

77. 衡器的准确度(　　)有关。

(A)只与分度值
(B)与显示分度值和最大秤量
(C)与最大秤量和检定分度值的比值
(D)与检定分度值和最大秤量与检定分度值的比值
78. 检定衡器所用标准砝码(　　)允许误差的 1/3。
(A)误差不大于相应秤量最大　　(B)误差不大于最大秤量
(C)等级误差不大于被检秤准确度　　(D)等级允差不大于被检秤最大
79. 数字电子秤的机械台面应保证(　　)。
(A)足够的稳固性　　(B)足够的刚性
(C)足够的弹性　　(D)足够的刚性与四壁尽量小的摩擦
80. 台、案秤中,Ⅲ级秤 500e 秤量点的首检允差为(　　)。
(A)0.5e　　(B)1.0e　　(C)±0.5e　　(D)±1.0e
81. AGT 型案秤的偏载示值误差一致,但最大秤量示值偏大,应当(　　)。
(A)转动一把支点刀,增大支重距
(B)等距地转动二把支点刀,同时减小支重距
(C)转一把支点刀,减小支重距
(D)等距地转动二把支点刀,增大支重距
82. 如图 3 所示,此台秤总杠杆比为(　　)。

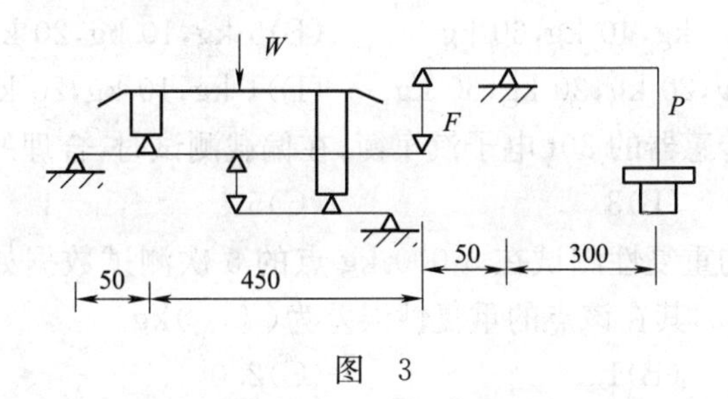

图　3

(A)$\frac{50}{450}\times\frac{50}{300}=\frac{1}{9}\times\frac{1}{6}=\frac{1}{54}$　　(B)$\frac{50}{500}\times\frac{50}{300}=\frac{1}{10}\times\frac{1}{6}=\frac{1}{60}$

(C)$\frac{50}{450}\times\frac{50}{350}=\frac{1}{9}\times\frac{1}{7}=\frac{1}{63}$　　(D)$\frac{50}{500}\times\frac{50}{350}=\frac{1}{10}\times\frac{1}{7}=\frac{1}{70}$

83. AGT 型案秤偏载测试时,沿计量杠杆尾部一点的示值偏正,应(　　)。
(A)将拉带调整板一端向下调　　(B)将拉带调整板一端向上调
(C)向后转动一把支点刃　　(D)向里转动一把支点刀
84. 调整台秤承重杠杆,长杠杆合成力点刀的位置(刀距)可以改善(　　)。
(A)偏载误差　　(B)秤量点误差　　(C)零点误差　　(D)灵敏性
85. 地秤计量杠杆在检定架的单独检定其允差为(　　)。
(A)首检允差的 0.5 倍　　(B)与首检允差相同
(C)首检允差的 1.5 倍　　(D)首检允差的 2.0 倍
86. 数字秤的检定项目有(　　)。
(A)空秤测试,秤量点测试,偏载测试,灵敏度测试,重复性测试

(B)空秤测试,秤量点测试,偏载测试,鉴别力测试,重复性测试

(C)外观检查、空秤和去皮准确度测试,秤量误差测试,偏载(旋转)测试,鉴别力测试,去皮称量测试,重复性测试

(D)空秤测试,秤量点准确度测试,偏载测试,灵敏度测试,重复性测试

87. 为确定数字秤化整前的误差应当(　　)获得。

(A)用示值减去标准砝码的值

(B)用每次轻缓地增加一只 0.1d 的小砝码直至显示值刚好翻转一个字的方法测试计算

(C)先递减 0.1d 的小砝码至显示值减一个字再加 1.4d 的小砝码进行测试

(D)每次递加 1 kg 的砝码至秤增加一个示值时,用增加的砝码数

88. 一台数字秤,在加放 5 000 kg 标准砝码的示值是 5 005,添加的小砝码为 4 kg 时,示值刚好变为 5 010,则此秤的示值误差是(　　)。

(A)5 kg　　(B)3.5 kg　　(C)1 kg　　(D)6 kg

89. 对一台数字指示秤的零点应当是(　　)。

(A)以示值是否为“0”确定其误差

(B)区别情况,采用测试的方法确定其误差

(C)一律加小砝码的方法测试其误差

(D)一律加一定量的砝码后测试其零点误差

90. 一台 60 kg,分度值为 20 g 的数字秤,称量测试应检定(　　)几个秤量值。

(A)0.4 kg,10 kg,30 kg,40 kg,60 kg　　(B)5 kg,10 kg,20 kg,40 kg,60 kg

(C)11 g,5 kg,10 kg,20 kg,30 kg,60 kg　　(D)1 kg,10 kg,20 kg,30 kg,60 kg

91. 一台具有 6 只传感器的 30t 电子汽车衡,在偏载测试时,合理的载荷应为(　　)t。

(A)2　　(B)3　　(C)5　　(D)6

92. 某数字指示秤的重复性测试在 5 000 kg 点的 5 次测试数据如下:5 003.5,5 001.0,5 003.5,5 002.0,5 006.5,其在该点的重复性误差为(　　)kg。

(A)4.5　　(B)1.5　　(C)2.0　　(D)5.5

93. 电子吊钩秤的旋转测试,测试载荷应为(　　)最大秤量。

(A)80%　　(B)50%　　(C)110%　　(D)60%

94. 对数字指示秤,按照检定规程的要求,去皮称量测试至少应进行(　　)个秤量的测试。

(A)3　　(B)4　　(C)5　　(D)6

95. 一台数字指示秤,检定鉴别力开始时示值为 200g,那么添加 1.4d 时秤的示值应为(　　)g。(d=10 g)

(A)210　　(B)190　　(C)200　　(D)180

96. 当一个力的大小和方向不变时,力的作用效果是(　　)。

(A)不变　　(B)与力的作用点有关　(C)与力的作用点无关　(D)与支点有关

97. 力矩是力和(　　)的乘积。

(A)力臂　　(B)力的作用点到转轴中心的距离

(C)转动中心到力的作用线上一点的距离　　(D)转臂

98. 常见的应变式扭矩传感器,是将弹性体的微小(　　)变形转换成电信号。

(A)扭转　(B)压缩　(C)拉伸　(D)弯曲

99. 1 bf·ft(磅力·英尺)≈(　　)N·m。

(A)0.5×0.3　(B)0.45×0.3　(C)4.45×0.25　(D)1.356

100. 力臂是转动中心到(　　)的距离。

(A)力和作用点　(B)力的作用线

(C)力的作用线上任一点的　(D)力的作用线的水平距离

101. 扭矩扳子的工作范围一般应从额定扭矩值的(　　)至100%。

(A)10%　(B)20%　(C)30%　(D)5%

102. 硬度是(　　)。

(A)一个确定的物理量　(B)材料抵抗弹性、塑性变形和破坏的能力

(C)衡量物体硬软程度的物理量　(D)材料抵抗塑性变形的能力

103. 洛氏硬度是以(　　)确定试件的硬度值的。

(A)一定负荷下的压痕深度　(B)卸除主负荷后的压痕深度

(C)卸除全部负荷后的压痕深度　(D)同样压痕时的负荷大小

104. 洛氏硬度C标尺的总试验力是(　　)。

(A)1 471 N　(B)980 N　(C)1 500 N　(D)1 000 N

105. 布氏硬度是以(　　)表示硬度值的。

(A)满负荷下压痕表面平均压力值

(B)卸除负荷后的钢球压痕表面平均压力值

(C)压痕上单位面积的最大压力值

(D)负荷与压痕投影面积的比值

106. 布氏硬度的试验力(　　)。

(A)在一定的范围内即可　(B)应遵守$\frac{F}{D^2}$为规定的常数的规则

(C)以大小适中为宜　(D)小一些试验结果较准

107. 维氏硬度金钢石四棱锥压头相对两棱面的夹角为(　　)。

(A)136°　(B)145°　(C)120°　(D)160°

108. 维氏硬度试验HV10的试验力是(　　)N。

(A)98.1　(B)980　(C)100　(D)10

109. 里氏硬度试验测试的是(　　)。

(A)一定质量的冲击体从规定高度落下的反弹与冲击速度之比

(B)冲击体的反弹高度

(C)冲击体反弹动量

(D)冲击体的反弹速度

110. 液压万能试验机是利用(　　)测力的。

(A)静压平衡原理　(B)物体的重力直接测力的

(C)机械杠杆原理　(D)油压驱动度盘上的指针

111. 按现行检定规程的规定，万能试验机的准确度等级分为(　　)三个等级。

(A)0.5,1,2　(B)1,2,5　(C)0.2,0.5,1　(D)1,1.5,2

112. 对使用中的洛氏硬度计，应当进行(　　)的检定。
(A)外观、升降丝杆和主轴同轴度以及示值
(B)力值、压头、示值
(C)外观、力值、示值
(D)力值、压头、升降丝杆和主轴同轴度及示值
113. 标准洛氏硬度块两相邻压痕中心的间距不应小于压痕直径的(　　)倍。
(A)4　　(B)3　　(C)2.5　　(D)2
114. 洛氏硬度计的示值检定应在标准硬度块上(　　)。
(A)测试六点，第一点不计，其余五点均匀分布
(B)均匀分布地测试五点
(C)随意测试五点，求算术平均值
(D)均匀分布测试三点
115. 布氏硬度计的检定项目包括(　　)。
(A)外观、试验力、压头、压痕测量装置和示值检定
(B)外观、主轴与试台台面的垂直度，升降丝杆与主轴的同轴度，试验力、压头、压痕测量装置和示值检定
(C)外观、升降丝杆与主轴的同轴度和示值检定
(D)外观、升降丝杆与主轴同轴度，压痕测量装置和示值检定
116. 标准布氏硬度块按要求应在工作基准机上进行定度，其硬度值的(　　)。
(A)均匀度和年稳定度应满足一定的要求　　(B)误差应在一定范围内
(C)平均值不得超过一定范围　　(D)平均值不得超过一个定值
117. 布氏硬度计的示值检定应当用相应硬度值的标准硬度块，(　　)。
(A)每个硬度块上打五点(对 10 mm 钢球打三点)，取算术平均值作为硬度计示值
(B)每个硬度块上取六点，第一点不计，其余五点取算术平均值作为硬度计示值
(C)每个硬度块上取四点，取算术平均值作为硬度计示值
(D)每个硬度块上取三点，取算术平均作为硬度计示值
118. 布氏硬度计的试验力检定(　　)。
(A)应分不同负荷在不同位置按加载方向进行
(B)应分不同负荷在杠杆水平位置上进行
(C)应按不同负荷上升工作台加荷进行测试
(D)应分不同负荷在主轴行程范围内三个以上不同位置上，杠杆或主轴按硬度试验时加载方向进行
119. 里氏硬度计的示值检定(　　)。
(A)应取五点的算术平均值，各冲击点压痕中心矩不小于 4 mm
(B)应取五点的算术平均值，各冲击点压痕中心矩不小于压痕直径的 4 倍
(C)应取三点的算术平均值，各点应均匀分布
(D)应取五点的算术平均值，各点应均匀分布
120. 对于准确度为 1 级的液压万能试验机，其每个度盘的示值(　　)。
(A)自该度盘的 20%至测量上限，各点示值相对标准器的示值之差不大于±1%

(B)自该度盘的20%至测量上限各检定点示值三次读数平均值与标准力值之差不大于各点的±1%

(C)各点力值与标准力值之差不大于±1%

(D)各点示值三次读数的平均值与标准器示值之差不大于±1%

121. 0.3级标准测力仪,一个周期的长期稳定度不大于(　　)。

(A)±0.3%　　(B)3%　　(C)±0.15%　　(D)0.3%

122. 杠杆天平横梁平衡的条件是(　　)。

(A)各力对支点的合力矩为零

(B)左、右盘上重物对支点刀的力矩相等

(C)力矩的代数为零

(D)左、右边刀上的力相等

123. 一台正常的机械杠杆天平,横梁吊挂系统的重心应位于支点的(　　)。

(A)上方　　(B)下方　　(C)相同位置上　　(D)任意位置上

124. 秤量结果与当地重力加速度有关的天平是(　　)。

(A)电子天平　　(B)扭力天平　　(C)等臂天平　　(D)不等臂天平

125. 机械天平,横梁自身重量对天平计量性能的影响是(　　)。

(A)重量越大越稳　　(B)重量越小灵敏度越高

(C)无一定关系　　(D)重量越大,示值误差越小

126. 正确评定机械天平的计量性能的是(　　)。

(A)稳定性、灵敏性、正确性、示值不变性　　(B)最大秤量、最小分度值

(C)最大秤量、准确度等级　　(D)最大秤量、感量

127. 判断机械天平正确性的方法是(　　)。

(A)用替代法在天平上检定一个砝码

(B)按照检定规程检定它的臂差

(C)测定它的感量

(D)秤任意一个天平秤量范围内的物体,看其结果是否准确

128. 对机械杠杆天平来说,(　　)。

(A)感量越小,灵敏度越高　　(B)感量越大,灵敏度越高

(C)最小分度间距越大,灵敏度越高　　(D)指针摆幅越大,灵敏度越高

129. 天平的稳定性是指(　　)。

(A)天平杠杆系统自动恢复平衡的能力　　(B)天平示值的稳定性

(C)空载天平静止位置的不变化　　(D)各机构的动作重复性

130. 天平的示值不变性是指(　　)。

(A)多次秤量同一物体示值的一致性　　(B)左盘和右盘秤量同一物体结果的一致性

(C)大秤量和小秤量的误差相同　　(D)不同秤量的灵敏度相同

131. 天平的安装使用环境要求(　　)比较适合。

(A)阳光明亮,清洁卫生　　(B)地板、空调、木制平台

(C)暗间,远离马路、车间,坚实的水泥台　　(D)防振避光,保温,减振式厚重水泥台

132. 擦拭天平横梁时应用(　　)。

(A)无水乙醇 (B)汽油 (C)75%的乙醇 (D)工业洗涤剂

133. 操作电光天平秤量时,应开启侧门取放秤量物的原因是( )。

(A)方便操作 (B)操作标准化

(C)防止人呼吸对天平的影响 (D)防止呼吸潮气影响秤量

134. 砝码的正确定义是( )。

(A)能复现给定质量值的实物量具 (B)具有准确质量值的实物

(C)具有固定质量的物体 (D)质量精确的实物

135. 一个砝码的名义值为 500 g,检定结果为 500.000 4 g,则其修正值为( )。

(A)+0.000 4 g (B)-0.000 4 g (C)500.000 4 g (D)499.999 6 g

136. 砝码的组合形式中,用料适中,又能允分利用天平精度的组合是( )。

(A)5-2-1-1 (B)5-2-2-1 (C)5-3-2-1 (D)5-3-1-1

137. 我国现行砝码检定规程规定砝码的准确度等级共分( )级。

(A)10 (B)5 (C)7 (D)9

138. 砝码的保管,应当有放在( )环境中。

(A)干燥、清洁、无磁、防振、无腐蚀性气体

(B)清洁卫生、无腐蚀性气体

(C)清洁卫生,一定温度,防锈

(D)清洁、干燥

139. 制造砝码的材料,应当( )。

(A)均匀、密实 (B)均匀、密实、无磁

(C)均匀、稳定、防锈 (D)均匀、密实、稳定、防磁、防锈

140. 机械天平的准确度共分为( )小级。

(A)10 (B)9 (C)3 (D)7

141. 机械杠杆天平的检定项目包括( )。

(A)分度值、不等臂性、示值变动性、骑马标尺和机械挂码误差测定

(B)灵敏度、准确性和机械挂码的检定

(C)感量、臂差、变动性、挂砝码检定

(D)灵敏性、正确性和挂码的检定

142. 代码具有微分标牌的天平,其分度值控制在( )为宜。

(A)检定规程的标准内(B)小一些 (C)刚好等于名义值 (D)大一些

143. 测定摆动天平的平衡位置时,应( )。

(A)取三次连续摆幅的位置加以计算 (B)取二次摆幅的中间位置

(C)等待天平摆动完毕静止 (D)取四次摆幅的最大值求平均值

144. 普通标牌天平的实际分度值除不应大于实际分度值处,还应符合( )。

(A)左盘右盘之差,空秤全秤之差根据天平的不同级有不同的要求

(B)左盘右盘分度值应相等

(C)全秤空秤分度值应相等

(D)最大与最小分度值之差不大于实际分度值的 1/5

145. 检查机械天平刀线平行性的检定项目是( )。

(A)空秤变动性测试　　(B)全秤变动性测试

(C)分度值测试　　(D)不等臂性测试

146. 机械天平的不等臂性测试中(　　)。

(A)应该做满秤量下的交换秤量,并加 K 值小砝码

(B)应做空秤测试,满秤量下的交换秤量,不一定加小 K 值砝码

(C)应该做满秤量下的交换秤量,不一定加小 K 值砝码

(D)应做空秤测试和满秤量下的不交换测试

147. 机械天平的空感不足应当(　　)。

(A)提高重心砣位置　　(B)降低重心砣位置

(C)降低中刀的位置　　(D)升高中心刀位置

148. 对于新制造和修理后的天平(　　)。

(A)三刀在一条线上为好　　(B)中刀略有吃线为好

(C)中刀略有离线为好　　(D)吃离线效果都一样

149. 机械天平发生耳折时应当(　　)。

(A)调整边刀的位置　　(B)调整支力销的位置

(C)调整托盘的高低　　(D)调整十字头支撑螺钉

150. 机械天平发生带针现象,一般是由于(　　)。

(A)左右刀缝不一致引起的　　(B)阻尼筒摩擦严重引起的

(C)中刀偏高引起的　　(D)刀线不平行引起的

151. 测定机械天平的骑码标尺误差,应测定(　　)个位置。

(A)4　　(B)3　　(C)2　　(D)1

152. 按现行检定规程,检定级砝码所用标准天平示值的(综合极限误差)不应大于被检砝码质量允差的(　)。

(A)三分之一　　(B)二分之一　　(C)十分之一　　(D)三分之二

153. 使用替代法检定砝码的好处是(　　)。

(A)可以消除天平不等臂的影响　　(B)可以消除天平示值变动性的影响

(C)检定结果与天平的灵敏度无关　　(D)可以实现单个砝码的比对

154. 在检定砝码的连续替代法中,计算被检砝码的修正值时,应当用每个砝码替代后的示值减去(　)。

(A)替代前的示值　　(B)初始平衡位置

(C)空秤平衡位置　　(D)空秤平均平衡位置

155. 一个 200 g F_2级砝码用一个修正值为+0.5 mg 的二等砝码检定,检定结果,其质量值比二等标准砝码大 0.6 mg,则其修正值为(　　)。

(A)+1.1 mg　　(B)+0.1 mg　　(C)−0.1 mg　　(D)+0.6 mg

156. 根据检定规程的要求,天平的机械挂砝码应当(　　)检定。

(A)挂在原天平上检定　　(B)取下后单个检定

(C)挂在天平上,或取下单个检定可以　　(D)取下后组合检定

157. 天平的机械挂砝码的组合误差对毫克组应不超过(　　),此外还应计入天平的不等臂性误差。

(A)±2 分度　(B)±5 分度　(C)±3 分度　(D)±1 分度

158. 对 F_2级标准砝码应由两人分别检定一次，两人检定结果之差不大于相应被检砝码质量允差的(　　)。

(A)二分之一　(B)五分之四　(C)三分之一　(D)三分之二

159. 对 F_2级工作砝码，应由(　　)，检定结果应落在质量允差范围内。

(A)一人检定一次即可　(B)二人分别检定一次

(C)一人检定二次　(D)一人检定三次

160. 天平如果仅是空秤分度值偏高，应当调整(　　)。

(A)感量砣的高低　(B)中刀的吃离线大小

(C)边刀的高低　(D)更换新刀

161. 天平空秤分度值合格，全秤分度值不合格时应当(　　)。

(A)增大中刀吃线量　(B)减小中刀吃线量

(C)调整感量砣　(D)使中刀离线

162. 对 TG328B 天平，如果臂差不合格，应当(　　)。

(A)使短臂加长　(B)调整边刀盒升降螺钉

(C)整边刀盒的平行螺钉　(D)调整边刀盒的平面螺钉

163. 对 TG328 天平，如果砝码在秤盘的前、后移动时，出现示值变动性超差，应当调整对应的边刀的(　　)。

(A)水平螺钉　(B)平行螺钉　(C)升降螺钉　(D)刀矩螺钉

164. 某物体的转速为 50 r/min，则其每转的转动周期为(　　)s。

(A)12　(B)1.2　(C)0.2　(D)0.002

165. 某电机的转速为 1 000 r/min，换算结果为(　　)r/s。

(A)16.67　(B)60　(C)0.06　(D)0.6

166. 旋转物体(　　)转动的次数称为频率。

(A)总的　(B)固定时间内　(C)单位时间的　(D)一定时间的

167. 频率与周期互为(　　)。

(A)倒数　(B)约数　(C)质数　(D)因数

168. 离心式转速表的准确度等级分为(　　)。

(A)0.5,1,2 级　(B)0.5,1.5,2 级　(C)0.1,0.5,1 级　(D)0.2,0.5,1 级

169. 转速标准装置和转速表等转速计量器具的溯源，都是来自于(　　)。

(A)角度　(B)速度　(C)时间频率　(D)长度

170. 转速表检定对环境的要求除温度外还有(　　)等条件限制。

(A)湿度、磁场　(B)湿度、振动

(C)湿度、磁场、清洁度　(D)湿度、磁场、振动、无腐蚀性气体和液体

171. (　　)转速表的表盘刻度不均匀。

(A)离心式　(B)电子计数式　(C)磁电式　(D)定时式

172. 电子计数式转速表转速传感器发出(　　)给数字显示部分以显示转速值。

(A)光电信号　(B)电压信号　(C)电流信号　(D)电脉冲信号

173. 固定离心式和磁电式转速表检定前的试运转应该是在(　　)常用量限的中间值。

(A)接近测量上限处运行 1 分钟　　(B)测量范围的上、上限各运行 3 分钟
(C)测量范围内的任一点运行 1 分钟　　(D)以上均不正确

174. 手持离心式、磁电式转速表检定点的选择原则为,常用量限含上、下限均匀分布的 5 点,其余量限(　　)。
(A)可以不检　　(B)各选 1 点
(C)各选 3 点　　(D)根据用户要求选定检定点

175. 需要检回程误差的转速表是(　　)定时式转速表。
(A)电子计数式转速表　　(B)手持离心转速表
(C)频闪式转速表　　(D)以上均不正确

三、多项选择题

1. 测量结果与被测量的真值之差数,其术语称为(　　)。
(A)测量误差　(B)绝对误差　(C)偏差　(D)实验校准偏差

2. 系统误差常见来源(　　)。
(A)装置误差　(B)环境误差　(C)方法误差　(D)人员误差

3. 系统误差可以采用适当的实验方法如(　　)将系统误差清除。
(A)替代法　(B)补偿法　(C)对称法　(D)统计法

4. 测量不确定度可用下列(　　)表示。
(A)标准偏差　(B)最大允许误差　(C)标准偏差的倍数　(D)置信区间

5. 测量误差的合成方法有(　　)。
(A)代数和法　(B)绝对值和法　(C)方和根法　(D)极差法

6. 测量仪器的最大允许误差可以用(　　)。
(A)绝对误差　(B)相对误差　(C)引用误差　(D)偏差

7. 质量单位包括(　　)。
(A)千克　(B)毫克　(C)微克　(D)吨

8. 测量结果的误差按其组成分量的特性可分为(　　)。
(A)测量误差　(B)随机误差　(C)系统误差　(D)计算误差

9. 下列单位中,(　　)属于 SI 基本单位。
(A)开[尔文]K　(B)摩[尔]mol　(C)牛[顿]N　(D)坎[德拉]

10. 测量器具按其结构、功能的完备程度,可分为(　　)。
(A)实物器具　(B)计量仪器　(C)计量装置　(D)测量设备

11. 工作计量器具与稳定性相关的计量特性,通常用(　　)技术指标表征。
(A)示值误差　(B)鉴别力　(C)分辨力　(D)灵敏度

12. 数字指示秤的鉴别力应在(　　)和最大秤量进行。
(A)最小秤量　(B)20%最大秤量　(C)50%最大秤量　(D)75%最大秤量

13. 工作计量器具与可靠性相关的计量特性,通常用(　　)技术指标表征。
(A)标称范围　(B)量程　(C)测量范围　(D)误差极限

14. 约定真值可以通过(　　)途径获得。
(A)校准　(B)检定　(C)主观认为　(D)多次测量

15. 计量检定按照国家(　　)进行。

(A)国家计量检定系统表　(B)计量检定规程

(C)校准技术规范　(D)技术说明书

16. 开展现场检定、标准检测时应该注意安全,正确的是(　　)。

(A)了解现场的安全规定

(B)注意现场的设备安全,及时收起容易丢失的物件

(C)不需要完全按照规程,快速检定

(D)在现场规定的区域通行和作业

17. 以下力矩单位牛顿米的符号表达方式,正确的是(　　)。

(A)N·m　(B)Nm　(C)牛·米　(D)牛米

18. 国际单位制(SI)单位包括(　　)。

(A)SI 单位的十进位数单位　(B)SI 基本单位

(C)SI 导出单位　(D)SI 十进分数单位

19. 下列这些不是导出单位的是(　　)。

(A)升　(B)吨　(C)牛[顿]　(D)焦[尔]

20. 以下属于导出量的是(　　)。

(A)速度　(B)质量　(C)压力　(D)时间

21. 计量单位的名称可以在(　　)。

(A)公式　(B)插图注释　(C)口头描述　(D)叙述性文字

22. 53%～57%不能写成(　　)。

(A)53～57%　(B)(53～57)%　(C)55±2%　(D)(55±2)%

23. 数字指示秤首次和随后检定合格的秤应出具(　　)。

(A)检定证书　(B)校准证书

(C)盖检定合格印或合格证　(D)以上都对

24. 求三个观察点 1.000 1 g、1.001 g、1.1 g 之和,下列数定位不正确的有(　　)。

(A)3.1 g　(B)3.101 g　(C)3.10 g　(D)3.101 1 g

25. 求 0.2 g×1.25 g,下列数定位不正确的有(　　)。

(A)0.2 g^2　(B)0.25 g^2　(C)0.3 g^2　(D)0.250 g^2

26. 下列数值书写错误的有(　　)。

(A)四十五克　(B)1/5m 克　(C)(1/4)g　(D)3 千$(克)^2$

27. 下列测量结果表达正确的有(　　)。

(A)0.000 315 g　(B)10 000 g　(C)2.8 mg　(D)50 kg

28. 书写单位名称时,电阻率的单位 Ω·m 的正确名称为(　　)。

(A)欧姆米　(B)欧姆·米　(C)欧姆一米　(D)欧米

29. 按照组合单位符号的使用规则,下列组合单位符号的使用不正确的是(　　)。

(A)mN　(B)km/小时　(C)格/秒　(D)N·km

30. 按照词头使用规则,下列词头使用不正确的有(　　)。

(A)k·J　(B)mμ s　(C)nm　(D)kJ/mol

31. 按中文符号使用规则,下列中文符号的使用是正确的有(　　)。

(A)帕×秒　(B)帕・秒　(C)千克・米$^{-3}$　(D)千克/米^{3}

32. 有一块接线板,其标注额定电压和电流容量时,下列表示中,(　)是正确的。

(A)180-240 V,5-10 A　(B)180 V-240 V,5 A-10A

(C)(180-240)V,(5-10)A　(D)(180-240)V,5-10 A

33. 计量器具校准结果可出具(　)。

(A)检测报告　(B)检测证书　(C)校准证书　(D)校准报告

34. 计量具有的特点是(　)。

(A)准确性　(B)一致性　(C)溯源性　(D)法制性

35. 安全用电的电压为(　)和 36 V。

(A)6 V　(B)9 V　(C)12 V　(D)24 V

36. 测量误差按性质分为(　)。

(A)系统误差　(B)随机误差　(C)测量不确定度　(D)最大允许误差

37. 以下方法中(　)获得的是测量结果的复现性。

(A)在改变了的测量条件下,计算对同一被测量的测量结果的一致性,用实验标准差表示

(B)在相同条件下,对同一被测量进行多次测量,计算所得测量结果之间的一致性

(C)在相同条件下,对不同被测量进行测量,计算所得测量结果之间的一致性

(D)在相同条件下,由不同的人对同一被测量进行测量,计算所得测量结果之间的一致性,用实验标准差表示

38. 测量不确定度小,表明(　)。

(A)测量结果接近真值　(B)测量结果准确度高

(C)测量值的分散性小　(D)测量结果可能值所在的区间小

39. 以下表述中,不正确的有(　)。

(A)220V±100%　(B)(50±0.5)Hz　(C)1~10A　(D)1~5%

40. 下列正确表示的单位有(　)。

(A)N・m　(B)Nm　(C)N-m　(D)N~m

41. 下列计量器具中,(　)属于实物量具。

(A)流量计　(B)标准信号发生器　(C)砝码　(D)秤

42. 各等级 F_2 等级及其以上砝码定期用(　)苯、乙醚清洗。

(A)纯净水　(B)无水乙醇　(C)蒸馏水　(D)航空汽油

43. 测量仪器的准确度是一个定性的概念,在实际应用中应该用测量仪器的(　)表示其准确程度。

(A)最大允许误差　(B)准确度等级　(C)测量不确定度　(D)测量误差

44. 传感器中不能直接感受负荷的元件是(　)。

(A)敏感元件　(B)不敏感元件　(C)称重元件　(D)电子元件

45. 按照数值表示方法规定统计 V 的数值,下列数值表示不规范的是(　)。

(A)V/mL　(B)V・mL　(C)V(mL)　(D)V・mL

46. 下列单位中,属于法定计量单位的有(　)。

(A)公尺　(B)公升　(C)公顷　(D)公斤

47. 下列压力单位中不正确的有(　)。

(A)kgf/(C)m^2 (B)MPa (C)mmH_2O (D)kP(A)

48. 质量管理体系文件通常包括(　　)。

(A)质量方针和目标 (B)质量手册、程序文件和作业指导书

(C)党政管理制度 (D)人事制度

49. 弹性体和应变片是传感器的核心部分,应变片由(　　)组成。

(A)敏感栅 (B)基线 (C)引线 (D)信号处理部分

50. 对出具的计量检定证书和校准证书,以下项(　　)要求是必须满足的基本要求。

(A)应准确、清晰和客观地报告每一项检定、校准和检测的结果

(B)应给出检定或校准的日期和有效期

(C)出具的检定、校准证书应有责任人签字并加盖单位专用章

(D)证书的格式和内容应符合相应技术规范的要求

51. 每份检定、校准和检测的记录应包含足够的信息,以便必要时(　　)。

(A)追溯环境因素对测量结果的影响

(B)追溯测量设备对测量结果的影响

(C)追溯测量误差的大小

(D)在接近原来条件下复现测量结果

52. 金属材料的机械性能包括(　　)和韧性。

(A)弹性 (B)塑性 (C)强度 (D)硬度

53. 砝码检定中常用的质量单位的分数单位是(　　)。

(A)毫克 (B)微克 (C)吨 (D)千克

54. 机械仪表工业中常用的传动方式有(　　)。

(A)摩擦传动 (B)带传动 (C)齿轮传动 (D)蜗轮蜗杆传动

55. 首次检定一台中准确度级的 TGT-500 型台秤,最大称量为 500 kg、检定分度值(e)为 200 g,如果在 1 250e 和 2 500e 秤量进行重复性测试,其最大允许误差分别为(　　)。

(A)±0.5e (B)±1.0e (C)±1.5e (D)±2.0e

56. AGT 型案秤计量杠杆的中心线与连杆之间的角度,以下不正确的是(　　)。

(A)30° (B)60° (C)90° (D)45°

57. TGT 型台秤是由(　　)串联而成的。

(A)计量杠杆 (B)长杠杆 (C)短杠杆 (D)第二类杠杆

58. 杠杆的平衡状态有以下(　　)种。

(A)平衡 (B)稳定平衡 (C)不稳定平衡 (D)随遇平衡

59. 衡器的说明标志包括(　　)。

(A)强制必备标志 (B)必要时可备标志 (C)附加标志 (D)鉴定标志

60. 根据杠杆上的作用点的位置可将杠杆分为(　　)。

(A)第一种杠杆 (B)第二种杠杆 (C)第三种杠杆 (D)第四种杠杆

61. 首次检定某 AGT-10 型案秤,重复性检定时,可在(　　)称量分别进行两组测试,每组至少重复 3 次。

(A)2 kg (B)5 kg (C)7 kg (D)10 kg

62. 首次检定某 AGT-100 型案秤,重复性检定时,可在(　　)称量分别进行两组测试,每

组至少重复 3 次。

(A)20 kg (B)50 kg (C)70 kg (D)100 kg

63. 首次检定某 AGT-200 型案秤,重复性检定时,可在( )称量分别进行两组测试,每组至少重复 3 次。

(A)50 kg (B)100 kg (C)200 kg (D)150 kg

64. 首次检定某 AGT-500 型案秤,重复性检定时,可在( )称量分别进行两组测试,每组至少重复 3 次。

(A)250 kg (B)300 kg (C)400 kg (D)500 kg

65. 电子天平的( )是电子天平的载荷接受装置。

(A)秤盘 (B)显示部分 (C)护板 (D)护环

66. 机械杠杆天平常采用的杠杆是( )。

(A)第一种杠杆 (B)第二种杠杆 (C)水平杠杆 (D)倾斜杠杆

67. 1 mg 到 50 kg 的( )砝码可带调整腔。

(A)E_2 等级 (B)F_1 等级 (C)F_2 等级 (D)M_1 等级

68. 电子天平示值误差检定点包括( )且不少于六点。

(A)零点 (B)最小秤量

(C)最大允许误差转换点 (D)最大秤量

69. 测量仪器检定或校准后的状态标示可包括( )。

(A)检定合格证 (B)产品合格证 (C)准用证 (D)鉴定证

70. 用多个电阻应变式称重传感器的电子秤,其传感器的桥路连接有( )方式。

(A)并联 (B)串联 (C)混合联 (D)极联

71. 非自动衡器准确度分为( )等级。

(A)Ⅰ (B)Ⅱ (C)Ⅲ (D)Ⅳ

72. 非自动衡器检定分度值 e 与实验分度值 d 是以质量单位表示,其表示形式为( )。

(A)1×10^k (B)2×10^k (C)3×10^k (D)5×10^k

73. 机械衡器的主要特性有( )。

(A)稳定性 (B)灵敏性 (C)正确性 (D)不变性

74. 电子衡器由( )主要组成部分。

(A)机械结构 (B)称重传感器 (C)显示仪表 (D)打印装置

75. 以下属于机械杠杆天平的检定内容的有( )。

(A)零点漂移 (B)外观检查 (C)性能检查 (D)计量性能检查

76. 机械杠杆天平的外观检查包括( )。

(A)光学系统 (B)天平标牌分度值 (C)机械挂砝码 (D)骑码装置

77. 以下属于机械杠杆天平的计量性能检查的有( )。

(A)天平摆动是否正常 (B)天平标牌分度值

(C)天平示值变动性 (D)天平的不等臂性

78. 一台最大秤量为 30 t 新制造的电子汽车衡,检定分度值 $e=10$ kg,进行首次检定时,必须检定( )秤量点的准确性。

(A)20e　(B)500e　(C)2 000e　(D)3 000e

79. 压力表回程误差超差的原因是(　　)。

(A)介质不清洁　(B)弹簧管产生残余变形

(C)传动机构某部分未紧固好　(D)丝杆处漏油

80. 压力表检定时已尽最大调整满度仍有误差其原因是(　　)。

(A)弹簧管变形　(B)齿牙咬合点有污物

(C)扇形轮有伤　(D)连杆太短或太长

81. AGT 案秤中(　　)构成罗伯威尔机构。

(A)拉带　(B)立柱　(C)连杆　(D)计量杠杆

82. 数字压力计是由(　　)组成。

(A)压力传感器　(B)电源　(C)信号处理　(D)数字显示

83. 以下是弹簧管式压力表的组成的有(　　)。

(A)弹簧管　(B)表盘　(C)传感器　(D)指针

84. 活塞式压力计一般由(　　)组成。

(A)弹簧管　(B)专用砝码　(C)活塞系统　(D)校验器

85. 以下属于精密压力表的准确度等级的有(　　)。

(A)0.6　(B)0.06　(C)1.6　(D)0.16

86. 弹簧管式压力表检定时,出现轻敲位移的原因有(　　)。

(A)传动比过小　(B)齿牙咬合不良

(C)游丝没有足够地盘紧或张大　(D)指针未紧固

87. 压力表检定时,出现来回差超差的原因有(　　)。

(A)零部件结合处间隙过大　(B)连杆过短

(C)机件在传动油摩擦阻碍　(D)弹簧管内有油污

88. 弹簧管压力表中心齿轮与扇形齿轮配合有(　　)要求。

(A)齿间应接触良好　(B)既应紧密咬合,又要保证传递灵活

(C)缓慢摆动扇形齿轮,无涩滞和响声　(D)齿侧间有适当间隙

89. 经检定低于原准确等级的精密表,其检定结果处理正确的是(　　)。

(A)不允许降级使用

(B)允许降级使用

(C)允许降级使用,但必须要改准确等级标志

(D)允许降级使用,可不改准确等级标志

90. 测量上限值不大于 0.25 MPa 的精密表,其工作介质应为(　　)。

(A)乙醇　(B)空气

(C)无腐蚀性液体　(D)化学性能稳定的气体

91. (　　)级精密表的检定温度为(20±3)℃。

(A)0.4　(B)0.6　(C)0.16　(D)0.25

92. (　　)级精密表的检定温度是(20±2)℃。

(A)0.6　(B)0.4　(C)0.16　(D)0.25

93. 用活塞压力计检定精密表时,可能进行液柱高度差修正的条件是(　　)。

(A)上限不大于 0.6 MPa 的精密表

(B)上限大于 0.6 MPa 的精密表

(C)精密表指针轴与活塞下端在同一水平面上

(D)精密表指针轴与活塞下端不在同一水平面上

94. 各式转速表中,不是绝对法测量转速的是(　　)。

(A)磁电式　(B)电子计数式　(C)机械式　(D)定时式

95. 线速度和角速度的矢量关系不应使用(　　)。

(A)右手发电机定则　(B)左手电动机定则

(C)右手螺旋定则　(D)左手螺旋定则

96. 以下(　　)转速表的表盘刻度是均匀的。

(A)离心式　(B)磁感应式　(C)定时式　(D)频闪式

97. 离心转速表主要的误差源是(　　)。

(A)方法误差　(B)工具误差　(C)湿度误差　(D)非线性误差

98. 下列(　　)转速表每次检定的持续时间少于 1 min。

(A)双盘式　(B)固定式　(C)频闪式　(D)离心式

99. 压力表按公称直径主要有(　　)。

(A)ϕ60　(B) ϕ100　(C) ϕ150　(D) ϕ200

100. 压力表检定轻敲位移的目的有(　　)。

(A)指针有无跳动或位移　(B)各部件装配是否良好

(C)齿牙啮合好坏　(D)游丝盘得是否得当

101. 弹性压力表(　　)是属于弹性敏感元件类。。

(A)薄膜式　(B)弹簧管式　(C)膜盒组式　(D)波纹管式

102. 数字指示秤的重复性测试应在(　　)附近进行。

(A)20%最大秤量　(B)50%最大秤量　(C)接近最大秤量　(D)最大秤量

103. 现行砝码规程使用的砝码等级包括(　　)。

(A)F_1等级　(B)F_2等级　(C)E_2等级　(D)四等

104. 现行砝码规程,F_1等级可同于传递(　　)砝码。

(A)三等　(B)F_2等级　(C)M_1等级　(D)四等

105. 按现行规程,F_2等级砝码可用于传递(　　)砝码。

(A)四等　(B)M_1等级　(C)五等　(D)M_2等级

106. 按现行规程(　　)等级砝码允许有调整腔。

(A)E_2　(B)F_1等级　(C)M_1等级　(D)M_2等级

107. 机械杠杆式天平按结构可分为(　　)。

(A)双盘　(B)单盘　(C)架盘　(D)液体比重

108. TG328 型天平的检定包括(　　)。

(A)天平的检定标尺分度值　(B)横梁不等臂性

(C)示值重复性　(D)机械挂码误差

109. 制造砝码的材料应(　　)。

(A)均匀、密实　(B)稳定防锈

(C)密实、无磁 (D)坚固、稳定、磁化率小

110. 电子天平在检定前准备(　　)。

(A)调水平 (B)预热 (C)校准 (D)预加载

111. 传感器的核心部分是(　　)。

(A)电源 (B)信号放大处理 (C)弹性体 (D)应变片

112. 数字指示秤的重复性测试应分别在(　　)附近进行。

(A)50%最大秤量 (B)75%最大秤量 (C)最小秤量 (D)最大秤量

113. 扭矩扳子按制造、测量原理一般可分为(　　)。

(A)电动 (B)气动 (C)示值式 (D)预置式

114. 示值式扭矩扳子可分为以下(　　)。

(A)指针式 (B)机械式 (C)数字式 (D)电子式

115. 下面属于预置式扭矩扳子的有(　　)。

(A)指针式 (B)数字式 (C)机械式 (D)电子式

116. 数字压力计准确度等级为(　　)的检定温度为(20±2)℃。

(A)0.5级 (B)0.2级 (C)0.1级 (D)0.05级

117. 数字压力计准确度等级为(　　)的检定温度为(20±5)℃。

(A)1级 (B)0.2级 (C)0.1级 (D)0.5级

118. 用于(　　)测量的压力计的零位漂移在1小时内应不大于允许误差绝对值的1/2。

(A)绝压 (B)表压 (C)差压 (D)气压

119. 数字压力计静压零位误差的检定时,应施加额定静压的(　　)的压力。

(A)25% (B)50% (C)75% (D)100%

120. 对用于差压测量的数字压力计应有(　　)的标志。

(A)高压端 (B)低压端 (C)临界高压端 (D)临界低压端

121. 在不改变天平的任何结构,只升高重心砣时(　　)。

(A)天平的灵敏度提高 (B)天平的灵敏度降低

(C)天平的稳定性减小 (D)天平的稳定性提高

122. 任意一台机械天平必须具备的说明性标记包括(　　)。

(A)最大允许误差 (B)变动性 (C)检定标尺分度值 (D)最大秤量

123. 精密衡量法在质量计量中通常指的是(　　)。

(A)交换衡量法 (B)替代衡量法 (C)门捷列夫衡量法 (D)以上都对

124. 地球上在不同地点和不同高度,物体的质量不应随(　　)而变化。

(A)物体所受重力加速度 (B)物体的体积

(C)物体的形状 (D)物体的密度

125. 扭矩扳子的后续检定包括(　　)。

(A)外观 (B)示值回零 (C)超载 (D)示值

126. 扭矩扳子的首次检定项目包括(　　)。

(A)外观 (B)示值回零 (C)超载 (D)示值

127. 现行扭矩扳子检定规程适用于(　　)的首次检定、后续检定和使用中的检定。

(A)扭矩扳子 (B)扭矩螺丝刀

(C)带有扭矩测量机构的拧紧计量器具 (D)螺栓螺母

128. 扭矩扳子超载性能检定包括( )卸载后各部件应不得产生永久变形或损坏。

(A)施加额定扭矩值的 100% (B)在施加值处保持 5 分钟

(C)施加额定扭矩值的 120% (D)在施加值处保持 3 分钟

129. 电子天平的检定分度值 e 可取下列( )形式。

(A)1×10^k (B)2×10^k (C)3×10^k (D)5×10^k

130. 电子天平按照检定分度值 e 和检定分度数 n,划分为( )准确度级别。

(A)特种准确度级 (B)高准确度级 (C)中准确度级 (D)普通准确度级

131. 对于使用中的电子天平检定项目应包括( )。

(A)外观检查 (B)偏载误差 (C)重复性 (D)示值误差

132. 对电子天平的置零装置的要求有:( )。

(A)天平可以有一个或多个置零装置

(B)置零装置的效果不得改变天平的最大秤量

(C)初始置零装置的效果不应超过 30%的最大秤量

(D)初始置零装置的效果不应超过 20%的最大秤量

133. 电子天平的去皮装置描述正确的是( )。

(A)去皮装置应能保证准确置零,从而进行重量衡量

(B)去皮装置应能保证准确置零,从而进行净重衡量

(C)去皮装置可以在零点以下或最大秤量以上使用

(D)去皮装置不可以在零点以下或最大秤量以上使用

134. 电子天平的试验载荷必须包括( )载荷点。

(A)空载 (B)最小载荷

(C)最大允许误差转换点所对应的载荷 (D)最大称量

135. 架盘天平计量性能的基本参数包括( )。

(A)最小秤量 (B)最大秤量 (C)检定分度值 (D)检定分度数

136. 架盘天平的最低的允许误差包括( )。

(A)空载 (B)全载 (C)标尺 (D)偏载

137. ( )通常都称为机械式转速表。

(A)频闪式转速表 (B)离心式转速表 (C)定时式转速表 (D)磁感应式转速表

138. ( )通常都称为磁电式转速表。

(A)磁感应式转速表 (B)电子计数式转速表

(C)频闪式转速表 (D)电动式转速表

139. 离心式转速表的准确度等级分为( )。

(A)0.5 级 (B)1 级 (C)1.5 级 (D)2 级

140. 定时式转速表准确度等级的可划分( )。

(A)0.25 级 (B)0.5 级 (C)1 级 (D)2 级

141. 频闪时转速表(度盘读数)的准确度等级分为( )。

(A)0.5 级 (B)1 级 (C)1.5 级 (D)2 级

142. 转速表的检定类型包括( )。

(A)定型鉴定 (B)首次检定 (C)后续检定 (D)使用中的检定

143. 转速表的外观、结构检查可通过( )进行检查。

(A)目测 (B)手动 (C)通电 (D)自校

144. 转速表的基本误差可以由( )形式给出。

(A)相对误差 (B)绝对误差 (C)引用误差 (D)分贝误差

145. 转速表的示值变动性可以由( )形式表达。

(A)分贝误差 (B)相对误差 (C)绝对误差 (D)引用误差

146. 电子天平示值误差检定点包括( )且不少于六点。

(A)零点 (B)最小秤量

(C)最大允许误差转换点 (D)最大秤量

147. 电子天平检定项目包括( )。

(A)偏载 (B)重复性 (C)示值误差 (D)不等臂性误差

148. 扭力天平检定项目为( )。

(A)偏载 (B)空载示值重复性

(C)示值误差 (D)加卸载示值重复性

149. 检定扭力天平所用砝码根据分度值可用( )。

(A)F_1 等级 (B)M_1 等级 (C)F_2 等级 (D)M_2 等级

150. 根据支点所处位置,可将杠杆分为( )。

(A)第一类杠杆 (B)第二类杠杆 (C)第三类杠杆 (D)第四类杠杆

151. 检定扭力天平灵敏度应分别在( )点进行。

(A)零点 (B)最小秤量

(C)最大允许误差转换点 (D)最大秤量

152. 根据杠杆重心位置不同,杠杆有( )等几种平衡状态。

(A)过度平衡 (B)稳定平衡 (C)不稳定平衡 (D)随遇平衡

153. 在衡量过程中需要操作人员介入的天平有( )。

(A)自动天平 (B)电子天平 (C)分析天平 (D)架盘天平

154. 使用普通标尺天平检定砝码时,采用( )回转点计算平衡位置。

(A)一次 (B)两次 (C)三次 (D)四次

155. 将国家公斤原器从北京运到西藏,在其准确度级范围内( )。

(A)真空质量 (B)折算质量 (C)重量 (D)标称质量

156. 在精密衡量中( )时可以消除天平不等臂误差的衡量方法。

(A)比例法 (B)替代法 (C)比较法 (D)交换法

157. 杠杆式等臂天平的灵敏度有( )。

(A)角灵敏度 (B)线灵敏度 (C)实际灵敏度 (D)分度灵敏度

158. 力的( )称为力的三要素。

(A)方向 (B)轨迹 (C)大小 (D)作用点

159. 天平按其检定标尺分度值和检定标尺分度数划分准确级别为( )。

(A)一级 (B)特种准确度级 (C)高准确度级 (D)二级

160. 1 mg 到 50 kg 的( )砝码可带调整腔。

(A)E_2等级　(B)F_1等级　(C)F_2等级　(D)M_1等级

161. 量是(　　)可以定性区别和定量确定的属性。

(A)现象　(B)情况　(C)物质　(D)物体

162. 1 mg 到 50 kg 的(　　)砝码应为实心整体材料，不带调整腔。

(A)E_2等级　(B)F_1等级　(C)F_2等级　(D)M_1等级

163. 电子天平常采用(　　)等型式的称重传感器。

(A)差动变压器　(B)电容　(C)电磁力平衡　(D)石英晶体

164. 机械杠杆式天平按标尺可分为(　　)。

(A)微分标尺　(B)数字标尺　(C)普通标尺　(D)检定标尺

165. JJG 46—2004 规程适用于扭力天平的(　　)。

(A)型式鉴定　(B)首次检定　(C)后续检定　(D)使用中检验

四、判 断 题

1. 以确定量值为目的的一组操作称为测量。(　　)

2. 计量的定义是实现单位统一、量值准确可靠的活动。(　　)

3. 测量仪器是用来测量并能得到被测对象确切量值的一种技术工具或装置。(　　)

4. 灵敏度是反映测量仪器被测量变化引起仪器示值变化的程度。(　　)

5. 测量结果是指由测量所得到的赋予被测量的值。(　　)

6. 准确度是一个定性的概念。(　　)

7. 重复性是指在相同测量条件，对同一被测量进行连续多次测量所得结果之间的一致性。(　　)

8. 复现性是指在改变了的测量条件下，同一被测量的测量结果之间的一致性。(　　)

9. 表征合理地赋予被测量之值的分散性，与测量结果相联系的参数秤为测量不确定度。(　　)

10. 测量不确定度由多个分量组成。(　　)

11. 可测量的量是现象、物体或物质可定性区别和定量确定的属性。(　　)

12. 量的真值只有通过完善的测量才有可能获得。(　　)

13. 在给定的一贯单位制中，每个基本量只有一个基本单位。(　　)

14. 量值溯源有时也可将其理解为量值传递的逆过程。(　　)

15. 计量检定必须按照国家计量检定系统表进行。(　　)

16. 计量检定的目的是确保检定结果的准确，确保量值的溯源性。(　　)

17. 校准不判断测量器具的合格与否。(　　)

18. 实际用以检定计量标准的计量器具是计量基准。(　　)

19. 社会公用计量标准对社会上实施计量监督具有公证作用。(　　)

20. 企业、事业单位最高计量标准对社会上实施计量监督具有公证作用。(　　)

21. 我国的法定计量单位是由国际单位制单位和我国人民长期以来使用的一些单位构成的。(　　)

22. 国际单位制的七个基本单位是米，千克，秒，安[培]，开[尔文]，摩[尔]，焦尔。(　　)

23. 国际单位制的两个辅助单位是平面角弧度(rad)和立体角球面度(sr)。( )

24. 体积单位升(L)是一个法定计量单位。( )

25. 力的单位牛顿(N)是一个国际单位制的具有专门名称的基本单位。( )

26. 在国际单位制中没有万和亿的词头,因而万(10^4)和亿(10^8)是法定计量单位中不允许使用的。( )

27. 测量结果减去被测量的真值称为测量误差。( )

28. 测量误差除以被测量的真值称为相对误差。( )

29. 随机误差等于误差减去系统误差。( )

30. 测量仪器的引用误差是测量仪器的误差除以仪器的特定值。( )

31. 修正值等于负的系统误差。( )

32. 计量确认这一定义来源于国际标准 ISO 10012—1。( )

33. 金属材料的机械性能只包括材料的强度、硬度和塑性。( )

34. HT200 是灰口铸铁的牌号。( )

35. 45 号钢属于碳素结构钢。( )

36. 钢的调质热处理是淬火后的低温回火。( )

37. 钢的淬火是加热至高温后在空气中的冷却。( )

38. 齿轮的分度圆用细点划线表示。( )

39. 表面粗糙度标注符号 $\sqrt{}^{3.2}$ 中 3.2 是 $Ra=3.2\ \mu m$。( )

40. 图 4 中标注的形位公差要求所指平面与水平平面的垂直度要求为 0.1 mm。( )

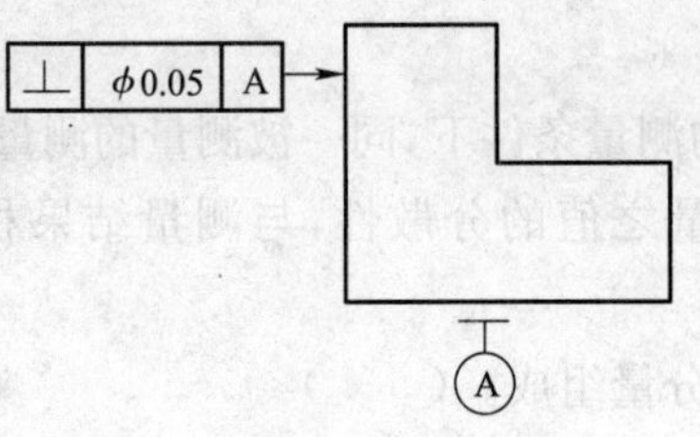

图 4

41. 符号 $\phi 20\frac{H7}{f6}$ 是基孔制配合。( )

42. 皮带传动不要求较高的安装精度。( )

43. 按国家标准规定,细牙螺纹的螺距也应按标准生产。( )

44. 使用百分表测量工件时,可以从零开始,无须使测杆预紧一定的距离。( )

45. 液压密封件中,"O"形密封圈是靠固定圆形截面实现密封作用的。( )

46. 交流电的电流有效值 I 与最大值 I_m 的关系是 $I=\frac{I_m}{\sqrt{2}}$。( )

47. 60 V 即为安全用电压。( )

48. 使用兆欧表时,要注意试验电压和待指针稳定时读数。( )

49. 半导体三级管的符号是或。( )

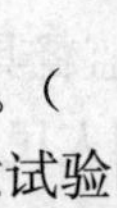

50. 一般仪表中电源整流电路中的全桥整流可以只用两只二极管。(　)

51. 数字压力仪表中,必须包括电源信号采集放大和显示部分,但 A/D 转换和数据处理环节不一定有。(　)

52. 压力是指平均作用在单位面积上的全部力。(　)

53. 10 MPa=1 000 mmH_2O。(　)

54. 如果一个容器不漏气,一般压力表指示的压力就是容器内的全部压力值。(　)

55. 活塞压力计和斜管微压计都属于液体压力计。(　)

56. 活塞压力计的基本误差各测量点按百分数计算的都是一致的。(　)

57. 活塞压力计的精确压力是靠造压筒产生和保证的。(　)

58. 不论多高压力的活塞压力计,同一名义压力值的砝码使用时的先后顺序无关。(　)

59. 我国现行检定规程规定精密压力表的准确度等级分为 0.16,0.25,0.4,0.6 级。(　)

60. 精密压力表应进行温度修正的使用温度界限是大于(20±5)℃。(　)

61. 扩散硅式压力传感器是靠半导体电阻电桥受压时产生的不平衡电压输出测量压力的。(　)

62. 数字压力计的数字仪表中一般由电源、A/D 转换和显示部分即可。(　)

63. 检定一般压力表所选用的标准器允许误差的绝对值不大于被检表允许误差绝对值的 1/4 就没有问题了。(　)

64. 弹簧管压力表机芯完整的构成包括:上、下板,中心装,游丝、拉杆其他件。(　)

65. 一块一般压力表的完整检定应包括:外观、示值、耐压、真空检定及其他附加项目的检定。(　)

66. 弹簧管压力表的机芯是一个齿轮传动放大机构。(　)

67. 管弹簧式压力表的弹性感压元件弹簧的截面可以是圆形的。(　)

68. 一般压力表的指针经过振动能指向零位即为合格。(　)

69. 一般压力表的回程误差是指升压和降压的示值之差。(　)

70. 一般压力表的耐压检定应在示值检至测量上限时,保持原状停留三分钟。(　)

71. 一般压力真空表中测量上限为(0.3～2.4)MPa 的,真空部分的检定只要疏空时指针能指向真空方向即可。(　)

72. 电接点压力表除检定设定点偏差外,还应检定设定点的接通和断开的实际压力值之差。(　)

73. 测量上限超过 0.6 MPa 的压力表应用液体为工作介质进行检定。(　)

74. 弹簧管压力表如发生全量程范围内的示值误差不成线性时,应增加拉杆与扇形齿尾部夹角的调整。(　)

75. 活塞压力计的密封性校验造压时等于其测量上限即可。(　)

76. 精密压力表的示值误差检定应按标有数字的点进行。(　)

77. 数字压力计不进行回程误差的检定。(　)

78. 机械式轮轴压装记录器的力值检查以示值为准。(　)

79. 衡器测量的是物体的重量。(　)

80. 机械杠杆上具有相反方向的力矩时，杠杆将处于平衡状态。(　　)

81. 第三种杠杆的特点是费力但得到较大行程。(　　)

82. 并联杠杆在机械衡器中多用于承重杠杆以扩大台面面积。(　　)

83. AGT-10 型案秤的计量杠杆是一个单杠杆。(　　)

84. 机械衡器的刀子和刀承的硬度一般可在 40HRC 左右。(　　)

85. 同一杠杆上的刀线不平行将会导致灵敏性降低和重复性变坏。(　　)

86. 机械杠杆秤的灵敏性是指计量杠杆摆动的灵活程度。(　　)

87. 案秤在秤量时重物在秤盘中沿计量杠杆前后移动时，秤量结果不变，这是由于连杆和秤盘是固定连接的结果。(　　)

88. 台秤的杠杆系统是一个串连、并联杠杆系。(　　)

89. 为保证地秤的四角秤量结果一致，地秤的承重杠杆系一般采用等杠杆比的并联杠杆系。(　　)

90. 对于衡器来说检定分度值 e 越小，准确度越高。(　　)

91. 检定衡器用标准砝码的误差不应大于被检衡器最大秤量允差的 1/3。(　　)

92. 由数字电子秤一般由台面、负荷传感器和显示仪表组成。(　　)

93. 应变式传感器的弹性体应有高的弹性极限和良好的线性性能。(　　)

94. 数字秤重仪表完整构成应由电源、A/D 转换和数字显示部分组成。(　　)

95. 非自行指示秤的周期检定中可以不作回零测试和重复性测试。(　　)

96. 非自行指示秤进行秤量测试时，某一点测试没有成功，可以卸除载荷，调整零点，从这一点续向下测试。(　　)

97. 如图 5 所示此案秤杠杆的总臂比是 $\frac{50}{50+250}=\frac{1}{6}$。(　　)

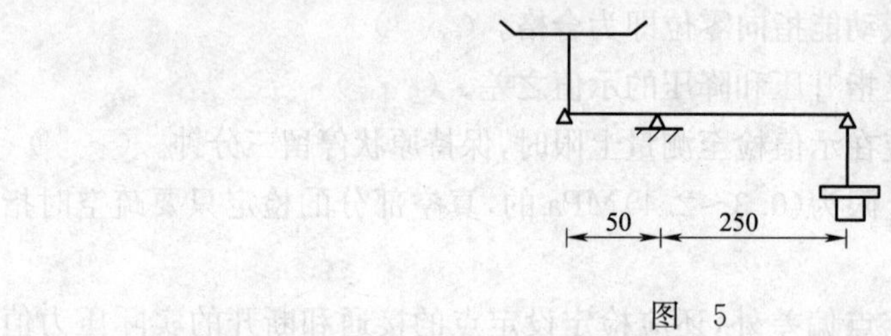

图 5

98. TGT 型台秤中基层杠杆和计量杠杆构成串联杠杆系。(　　)

99. AGT 型案秤偏载测试时，出现垂直于计量杠杆方向的两个点示值超差，调整底座上拉带一端的高低位置即可。(　　)

100. 对 TGT500 型台秤来说，偏载测试四角有正向超差，也有负向超差，这时应当转动短杠杆的力点刀，改变其支力臂。(　　)

101. 地秤计量杠杆在检定架上的检定允差为首次检定的 0.5 倍。(　　)

102. 数字指示秤的完整检定项目，包括外观、零点、灵敏度、准确度、偏载和重复性检定共六项。(　　)

103. 数字指示秤的示值误差为显示数减去标准砝码的标秤值。( )

104. 对一台数字指示的秤即使空秤时指示为"0"也应用小砝码检测一下其零点示值误差。( )

105. 一台数字指示秤,按照现行检定规程 JJG 39—97 的规定,秤量测试中,正确的秤量点选择是空秤,50%最大秤量,允许误差改变的秤量点和最大秤量。( )

106. 对矩形台面的数字秤,其偏载测试一律采用四个点进行。( )

107. 数字秤的重复性测试,在同一秤量下可做多次(大于 3 次)试验,取其中 3 次的最大值与最小值之差作为秤的重复性。( )

108. 对固定式电子吊秤,应做旋转测试,以满秤量载荷旋转 360°,示值不变即为合格。( )

109. 数字秤的检定可先进行秤量测试,再做去皮后的秤量测试,去皮后的秤量可根据去皮的大小做一、二个点的测试即可。( )

110. 数字秤鉴别力的测试,在秤量测试完毕后,试加 1.4d 的小砝码,示值能增加一个分度即为合格。( )

111. 我们说一个物体的重量为 2 公斤,和质量为 2 kg 是完全相同的含义。( )

112. 扭矩是力对物体的转动效果的大小。( )

113. 应变式扭矩传感器由可扭转的弹性体和测量扭矩的应变电桥组成。( )

114. 指针式扭矩扳子每个标尺的分度数可以是任意的。( )

115. 1 bf·ft(磅力·英尺)=1.356 N·m。( )

116. 目前我国扭矩扳子检定装置的准确度分为 0.5,1 和 2 级三个等级。( )

117. 扭矩扳子可在常温下检定。( )

118. 对指示式扭扳子一般只检定 3 点,每点检定 3 次,以 3 次的平均值作为检定结果。( )

119. 指针式扭矩扳子检定时,只顺检定每个标尺的 20%～100%有数字刻线的示值误差即可。( )

120."硬度"是一个确定的物理量。( )

121. 洛氏硬度试验读数时是在卸除全部负荷后。( )

122. 洛氏硬度试验的压头只有金刚石压锥一种。( )

123. 布氏硬度值是卸除负荷后钢球压痕表面积上的平均压力。( )

124. 布氏硬度的力值是按力与压头钢球的直径平方比值为规定的常数确定的。( )

125. 维氏硬度是以压头压痕的投影面积上的平均压力表示硬度值的。( )

126. 按规定维氏硬度试验的负荷是任意的。( )

127. 里氏硬度试验,试样本身的质量太小会直接影响试验结果。( )

128. 液压万能试验机是利用摆锤倾斜产生的液体压力与试验机试验力产生的液体静压平衡来测量试验力的。( )

129. 按照国家计量检定规程 JJG 139—1999 的规定液压万能试验机的准确度等级有 0.5,1.0,1,5,2.0 四个等级。( )

130. 洛氏硬度计的示值超差时,可以改变负荷和保压时间使示值达到合格为止。( )

131. 标准洛氏硬度块除示值误差应在一定范围内外，还应保证一定的均匀度和长期稳定度。(　)

132. 洛氏硬度计示值检定中对每个硬度块可测试 6 点，其中误差较大的一点可以删去不计。其余五点取平均值。(　)

133. 使用中的布氏硬度计的检定一般只进行外观，同轴度和示值检定。(　)

134. 使用标准布氏硬度块时两相邻压痕中心间距不得小于 10 mm。(　)

135. 布氏硬度计检定中，对 5 mm 钢球的压头的示值可取三点的平均值作为硬度计示值。(　)

136. 检定布氏硬度计的力值时应将工作台上升施加载荷。(　)

137. 百分表式 0.3 级标准测力仪，在使用温度和检定温度不一致时应当进行温度修正。(　)

138. 杠杆天平横梁平衡的条件是被秤量物体对支点的力矩代数和为零。(　)

139. 正常使用的天平，横梁吊挂系统的重心位于支点刀的下方。(　)

140. 使用机械杠杆天平，对同一物体在地球上不同位置的衡量结果略有差异(仅考虑重力的影响)。(　)

141. 天平的横梁，应具有足够的刚性和质量，以保证秤量结果的稳定性。(　)

142. 机械天平的四大计量性能，包括天平最大秤量，最小分度值，示值稳定性和准确性。(　)

143. 机械天平的正确性是指，用标准砝码能在天平上秤得正确的质量值。(　)

144. 天平的灵敏性是指天平对秤盘上微小质量变化觉察的能力。(　)

145. 天平的感量越小，灵敏度越高。(　)

146. 机械杠杆天平的稳定性是指秤量结果长期一致性。(　)

147. 天平的示值不变性是指时同一物体多次秤量结果的一致程度。(　)

148. 安放天平的平台要求平整、稳固，一般的木桌也可以使用。(　)

149. 机械杠杆天平，检定、安装前应做清扫，用干净的绸布擦拭横梁和刀、刃、刀垫等玛瑙件。(　)

150. 精密衡量操作时，关闭天平前门，开关侧门是为了操作方便。(　)

151. 砝码是具有准确质量值的专用物体。(　)

152. 砝码的修正值＝标秤值－实际值。(　)

153. 我国现行砝码的检定规程规定，砝码共分二等，10 级。(　)

154. 大多数的砝码表面都经过防锈处理，因而保管中防潮并不重要。(　)

155. 制造砝码的材料只要密实、防锈，其余无关紧要。(　)

156. 机械天平的准确度共分为 8 级。(　)

157. 机械天平的完整的检定项目包括灵敏性、正确性、示值不变性等。(　)

158. 检定微分标牌天平的分度值时，在天平的一盘中放等于标尺最大值的砝码，天平的平衡位置应超过最大分度位置。(　)

159. 普通标牌天平的实际分度值只要小于标秤分度值即可。(　)

160. 摆动天平的平衡位置测定应取连续 4 次摆幅值的代数平均值。(　)

161. 机械天平的空秤变动性不应大于1分度。(　　)

162. 机械天平的全秤变动性主要是检查各零部件的安装稳固性。(　　)

163. 机械天平的不等臂性误差是用等量砝码交换比较前后的测量结果求得的。(　　)

164. 机械天平的空秤感量偏高应当降低重心的位置。(　　)

165. 机械杠杆横梁处于吃线状态时,全秤灵敏度大于空秤灵敏度。(　　)

166. 天平的耳折现象是由于支力销的支承线与天平边刀的刀线不在一条直线上造成的。(　　)

167. 机械天平开启时的带针现象可能是由于左右边刀高低不一致造成的。(　　)

168. 机械天平的骑码标尺误差为1分度。(　　)

169. 按现行检定规程的规定,检定砝码杆用的标准砝码的质量允差不应大于被检砝码质量允差的三分之二。(　　)

170. 检定砝码采用替代法可消除天平不等臂带来的影响。(　　)

171. 用替代法检定砝码可以不计天平不等臂对秤量结果的影响。(　　)

172. 使用连续替代法检定砝码时,计算被检砝码的修正值应当用替代时的平衡位置减去空秤时不平衡位置。(　　)

173. 检定一个500 g的F_2级砝码,检定结果为被检砝码比修正值为+1.2 mg的二等砝码轻0.5 mg,则此F_2级砝码的修正值是+1.7 mg。(　　)

174. 机械天平的挂砝码应当取下单个按相应的等级砝码进行检定。(　　)

175. 机械挂砝码的综合误差以TG328A的100 g挂码为例其允差应为±5分度与天平不等臂性误差在该秤量下实际值的综合值。(　　)

176. 标准砝码的检定一定要两人分别检定一次,两人检定结果都不应超差即可。(　　)

177. F_2级工作砝码应由两人分别检定一次。(　　)

178. 机械天平的空秤分度值偏大时应将感量砣向下调整。(　　)

179. 机械电光天平的空秤分度值合格,而全秤时分度值检定时超过规定的102分度,达到105分度,应当减小中刀的吃线量。(　　)

180. 对TG328B天平,若不等臂性超差,应当调整刀盒的平行螺钉。(　　)

五、简 答 题

1. 什么叫量值传递?
2. 什么叫溯源性?
3. 什么叫计量器具的校准?
4. 我国计量立法的宗旨是什么?
5. 计量标准的使用必须具备哪些条件?
6. 计量检定人员的职责是什么?
7. 按数据修约规则,将下列数据修约到小数点后2位:

(1)3.141 59修约为(　　);

(2)2.715修约为(　　);

(3)4.155修约为(　　);

(4)1.285 修约为(　　)。

8. 将下列数据化为 4 位有效数字：

3.141 59;14.005;0.023 151;1 000 501

9. 试说明测量不确定度的两种评定方法和它们的区别。

10. 什么是钢材的热处理,钢材的热处理工艺常见的有哪几种?

11. 简述弹簧管式压力表的构造及主要零部件的功能。

12. 说明图 6 中形位公差标注的含义。

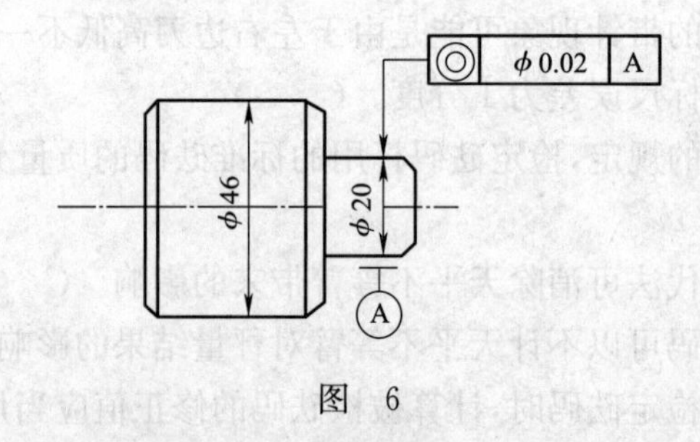

图 6

13. 一般液压系统应由哪些部件构成？其作用如何？

14. 试说明绝对压力与表示压力和疏空的关系。

15. 试说明检定一般压力表时选择标准器应符合的条件。

16. 试列举五种不同活塞结构形式的活塞压力计。

17. 简要说明活塞压力计基本误差的计算方法。

18. 简述活塞压力计的构成及工作原理。

19. 试简要说明机械秤的四大计量性能的含义。

20. 数字压力计由哪几部分构成?

21. 简要说明管弹簧式压力表中弹簧管的工作原理。

22. 弹簧管式一般压力表的检定项目有哪些?

23. 三等活塞压力计的密封性校验应怎样进行?

24. 按作用原理压力仪表可分哪几类?

25. 数字压力计的检定项目有哪些?

26. 说明机械杠杆平衡的力矩条件。

27. 试说明一、二、三类机械杠杆各自的特点。

28. 举例说明并联杠杆系在衡器中的应用及其优点。

29. 举例说明何为合力合体杠杆。

30. 案秤罗伯威尔机构的构成及作用如何?

31. 衡器的准确度与哪些因素有关?

32. 简要说明数字电子秤的构造和工作原理。

33. 试按《非自行指示秤》检定规程的要求,说明其检定项目有哪些。

34. 非自行指示秤的秤量测试包括哪些必测的秤量点?

35. 简述《非自行指示秤》检定规程中重复性测试的要求。

36. 写出数字指示秤化整前的示值计算公式并说明式中各项的含义。

37. 试说明砝码有几种常用组合形式,并比较优缺点。

38. 数字指示秤的秤量测试应选择哪些点进行?

39. 简述机械定值式扭矩扳子的构造及工作原理。

40. 检定扭矩扳子的标准器应符合哪些条件?

41. 简要说明硬度的概念。

42. 简述洛氏硬度试验法。

43. 简述布氏硬度试验法。

44. 简述维氏硬度试验法。

45. 简述里氏硬度试验法。

46. 简要说明液压万能试验机的构造及工作原理。

47. 简要说明布氏硬度计的检定项目。

48. 简述 0.3 级百分表式标准测力仪的使用注意事项。

49. 机械杠杆天平的衡量原理是什么?

50. 机械杠杆天平的四大计量性能是什么?

51. 简单说明机械天平的正确性的含义。

52. 试说明机械杠杆天平的灵敏度的含义。

53. 简要说明机械杠杆天平稳定性的概念。

54. 简要说明安装使用天平,必须注意的环境条件。

55. 天平的使用保养应注意哪些问题?

56. 砝码的使用保养应注意哪些问题?

57. 试说明机械天平计量性能的检定项目。

58. 试简要说明无阻尼摆动天平,平衡位置的测定方法。

59. 简要说明普通标牌天平的分度值应符合的要求。

60. 简要说明天平不等臂误差的测试方法。

61. 使用中的一台 TG328B 天平,空秤时的分度值测试加放 10 mg 砝码时,标牌示值从“0”变至“104”分度,全秤时加放 10 mg 砝码标牌示值从“0”变到“101”分度,应当如何调整天平使其合格?

62. 机械天平耳折现象一般是什么原因造成的?

63. 试介绍一下机械天平骑砝标尺检定的方法、步骤。

64. 简述替代法检定砝码的操作程序方法和优点。

65. 简述 GT328B 天平,机械挂砝码的检定方法和要求。

66. 试说明 TG328A 机械挂砝码天平,机械挂砝码检定的方法和要求。

67. 请说明 F_2 级标准砝码的检定要求。

68. 转速仪表按工作原理分为六种,请说出它们的具体类型。

69. 国家转速表检定规程 JJG 105—2000 中规定的电子计数式转速表一共有哪几个准确度等级? 以 0.05 级为例说明其示值允许误差和示值允许变动性各为多少?

70. 举例说明转速表的转速比的概念。

六、综 合 题

1. 如图7所示画出切制圆柱体的俯视图和左视图。

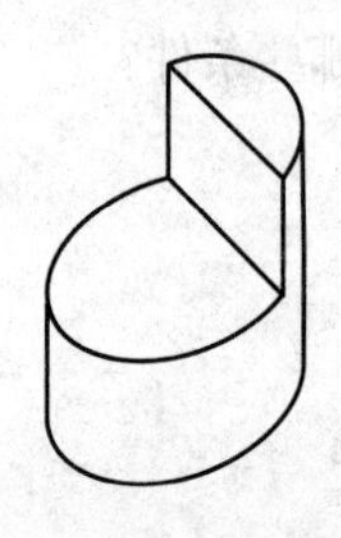

图 7

2. 试简要回答电接点压力表的设定偏差和切换差的检定要求。(不必指出允差数)

3. 用计算说明是否可以用一块0.4级测量上限为1.6 MPa的精密压力表作标准器检定一块1.6级测量上限为1 MPa的工作压力表。

4. 检定一块0～4 MPa的1.6级一般压力表,选用测量范围为0.1～6 MPa的三等活塞压力计作标准器,试验算其基本允许误差是否合格。

5. 检定一块2.5级,0～40 MPa的氧气压力表时,用一块0.4级0～60 MPa的精密压力表是否符合要求?计算加以说明。

6. 一块测量范围为0～25 MPa,准确度为1.0级的一般压力表其在20 MPa点的检定数据如表1所示,试判断其是否合格,并指出不合格的原因。

表 1

检定点(MPa)	升压示值		降压示值	
	轻敲前	轻敲后	轻敲前	轻敲后
20	20.1	20.0	20.1	20.3

7. 一块测量范围为0～10 MPa的2.5级一般压力表,其在6 MPa点的检定数据如表2所示。试判定其是否合格,并指出不合格的原因。

表 2

检定点(MPa)	升压示值		降压示值	
	轻敲前	轻敲后	轻敲前	轻敲后
6	5.8	5.9	6.0	6.2

8. 一块电接点压力表测量范围为0～10 MPa,准确度为1.6级,电接点为直接作用式,其上限设定点的检定值如表3所示,试判断此表是否合格及不合格的原因。

表 3

上限设定值(MPa)	5.0		8.0	
	通	断	通	断
动作值	5.18	5.04	8.12	7.94

9. 一块测量范围为0～25 MPa,准确度为1.6级的双针双管压力表,其10 MPa点的检定数据如表4所示,试判断其是否合格,并指出不合格的原因。

表 4

检定点	10		
		轻敲前	轻敲后
红针	升压	10.1	10.3
	降压	10.2	10.4
黑针	升压	9.8	9.6
	降压	10.1	10.2

10. 一块0～10 MPa的0.4级精密压力表检定温度为(20±3)℃,现在28℃条件下,试计算其实际使用时误差。[精密压力表温度修正公式为$\Delta=\pm(\delta+k\Delta t)$,$k=0.04\%$℃]

11. 图8为台秤的杠杆示意图,若图中计量杠杆的支重距c=50 mm,计量杠杆的支力距d=400 mm,承重杠杆的支力距b=1 000 mm,承重杠杆的支重距为a,当承重台上加放500 kg砝码时,增砣盘上的增砣质量为5 kg,试求承重杠杆的支重距a。

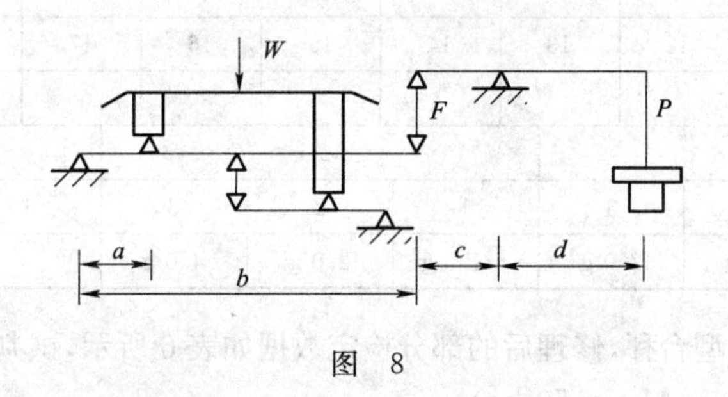

图 8

12. 试述案秤四角误差的调修方法。

13. 如图9所示,案秤计量杆的支重距a=60 mm,标尺最大秤量为500 g,若游砣质量Q=100 g,标尺长应为多少?

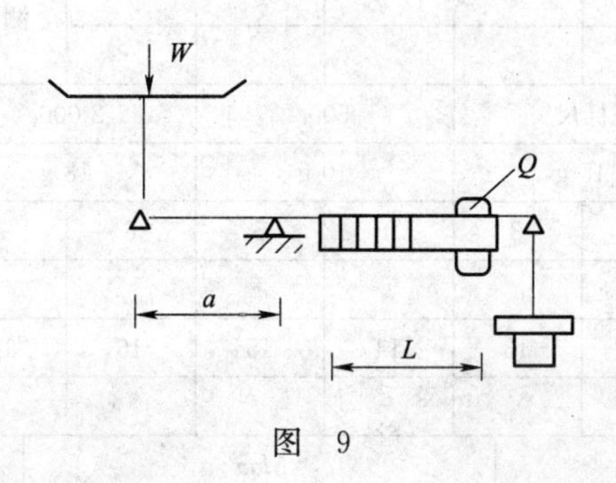

图 9

14. 如图10所示,一案秤的支重距a=60 mm,标尺长L=300 mm,标尺最大刻度为500 g,试求游砣的质量Q。

15. 一台AGT-10型案秤,修理后的部分检定数据如表5所示,试判定其是否合格及不合格的原因。(e=5 g,Max=10 kg)

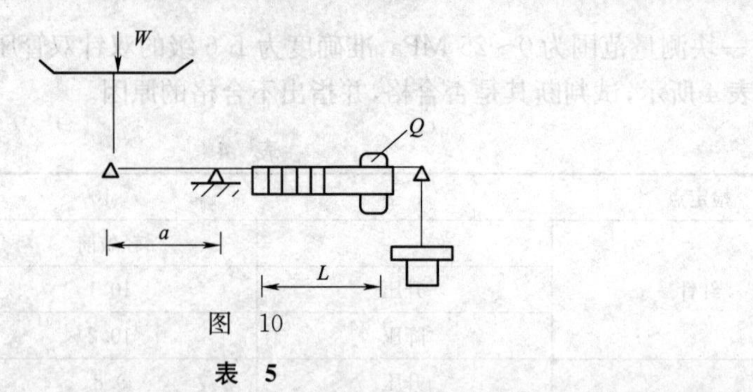

图 10

表 5

偏载测试	M=3 kg							灵敏度测试	标尺	Max	
	1	2	3	4	5	6	7		3 mm	3 mm	
	1.5 g	2.5 g	30 g	5.5 g							
秤量测试	Min		标尺		500e		2 000e		0		Max
	2.0 g		−.35 g		2.0 g		4.0 g		1.5 g		
	主标尺	1	2	3	4	5	6	7	8	9	10
		11	12	13	14	15	16	17	18	19	20
重复性	50%			Max							
	1	2	3	1	2	3	1	2	3		
	1.5 g	2.0 g	2.0 g	−1.5 g	2.0 g	4.0 g					

16. 一台 TGT-50 型台秤，修理后的部分检定数据如表 6 所示，试判定其是否合格并指明不合格的原因。(e=20 g，Max=50 kg)

表 6

偏载测试	M=15 kg							灵敏度测试	标尺	Max	
	1	2	3	4	5	6	7				
	10	8	16	5							
秤量测试	Min		标尺		500e		2 000e		Max		0
	5 g		15 g		10 g		18 g		−25 g		−12 g
	主标尺	1	2	3	4	5	6	7	8	9	10
		11	12	13	14	15	16	17	18	19	20
重复性	50%			Max							
	1	2	3	1	2	3	1	2	3		
	10 g	15 g	20 g	−10 g	5 g	25 g					

17. 一台机械杠杆式 20 t 地中衡，其周期检定部分数据如表 7 所示，试判断其是否合格，并指出其不合格的原因。(e=5 kg，Max=20 t，按首次检定允差的 2 倍)

表 7

偏载测试	M=7 000 kg							灵敏度测试	标尺	Max	
	1	2	3	4	5	6	7		6 mm	4 mm	
	−3	5	12	8							
秤量测试	Min		标尺		500e		2 000e		Max		0
	2		−3		−6		−10		−17		−4
	主标尺	1	2	3	4	5	6	7	8	9	10
		3	−2	4	−5	−3	−4	−6	12	−7	−10
		11	12	13	14	15	16	17	18	19	20
		−7	−6	−8	−10	−12	−11	−10	−13	−14	
重复性	50%			Max							
	1	2	3	1	2	3	1	2	3		

18. 一把测量范围为 750～2 000 N·m 的 5 级定值式扭矩扳手,其在 1 000 N·m 点的检定结果(在标准扭矩仪上的三次读数)为:970.6,1 030.7,1 010.5。试计算此点的示值相对误差 e 和示值重复性 r,并判定其是否合格及不合格的原因。

19. 一把测量范围为 750～2 000 N·m 的 5 级定值式扭矩扳手,其在 2 000 N·m 点的检定数据如表 8 所示(表中实测值为标准器上的读数)。试求其示值误差与重复性,并判定其是否合格,并说明不合格的原因。

表 8

检定点(示值)(N·m)	调整方向	扭矩速度	实测值(动作值)(N·m)							
			1	2	3	4	5	平均	误差(%)	重复性(%)
2 000			1 904.2	1 890.5	1 895.6			1 896.8		

20. 有一测量范围为 750～2 000 N·m 的 5 级定值式扭矩扳子,其在 1 000 N·m 点的检定数据如表 9 所示。请计算该点的示值相对误差 e 和示值重复性 r,并判定其是否合格。(表中数据为标准器上读数)

表 9

检定点(示值)(N·m)	调整方向	扭矩速度	实测值(动作值)(N·m)							
			1	2	3	4	5	平均	误差(%)	重复性(%)
1 000			1 010.3	1 020.5	1 040.6	/	/			

21. 某 HR150A 洛氏硬度计的示值检定,数据如表 10 所示,试判定其示值误差和重复性是否合格。(硬度计示值允差:60～70 HRC±1.0 HRC,35～55 HRC±1.2 HRC,20～30 HRC±1.5 HRC。硬度计重复性:60～70 HRC,1.0 HRC;35～55 HRC,1.0 HRC;20～30 HRC,1.5 HR)

表 10

示值检定	标准硬度值	硬度名称(代号)	检定结果						误差	重复性
			1	2	3	4	5	平均		
	61.2	HRC	61.5	61.3	61.21	61.4	61.3			
	45.6	HRC	45.4	45.3	45.2	45.6	45.3			
	31.4	HRC	31.2	31.5	31.8	31.0	30.0			

22. 某里氏硬度计，HLD 冲击装置的检定结果如表 11 所示，请判定其是否合格，并说明理由。(示值允差±12HLD，重复性允差 12HL)

表 11

示值检定	标准硬度值	硬度名称(代号)	检定结果						误差	重复性
			1	2	3	4	5	平均		
	982	HLD	990	985	980	986	981			

23. 一台 HB-3000 型布氏硬度计，部分检定数据如表 12 所示，试判断其示值误差和重复性是否合格，并说明理由。(示值误差允差±3%，重复性允差 $0.06\bar{H}$)

表 12

示值检定	标准硬度值	硬度名称(代号)	检定结果						误差(%)	重复性(%)
			1	2	3	4	5	平均($\bar{H}$)		
	93.2	HB10/1 000/30		96.6	98.7	97.5				
	210	HB10/3 000/30		212	211	212				

24. 试说明机械杠杆天平的计量性能及其含义。

25. 某数字指示秤，$e=d=2$ g，在加放 3 000 g 标准砝码时显示 3 000 g，此时再添加 0.6 g 的小砝码秤刚好显示 3 002 g，试求该秤在此秤量点化整前的示值误差 E。

26. 试述机械杠杆(等臂)天平的示值变动性主要因素。

27. 某 TG328A 天平，经检定其臂差 $Y=+6.2$ 分度，其 100 g 挂砝码的检定结果(挂砝码修正值)$\Delta B=+0.7$ mg，试判定该挂砝码组合是否合格。

28. 一台 TG528B 天平的部分检定数据如表 13 所示，请计算并判断其臂差及示值变动性是否合格，并说明理由。

表 13

外观检定								
观测顺序	左 盘	右 盘	读 数				平衡位置 I	检 定 结 果
			I_1	I_2	I_3	I_4		
1	0	0					9.1	
2	r	0					3.5	P_1、P_2=200 g

续上表

观测顺序	左 盘	右 盘	读 数				平衡位置 I	检 定 结 果
			I_1	I_2	I_3	I_4		
3	P_1	P_2					9.2	$r=2$ mg
4	$P_2(+k)$	$P_1(+k)$					9.4	$k=0$
5	$P_2(+k+r)$	$P_1(+k)$					4.3	$e=0.4$ mg
6	0	0					9.0	$e_{01}=$　　$e_{02}=$
7	0	r					14.1	$e_{p1}=$　　$e_{p2}=$
8	P_1	P_2					9.1	$e_{01}-e_{02}=$
9	P_1	P_2+r					14.3	$e_{p1}-e_{p2}=$
10	0	0					9.2	$e_{01}-e_{p1}=$
11	P_1	P_2					9.3	$e_{02}-e_{p2}=$
12	0	0					9.2	$Y=\pm\frac{m}{2_{ep}}\pm\left(\frac{I_3+I_4}{2}-\frac{I_1+I_6}{2}\right)=$
13	P_1	P_2					9.4	
14	0	0						$\Delta_0=$　　$\Delta_p=$
15	P_1	P_2						左端骑码标尺误差
16	0	0						右端骑码标尺误差
17	P_1	P_2						机械挂砝码组合误差
骑码标尺检定								
1								
2								经检定该天平定为　　级
3								
4								

29. 一台 TG328B 天平,检定结果的部分数据如表 14 所示,请计算并判断其示值变动性和臂差是否合格。

表 14

外观检定								
观测顺序	左 盘	右 盘	读 数				平衡位置 I	检 定 结 果
			I_1	I_2	I_3	I_4		
1	0	0					0.0	
2	r	0					98.2	P_1、$P_2=200$ g
3	P_1	P_2					−2.0	$r=10$ mg
4	$P_2(+k)$	$P_1(+k)$					−4.0	$k=0$
5	$P_2(+k+r)$	$P_1(+k)$					96.8	$e=0.1$ mg
6	0	0					0.2	$e_{01}=$　　$e_{02}=$
7	0	r						$e_{p1}=$　　$e_{p2}=$
8	P_1	P_2					−2.4	$e_{01}-e_{02}=$

续上表

观测顺序	左盘	右盘	读数 I_1	I_2	I_3	I_4	平衡位置 I	检定结果
9	P_1	P_2+r						$e_{p1}-e_{p2}=$
10	0	0					0.2	$e_{01}-e_{p1}=$
11	P_1	P_2					−2.2	$e_{02}-e_{p2}=$
12	0	0					0.2	$Y=\pm\frac{m}{2_{ep}}\pm\left(\frac{I_3+I_4}{2}-\frac{I_1+I_6}{2}\right)=$
13	P_1	P_2					+2.0	
14	0	0					0.0	$\Delta_0=$ $\Delta_p=$
15	P_1	P_2					−2.0	左端骑码标尺误差
16	0	0					0.1	右端骑码标尺误差
17	P_1	P_2					−2.2	机械挂砝码组合误差
骑码标尺检定								
1								经检定该天平定为　　级
2								
3								
4								

30. 一台 TG328B 使用中的天平，其部分检定数据如表 15 所示，试判断其是否合格，并指出不合格的原因。

表 15

外观检定								
观测顺序	左盘	右盘	读数 I_1	I_2	I_3	I_4	平衡位置 I	检定结果
1	0	0					2.1	
2	r	0					99.5	P_1、P_2=200 g
3	P_1	P_2					3.6	r=10 mg
4	$P_2(+k)$	$P_1(+k)$					4.3	$k=0$
5	$P_2(+k+r)$	$P_1(+k)$					103.2	e=0.1 mg
6	0	0					2.4	$e_{01}=$ $e_{02}=$
7	0	r						$e_{p1}=$ $e_{p2}=$
8	P_1	P_2					4.1	$e_{01}-e_{02}=$
9	P_1	P_2+r						$e_{p1}-e_{p2}=$
10	0	0					2.6	$e_{01}-e_{p1}=$
11	P_1	P_2					4.8	$e_{02}-e_{p2}=$
12	0	0					2.3	$Y=\pm\frac{m}{2_{ep}}\pm\left(\frac{I_3+I_4}{2}-\frac{I_1+I_6}{2}\right)=+3.1$ 分度
13	P_1	P_2					4.5	
14	0	0					2.4	$\Delta_0=$ $\Delta_p=$

续上表

观测顺序	左　盘	右　盘	读　数				平衡位置 I	检定结果
			I_1	I_2	I_3	I_4		
15	P_1	P_2					4.7	左端骑码标尺误差
16	0	0					2.5	右端骑码标尺误差
17	P_1	P_2					4.6	机械挂砝码组合误差
骑码标尺检定								
1								
2								经检定该天平定为　　级
3								
4								

31. 一台 TG328B 天平的机械挂砝码部分检定数据如表 16 所示，计算各挂码组合修正值，并判定其是否合格。(说明不合格的原因)

表　16

观测顺序	挂砝码组合名义值	标准砝码修正值 ΔB(mg)	天平示值 L (分度)	空载天平的平均平衡位置 L_c(分度)	挂砝码组合的修正值 $\Delta A=\Delta B-(L-L_0)e$ (mg)	备　注
1	0					
2	1 mg					
3	2					
4	4					
5	5					
6	9					
7	0		0.0			
8	10	−0.02	0.3			
9	20	−0.02	0.2			
10	40					
11	50					
12	90	−0.03	0.2			
13	0		0.2			
14	100	−0.01	−0.2			
15	200					
16	400					
17	500	+0.05	−1.7			
18	900	−0.06	−0.2			
19	0		0.2			
20	1 g					

32. 某 F_2 级克组砝码中的 10 g、20 g、50 g、100 g 砝码的用替代法在 TG328B 天平上的检定数据如表 17 所示，请计算其修正值[$\Delta A=\Delta B-(L_A-L_B)e$]，并判定其是否合格。($F_2$ 级砝码允差(10 g±0.6 mg；20 g±0.8 mg；50 g±1.0 mg；100 g±1.5 mg)。

表 17

观测顺序	挂砝码组合名义值	标准砝码修正值 ΔB(mg)	天平示值 L(分度)	空载天平的平均平衡位置 L_c(分度)	挂砝码组合的修正值 $\Delta A=\Delta B-(L-L_0)e$ (mg)	备注
1	0					
2	1 mg					
3	2					
4	4					
5	5					
6	9					
7	0		0.0			
8	10	+0.02	0.5			
9	20	−0.02	0.2			
10	40	0.03	−0.4			
11	50					
12	90					
13	0		0.2			
14	100					
15	200					
16	400	−0.04	−2.1			
17	500	+0.02	−0.5			
18	900	−0.02	+1.2			
19	0		0.4			
20	1 g					

33. 某一级手持式离心转速表在 100/400 量限度盘下标秤值为 200 r/min 时的检定数据为 197 r/min、197 r/min、198 r/min。试计算其基本误差 W 及示值变动性 b，并判定其是否合格。

34. 某 1 级离心转速表在 300/100 量程挡 600 r/min 点检定时其指针摆动范围为 14 r/min、16 r/min 和 12 r/min，试计算该表的指针摆幅率，并处理检定结果。

35. 某固定式离心转速表，准确度为 0.5 级，其测量范围为 1 000～15 000 r/min，检定 10 000 r/min 时的实测值为 10 098、10 000、10 082，试求其基本误差 W 和示值变动性 b，并判定其是否合格，依此应做出什么样检定结果处理。

硬度测力计量工(中级工)答案

一、填 空 题

1. 一组操作	2. 准确可靠	3. 所必需	4. 被测量
5. 被测量	6. 真值	7. 连续多次	8. 一致性
9. 参数	10. 统计分析	11. 特定量	12. 单位
13. 比较链	14. 辅助设备	15. 查明和确认	16. 时间间隔
17. 关系	18. 申请检定	19. 停止生产	20. 检定合格
21. 1985 年 9 月 6 日	22. 最高准则	23. 区别管理	24. 计量基准
25. 同级人民政府	26. 社会公用计量标准	27. 与其主管部门同级	28. 法律效力
29. 字迹清楚	30. 2 000 元	31. 国际单位制	32. s
33. 弧度	34. 非	35. Pa	36. J
37. 减去	38. 方法误差	39. 真值	40. 无限多次
41. 特定值	42. 相加	43. 程序	44. 计量保证
45. 一组操作	46. 强度	47. 灰	48. 合金钢
49. 冷却	50. 快速冷却	51. 剖面	52. 去除材料
53. 同轴度	54. 基孔制的孔	55. 传动比	56. 粗牙、细牙
57. 0.01 mm	58. 样冲眼	59. 高	60. 定量单向泵
61. 检定分度值	62. 四只	63. 随时间变化的	64. 显示部分
65. 24 V	66. ∞	67. 单位面积	
68. $1\ N/m^2$(1 牛/米^2)	69. 绝对压力	70. 弹簧管式压力表	71. 滚动轴承式
72. 大于测量上限 10%		73. 帕斯卡静压(定律)	74. 活塞杆
75. 0.06、0.1、0.16、0.25、0.4		76. (20±10)℃	77. 可测的
78. 压力传感器	79. 不大于	80. 机芯	81. 移动(位移)
82. 扁(圆)	83. 零位检查	84. 允许误差的绝对值	85. 前、后
86. 切断	87. (20±10)℃	88. 15℃～35℃	89. 尾部滑块
90. 后 5 分钟平均压力降		91. 8	92. 回程误差
93. 力值及记录结果	94. 物质	95. 代数和	96. 之间
97. 省力	98. 合力合体	99. 略小于	100. 灵敏性
101. 稳定性	102. 计量杠杆	103. 串联、并联	104. 并联
105. 1/3	106. 数字显示	107. 应变片	108. 数字显示
109. 加回零测试	110. 最大量值	111. 300	112. 1
113. 下	114. 外	115. 0.5	116. 鉴别力

117. 刚好增加　118. 砝码　119. 500e　120. 6 t
121. 50%最大秤量　122. 正反方向　123. 50%最大秤量　124. 1.4d
125. 相互　126. 力臂　127. 转扭变形　128. 定值式
129. 1.02　130. 不大于　131. (20±10)℃　132. 5
133. 至少进行三次　134. 弹性　135. 主负荷　136. 载荷
137. 表面积　138. 负荷　139. 平均压力　140. 相同的
141. 反弹速度　142. 摆锤测力机构　143. 0.5,1,2三个　144. 示值检定
145. 定度的　146. 均匀分布　147. 同轴度检定　148. 一年
149. 三点　150. 不同　151. 4 mm　152. 5
153. ±0.3%　154. 合力矩　155. 下方　156. 随遇平衡状态
157. 相等　158. 不等臂　159. 杠杆式　160. 吊挂系统
161. 正确性　162. 正确固定的　163. 微小质量　164. 线位移
165. 倒数　166. 平衡状态　167. 多次秤量　168. 均匀恒定
169. 清洁卫生　170. 开启状态　171. 直接　172. 侧门
173. 减振　174. 无水乙醇　175. 呼吸

二、单项选择题

1.A　2.C　3.B　4.D　5.D　6.A　7.A　8.D　9.D
10.C　11.D　12.B　13.D　14.B　15.D　16.B　17.A　18.C
19.B　20.D　21.A　22.B　23.A　24.A　25.A　26.B　27.A
28.A　29.A　30.A　31.A　32.B　33.B　34.A　35.A　36.A
37.A　38.A　39.C　40.C　41.A　42.A　43.A　44.A　45.B
46.B　47.A　48.D　49.B　50.B　51.C　52.A　53.B　54.A
55.B　56.A　57.A　58.A　59.A　60.B　61.A　62.D　63.B
64.D　65.C　66.C　67.C　68.A　69.B　70.A　71.B　72.B
73.C　74.A　75.A　76.A　77.D　78.A　79.D　80.C　81.B
82.B　83.A　84.B　85.A　86.C　87.B　88.B　89.B　90.A
91.D　92.D　93.A　94.C　95.A　96.B　97.A　98.A　99.D
100.B　101.B　102.B　103.B　104.A　105.B　106.B　107.A　108.A
109.A　110.A　111.A　112.A　113.A　114.A　115.B　116.A　117.A
118.D　119.A　120.B　121.A　122.A　123.B　124.A　125.B　126.A
127.B　128.A　129.A　130.A　131.D　132.A　133.C　134.A　135.A
136.B　137.A　138.A　139.D　140.A　141.A　142.A　143.A　144.A
145.B　146.B　147.A　148.B　149.B　150.A　151.A　152.A　153.A
154.A　155.A　156.A　157.A　158.A　159.A　160.A　161.A　162.A
163.B　164.B　165.A　166.C　167.A　168.A　169.C　170.D　171.A
172.D　173.B　174.B　175.C

三、多项选择题

1. AB	2. ABCD	3. ABC	4. AC	5. ABC	6. ABC	7. ABCD
8. BC	9. ABD	10. ABC	11. ABC	12. AC	13. ABCD	14. AB
15. AB	16. ABD	17. ABC	18. ABCD	19. AC	20. AC	21. CD
22. AC	23. AC	24. BCD	25. BCD	26. ABD	27. CD	28. AD
29. ABD	30. AB	31. BCD	32. BC	33. CD	34. ABCD	35. CD
36. AB	37. ACD	38. CD	39. ACD	40. AB	41. BC	42. BD
43. ABD	44. BCD	45. BCD	46. CD	47. ACD	48. AB	49. ABC
50. ACD	51. ABD	52. ABCD	53. AB	54. ABCD	55. BC	56. ABD
57. ABC	58. BCD	59. ABC	60. ABC	61. BD	62. BD	63. BC
64. AD	65. ACD	66. AD	67. CD	68. ABCD	69. AC	70. ABC
71. ABCD	72. ABC	73. ABCD	74. ABCD	75. BCD	76. ACD	77. BCD
78. ABCD	79. BC	80. AD	81. ABCD	82. ABCD	83. ABD	84. BC
85. ABD	86. BCD	87. ACD	88. ABCD	89. BC	90. BD	91. AB
92. CD	93. AD	94. ABC	95. ABD	96. BCD	97. AB	98. BCD
99. ABCD	100. ABCD	101. ABCD	102. BC	103. ABC	104. BC	105. BD
106. CD	107. AB	108. ABCD	109. AD	110. ABCD	111. CD	112. AB
113. CD	114. AC	115. CD	116. BCD	117. AD	118. BC	119. ABD
120. AB	121. AC	122. CD	123. ABCD	124. BCD	125. ABD	126. ABCD
127. ABC	128. CD	129. ABD	130. ABCD	131. BCD	132. ABD	133. BD
134. ABCD	135. BCD	136. ABCD	137. BC	138. AD	139. ABD	140. AB
141. BCD	142. ABCD	143. ABC	144. BC	145. CD	146. ABCD	147. ABC
148. BCD	149. AC	150. ABC	151. BC	152. BCD	153. BC	154. CD
155. ABD	156. BD	157. ABD	158. ACD	159. BC	160. CD	161. ACD
162. AB	163. ABCD	164. ABC	165. BCD			

四、判 断 题

1. √	2. √	3. √	4. √	5. √	6. √	7. √	8. √	9. √
10. √	11. √	12. √	13. √	14. √	15. √	16. ×	17. √	18. ×
19. √	20. ×	21. ×	22. ×	23. √	24. √	25. ×	26. ×	27. √
28. √	29. √	30. √	31. √	32. √	33. ×	34. √	35. √	36. ×
37. ×	38. √	39. √	40. ×	41. √	42. √	43. √	44. ×	45. ×
46. √	47. ×	48. √	49. √	50. ×	51. ×	52. ×	53. ×	54. ×
55. ×	56. ×	57. ×	58. ×	59. ×	60. ×	61. √	62. ×	63. ×
64. ×	65. ×	66. √	67. ×	68. ×	69. ×	70. ×	71. ×	72. √
73. ×	74. √	75. ×	76. ×	77. ×	78. ×	79. ×	80. ×	81. √
82. √	83. ×	84. ×	85. √	86. ×	87. ×	88. √	89. √	90. ×
91. ×	92. √	93. √	94. ×	95. ×	96. ×	97. ×	98. √	99. ×

100. × 101. √ 102. × 103. × 104. √ 105. × 106. × 107. × 108. ×
109. × 110. × 111. × 112. √ 113. √ 114. × 115. √ 116. √ 117. ×
118. × 119. × 120. × 121. × 122. × 123. √ 124. √ 125. × 126. ×
127. √ 128. √ 129. × 130. × 131. √ 132. × 133. × 134. × 135. ×
136. × 137. √ 138. × 139. √ 140. √ 141. × 142. × 143. × 144. √
145. √ 146. × 147. √ 148. × 149. × 150. × 151. × 152. × 153. √
154. × 155. × 156. × 157. × 158. × 159. × 160. × 161. √ 162. ×
163. × 164. √ 165. √ 166. √ 167. √ 168. √ 169. × 170. √ 171. √
172. × 173. × 174. × 175. √ 176. × 177. × 178. × 179. √ 180. ×

五、简 答 题

1. 答:量值传递是通过对计量器具的检定或校准将国家基准所复现的计量单位量值(2分),通过各等级计量标准传递到工作计量器具(2分),以保证被测对象量值的准确和一致(1分)。

2. 答:通过一条具有规定不确定度的不间断的比较链(2分),使测量结果或测量标准的值能够与规定的参考标准(2分),通常是与国家测量标准或国际测量标准联系起来的特性(1分)。

3. 答:在规定条件下(1分),为确定测量仪器或测量系统所指示的量值,或实物量具或参考物质所代表的量值(2分),与对应的由标准所复现的量值之间关系的一组操作(2分)。

4. 答:我国计量立法的宗旨是为了加强计量监督管理(1分),保障国家计量单位制的统一和量值的准确可靠(1分),有利于生产、贸易和科学技术的发展(1分),适应社会主义现代化建设的需要,维护国家、人民的利益(2分)。

5. 答:(1)经计量检定合格(2分);

(2)具有正常工作所需要的环境条件(1分);

(3)具有称职的保存、维护、使用人员(1分);

(4)具有完善的管理制度(1分)。

6. 答:(1)正确使用计量基准或计量标准并负责维护、保养,使其保持良好的技术状况(2分)。

(2)执行计量技术法规,进行计量检定工作(1分)。

(3)保证计量检定的原始数据和有关技术资料的完整(1分)。

(4)承办政府计量部门委托的有关任务(1分)。

7. 答:(1)3.14(1分),(2)2.72(1分),(3)4.16(2分),(4)1.28(1分)。

8. 答:3.142(1分),14.00(1分),2.315×10^{-2}(2分),1.001×10^{6}(1分)。

9. 答:测量不确定度有"A"类和"B"类两种评定方法(3分)。用统计分析的方法对测量列进行的评定称为"A"类评定方法(1分)。非统计的方法进行评定统称为"B"类评定方法(1分)。

10. 答:钢材的热处理就是将钢在固态下通过加热、保温和冷却的方式改变其内部组织,从而获得所需要的性能的一种工艺方法(3分),钢材的热处理通常有淬火、调质、正火、退火、回火、表面热处理等方法(2分)。

11. 答:弹簧管式压力表由表壳、表盘、指针、机芯、弹簧管、压力表接口等部分构成(2 分)。其中表壳的功能是将各部件连接在一起并保护其不受损坏,表盘和指针指示压力值,弹簧管感受介质的压力产生变形(1 分)。机芯将弹簧管的变形放大并转换为指针的旋转运动(1 分)。压力表接口用来安装压力表,使压力介质进入压力表(1 分)。

12. 答:所指 $\phi20$ 圆柱体对 $\phi40$ 为基准的圆柱体的同轴度允差为 0.02 mm(5 分)。

13. 答:一般液压系统应由电机、油泵、控制阀、油箱、管路及执行器件油缸等部件构成(2 分)。电机驱动油泵提供压力油,控制阀控制各种需要完成的油路动作,执行器件油缸执行工作任务(2 分),管路连接部件,油箱供油及散热(1 分)。

14. 答:当绝对压力大于大气压力时,绝对压力与大气压力的差值为表示压力(3 分)。当绝对压力小于大气压力时,大气压力与绝对压力的差值为疏空(2 分)。

15. 答:检定一般压力表选择的标准器应符合三个条件(2 分),第一量限不小于被检表(1 分),第二能够实现被检表要检定的压力值(1 分),第三其允许误差的绝对值应不大于被检表允许误差绝对值的 1/4(1 分)。

16. 答:常见的活塞压力计有简单活塞式、滑动轴承式、滚动轴承式、双活塞式、差动活塞式等几种活塞压力计(5 分)。

17. 答:活塞压力计的基本误差按实测压力的大小不同分两种计算方法(1 分),实测压力在测量上限的 10%以下时按测量上限的 10%的压力计准确度等级百分数计算(2 分),实测压力在测量上限的 10%以上时按实测压力值的压力计准确度等级百分数计算(2 分)。

18. 答:活塞压力计由砝码产生标准重力值(1 分),专用砝码和活塞一起产生标准压力值(1 分),造压泵产生介质压力,管路、阀门仪表安装座将仪器底座把各部件连接成一体,并构成密封的液压连通器(1 分)。利用密闭容器内液体静压帕斯卡定律,由专用砝码和活塞产生的压力与仪表被测压力相等测得仪表压力值(2 分)。

19. 答:机械秤的四大计量性能是:(1)稳定性:秤的计量杠杆(指示部分)受到外界干扰能够自动恢复平衡的能力(2 分)。(2)灵敏性:秤对微小质量变化的觉察能力(1 分)。(3)正确性:秤具有正确固定的杠杆比(1 分)。(4)重复性:在相同条件下,秤对同一物体多次秤量,秤量结果的一致性(1 分)。

20. 答:数字压力计由压力传感器、电源、信号处理和数字显示四部分构成(5 分)。

21. 答:管弹簧式压力表中,弹簧管为截面为扁圆的弯曲形管(1 分)。当管中的压力介质作用于管壁时会使管截面向圆形变化(2 分),从而使弯曲的弹簧管有伸直的倾向使管端发生位移,从而指示压力值(2 分)。

22. 答:弹簧管式一般压力表的检定,包括外观、零位检查。示值误差、回程误差、轻敲位移、指针偏转平衡性和其他几种压力表的附加检定(5 分)。

23. 答:用一只测量上限为活塞压力计测量上限的 1.5～2 倍的 1.6 级压力表装于活塞压力计上(1 分)。按规程要求造压至规定值保压 10 分钟(1 分),观察后 5 分钟的压力降(1 分),其压力降的值不应超过规程的要求(2 分)。

24. 答:按作用原理,压力仪表可分为液体式、弹簧式、活塞式、电测式和数字式几类压力仪器(5 分)。

25. 答:按检定规程的规定,对数字压力计应进行,外观、通电显示,示值基本误差,回程误差,零位漂移和绝缘电阻项目的检定(5 分)。

26. 答:当作用在机械杠杆上对支点的力矩的代数和为零时(3 分),则杠杆处于平衡状态(2 分)。

27. 答:第一类杠杆使用方便,可以根据使用需要调整结构尺寸,用来省力或控制力的大小,改变受力点等(2 分)。第二类杠杆总是省力的(1 分)。第三类杠杆费力但可获得较大的行程(2 分)。

28. 答:并联杠杆系在衡器中常用来做承重台面的支承机构(2 分),如台秤的底层杠杆系,安装的好处是能扩大支承面积保持各点秤量结果一致(3 分)。

29. 答:将两个或两个以上的杠杆合为一体的杠杆秤为合力合体杠杆(3 分),例如:案秤的计量杠杆,是将两个一类杠杆合为一体(2 分)。

30. 答:案秤由计量杠杆、立柱、拉带和连杆构成一平行四边形结构的罗伯威尔机构(3 分),其作用有两点,一是使被秤量物在盘中移动时秤盘不倾倒(1 分)。二是使被秤量物体前后移动时,秤量结果一致(1 分)。

31. 答:衡器的准确度与检定分度值的大小和最大秤量与检定分度值的比值(分度数)两个因素有关(5 分)。

32. 答:一般数字电子秤由机械承重台面秤重传感器和秤重仪表三部分构成(2 分)。机械台面承受要秤量的载荷,并把重量按要求传递给秤重传感器,秤重传感器将重量信号转换为电信号输入秤重仪表,称重仪表接受信号进行放大,数模转换,数据处理并显示重量,同时提供电源(3 分)。

33. 答:共有七项:(1)外观检查;(2)零点测试;(3)称量测试;(4)偏载测试;(5)灵敏度测试;(6)回零测试;(7)重复性测试(5 分)。

34. 答:(1)最小秤量(1 分);(2)标尺或主、副标尺的最大秤量值(1 分);(3)最大允许误差改变的秤量,如 $50e$,$200e$,$500e$,$2\,000e$(2 分);(4)最大秤量(1 分)。

35. 答:非自行指示秤应在 50%最大秤量和最大秤量两点做重复性测试(2 分),每点应至少进行 3 次,每次测试前应将秤调至零点(2 分),对同一载荷多次测量结果之差应不大于该秤量最大允差的绝对值(1 分)。

36. 答:数字指示秤化整前的示值计算公式:$P=I+0.5-\Delta m$(2 分)

式中,P 为化整前的示值;I 为秤的显示值;d 为显示分度值;Δm 为秤示值增加 $1d$,添加的小砝码的值(3 分)。

37. 答:砝码常用的组合形式有 5-2-1-1,5-2-2-1 和 5-3-2-1 三种组合形式(2 分)。其中 5-2-1-1 制比 5-3-2-1 制传递时使用的砝码个数较多但组合精度高(2 分)。5-2-2-1 制使用的砝码个数和材料适中,能充分利用天平的精度(1 分)。

38. 答:数字指秤的秤量测试,应选择最小秤量(1 分),允许误差改变的秤量点[$500e$、$2\,000e$、$50e$、$200e$],50%最大秤量和最大秤量不少于 5 个点进行(4 分)。

39. 答:机械定值式扭矩扳子,由扳接头、减力杠杆系、定值机构、力值弹簧及调节机构、扳手体和指示刻线等组成(3 分)。由扳接头传来的扭矩经减力杠杆系减小力值后作用于定值机构处,当此力与力值弹簧的压力相等时,定值机构动作,卸除扭力同时发出讯号(2 分)。

40. 答:若采用标准装置检定扭矩扳子,则标准装置的允差应不大于被检扭矩扳子允差的 1/3(2 分)。若采用力值和力臂测量法,其力臂计量器具误差不大于±0.1%(2 分),力值砝码误差不大于±0.05%(1 分)。

41. 答:硬度不是一个单一的物理量(2 分),硬度是材料抵抗弹性(2 分)和塑性变形的能力(1 分)。

42. 答:洛氏硬度是以一定的初试验力施加于规定的金钢石锥形或一定直径的钢球压头上(2 分),然后再增加规定的主负荷并保持一定时间后卸除主负荷保留初负荷(2 分),以此时残留压痕的深度表示材料的硬度(1 分)。$\left(\text{洛氏硬度 } HR=100-\dfrac{H-H_0}{0.002}\right)$

43. 答:布氏硬度试验是以规定的负荷施加于一定直径的钢球压头上保荷一定时间(3 分),以残留压痕上的平均压力表示材料的硬度(2 分)。

44. 答:维氏硬度试验是以规定的负荷施加在四棱锥金钢石压头上(2 分),保持一定时间(1 分),以残留压痕上的平均压力表示材料的硬度(2 分)。

45. 答:里氏硬度试验是以规定质量的冲击体和球形冲头以一定的高度冲击试样(2 分),以距试样 1 mm 冲击体的反弹速度与冲击速度之比表示材料的硬度(3 分)。

46. 答:液压万能试验机由电机、油泵、液压控制阀和油缸产生试验力(2 分),由机身、工作台、夹具装夹工件(2 分),由液压摆锤机构用静压平衡原理测量指示试验力(1 分)。

47. 答:布氏硬度计的检定项目有:外观检查,工作台面与主轴的垂直度检定(1 分),升降丝杆与主轴的同轴度检定(1 分),试验力检定,压头检定(1 分),压痕测量装置检定和示值检定共七项(2 分)。

48. 答:(1)使用 0.3 级标准测力仪,要在使用环境中放置几小时,以使仪器和周围环境温度一致(1 分)。

(2)要具有有效检定证书。当使用温度与检定温度不一致时,要进行力值温度修正(1 分)。

(3)使用前要按额定载荷预压 3 次,使用回零差不大于满量程的±0.15%(1 分)。

(4)使用中要注意载荷中心应与测力轴线重合,加卸载要缓慢平稳,必要时用小锤轻敲百分表中心以消除表针摩擦(1 分)。

(5)使用完毕连同证书,妥善保管,要防振,防锈(1 分)。

49. 答:机械杠杆天平是利用相同质量的物体在地球上同一地点的重力相等(3 分)。利用重力产生的力矩平衡原理来测量物体的质量的(2 分)。

50. 答:机械杠杆天平的四大计量性能分别是:稳定性(1 分),灵敏性(1 分),正确性(1 分)和示值不变化性(2 分)。

51. 答:机械杠杆天平的正确性是指天平具有固定正确的杠杆比(3 分),因而保证秤量结果的正确(2 分)。

52. 答:机械杠杆天平的灵敏度是指针或读数机构的线位移与引起此线位移的质量增量的比值(5 分)。

53. 答:机械天平的稳定性是指处于平衡状态的天平(2 分),受到外界干扰后能自动恢复平衡的能力(3 分)。

54. 答:安装使用天平的环境应当具备下列条件:

(1)没有阳光直射和明显的热源和气流,尽量保持温度的恒定(1 分);

(2)周围无影响使用的车辆、机器设备等振源(1 分);

(3)室内干燥、清洁、无尘、无洗手水池等潮气的影响,无腐蚀性气体(1 分);

(4)天平应安装在厚实的减振水泥平台上(1 分);

(5)周围无影响使用的磁场(1分)。

55. 答:(1)天平的使用环境应注意清洁卫生,温度变化要小,空气干燥,无腐蚀性气体,无影响秤量的振动和磁场(1分);

(2)使用前应调整好水平,用毛刷清扫秤盘、底板及附近桌面(1分);

(3)开关天平时应防止冲击横梁(1分);

(4)秤量时应开启侧门,严禁在开启状态取放秤量物(1分);

(5)长期不用或搬移时应取下横梁,天平内应放置变色硅胶做干燥剂(1分)。

56. 答:(1)砝码的存放应注意防潮、防锈、防振、防磁、防腐蚀(2分);

(2)使用砝码应使用专用镊子,或戴细纱手套,轻拿轻放,禁止撞击磕碰(1分);

(3)砝码表面应保持清洁卫生,如有污物可用无水乙醇清洗,有调整腔的只能蘸无水乙醇擦净(1分);

(4)使用砝码应按先后顺序,先用不带点的,用毕放回原盒内的窠巢中(1分)。

57. 答:(1)测定天平的分度值(1分);

(2)测定天平的不等臂性误差(1分);

(3)测定天平的示值变动性误差(1分);

(4)测定游码标尺、链条标尺秤量误差(1分);

(5)测定机械挂砝码的组合误差(1分)。

58. 答:缓慢地开启天平,使天平有一个适当的摆幅,等过一、二个摆动周期摆动稳定后,连续记录4个指针摆动回转点的读数(2分)。用公式 $L_0=\dfrac{L_1+2L_2+L_3}{4}$ 计算天平的平衡位置 L_0,并验算天平的衰减比应不小于0.8,否则计算结果无效(3分)。

59. 答:普通标牌天平实际分度值不应大于名义分度值(1分),且根据天平的等级不同1~3级、4~7级和8~10级天平其左盘右盘之差(2分),空秤与全秤之差应分别不大于实际分度值的1/8、1/5和1/3(2分)。

60. 答:标准天平的不等臂性误差测试是首先测定天平的空秤平衡位置(1分),然后用等量砝码测定天平交换前后的平衡位置(1分),用公式 $Y=\dfrac{K}{2S_p}\pm\left(\dfrac{L_3+L_4}{2}-\dfrac{L_6}{2}\right)$(全秤平均平衡位置与空秤平均平衡位置的差值)计算天平的不等臂性误差(3分)。

61. 答:应当稍许下降重心砣的位置(2分),使空秤分度值达到99~101的范围(2分),锁紧重心砣,做好其他辅助调整(1分)。

62. 答:机械天平的耳折一般是由于支撑吊耳的支力销连线和边刀的刀线不重合造成的(5分)。

63. 答:机械天平,骑码标尺的检定分四步,第一步将骑码移开测定空标尺下的天平平衡位置 L_0(1分),第二步将骑码置于标尺的中间(0位)位置上(1分),第三、四步分别将骑码置于标尺的最左、最右端的槽口上,在相对一侧的秤盘上加放相应的标准砝码,分别测得天平的平衡位置 L_1、L_2、L_3;计算它们与 L_0 的差值,其最大差值不应大于1分度(3分)。

64. 答:替代法是一种精密衡量(1分),首先将替代物和标准砝码置于天平两盘中,调整替代物使天平平衡,并记录天平的初始平衡位置 L_0(1分),然后将标准砝码,替换以被检砝码,重新测定天平的平衡位置 L_1(要在较轻的一盘中添加小砝码 Δm)(1分),则被检砝码的质量

$m_A=m_B\pm(L_1-L_0)S\pm\Delta m$。式中,$m_B$为标准砝码的质量(1 分),$S$ 为天平的分度值。这种方法的优点是完全避免了天平不等臂带来的影响(1 分)。

65. 答:TG328B 天平上的机械挂砝码,应当在天平上挂砝码的位置用二等砝码进行检定(2 分),当挂砝码的组合与相应质量的标准砝码相平衡时(2 分),其质量偏差应不大于±2 分度(1 分)。

66. 答:TG328A 天平,机械挂砝码,应当在天平自身的挂砝码装置上用二等砝码进行检定(2 分),其检定结果应不大于相应挂砝码组合误差与相应的天平不等臂性误差的总和(3 分)。

67. 答:F_2 级标准砝码应当由二人分别检定一次(2 分),其检定结果都必须合格(1 分)。二人检定结果之差应不大于被砝码质量允差的二分之一(2 分)。

68. 转速表按工作原理分为离心式、定时式、磁感应式、电动式、频闪式和电子计数式转速表六种类型(5 分)。

69. 答:JJG 105—2000 检定规程规定电子计数式转速表的准确等级有 0.01,0.02,0.05,0.1,0.2,0.5,1 级等共七个准确度等级(3 分)。其 0.05 级的示值允差为±0.05%n±1 个字(1 分)。示值允许变动性为 0.05%n+2 个字(1 分)。(其中 n 为转速表示值)

70. 答:转速表的转速比是指表转轴的实际转速与表盘示值的比值(2 分)。例如:表轴转速为 100 r/min 时指针的示值为 1 000 r/min(2 分),则该表的转速比为 1∶10(1 分)。

六、综 合 题

1. 答:如图 1 所示(10 分)。

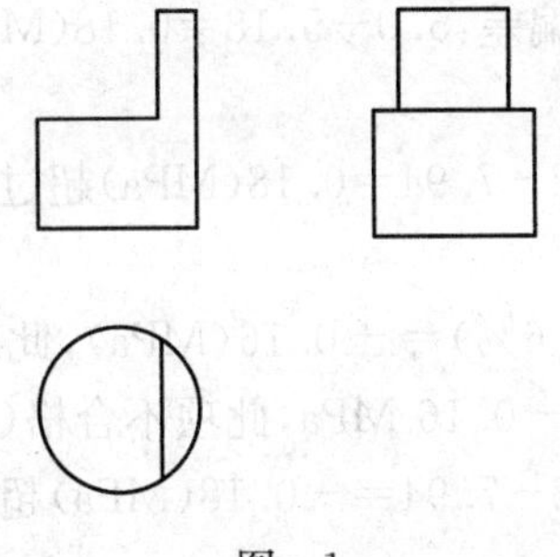

图 1

2. 答:(1)电接点压力表的设定偏差检定分上限和下限两种,上限应设在量程的 50%和 75%附近两点,下限应设在量程的 25%和 50%附近两点(2 分)。

(2)对每一点都应进行升压和降压两种状态的检定(2 分)。

(3)检定时使设定指针位于设定值上,缓慢升(降)压,直至信号通(断)时读取标准器上的压力值,设定值与读取的动作值之差即为设定点偏差(2 分)。

(4)同一设定点上,信号接通和断开时的实际压力值之差即为该点的切换差(2 分)。

(5)设定点偏差和切换差均应符合规程的要求(2 分)。

3. 答:0.4 级标准表基本允许误差的绝对值为 1.6×0.4%=0.006 4(MPa)(3 分),测量上限为 1 MPa 的工作压力表的基本允许误差的绝对值为:1×1.6%=0.016(MPa)(3 分),0.016÷4=0.004(MPa)⩽0.006 4(MPa),所以不能用此 0.4 级标准表作为 1 MPa 1.6 级工

作表的标准器(4 分)。

4. 答:被检表的允许误差为:4×(±1.6%)=±0.064(MPa)(2 分),其检定点为 1、2、3、4 MPa,其全部在活塞压力计的测量上限的 10%以上(2 分),其中活塞压力计允许误差最大值为 4 MPa 点,其值为:4×(±0.2%)=0.008(MPa),小于被检表允许误差的 1/4(2 分),0.064÷4=0.016(MPa),符合国家检定规程的要求(合格)(4 分)。

5. 答:解:0～40 MPa 2.5 级氧气表的允许误差为:40×(±2.5%)=±1.0(MPa)(2 分),0～60 MPa 0.4 级精密压力表的允许误差为:60×(±0.4%)=±0.24(MPa)(2 分),因为 0.24<(1÷4)=0.25(MPa)(2 分),所以此 60 MPa 0.4 级精密压力表检 2.5 级 40 MPa 氧气表满足检定规程要求,且上限大于被检表,使用上限约为 3/4 使用合理。可以检定该被检表(4 分)。

6. 答:该表的示值允差为 25×(±1%)=±0.25(MPa)(2 分)。

(1)20 MPa 点的降压轻敲位移为 0.2 MPa 超过允差绝对值的一半不合格(2 分)。

(2)该点降压轻敲后示值 20.3 MPa 其示值误差+0.3 MPa 超过允差,不合格(2 分)。

(3)该点的回程误差 20.3-20.0=0.3(MPa)超过示值允差绝对值,不合格(2 分)。

此表在 20 MPa 点三项不合格,该表不合格(2 分)。

7. 答:该表的示值误差为 10×(±2.5%)=±0.25(MPa)(2 分),该表的降压轻敲位移为 0.2 MPa 超过了允差绝对值的一半,该项超差(3 分)。

该表在 6 MPa 点的回程误差为 6.2-5.9=0.3(MPa)(2 分),超过了允许误差的绝对值,该项超差。该表不合格(3 分)。

8. 答:此表的示值允差为 10×(±1.6%)=±0.16(MPa)(2 分)。

此表 5 MPa 点的上限设定点偏差:5.0-5.18=0.18(MPa)超过允差-0.16 MPa,此项不合格(2 分)。

此表 8 MPa 点的切换差:8.12-7.94=0.18(MPa)超过了允差的绝对值,因此不合格。

此表属于不合格(2 分)。

此表的示值允差为 10×(±1.6%)=±0.16(MPa),此表 5 MPa 点的上限设定点偏差:5.0-5.18=0.18(MPa)超过允差-0.16 MPa,此项不合格(2 分)。

此表 8 MPa 点的切换差:8.12-7.94=-0.18(MPa)超过了允差的绝对值,因此不合格。

此表属于不合格(2 分)。

9. 答:此表的示值允差:25×(±1.6%)=±0.4(MPa)(2 分)。

此表升压时,红针与黑针示值之差:10.3-9.6=0.7(MPa),超过允差 0.4 MPa 超差不合格(3 分)。

此表黑针的回程误差:10.2-9.6=0.6(MPa)超过允差的绝对值 0.4 MPa 不合格(3 分)。

此表属于不合格(2 分)。

10. 答:这块 0.4 级精密压力表在 28℃条件下使用时,其实际的误差为 $\delta'=\Delta\times10=\pm[0.4\%+0.04\%\times(28-23)]\times10=\pm0.06(\text{MPa})$(10 分)。

11. 答:此台秤杠杆系的杠杆比为:$\frac{a}{b}\times\frac{c}{d}=\frac{P}{W}=\frac{5}{500}=\frac{1}{100}$ (4 分)

所以:$\frac{a}{1\,000}\times\frac{50}{400}=\frac{1}{100}$(2 分),$a=\frac{1}{100}\times\frac{400\times1\,000}{50}=80(\text{mm})$ (3 分)

此台秤承重杠杆的支重距 $a=80$ mm(1 分)。

12. 答:案秤的四角误差分为两种情况(2 分),第一种是垂直于计量杠杆方向的四角偏差,这是由于计量杠杆的两个支重距阵不相等造成的应转动支点刀使其支重距相等且符合标准要求(4 分)。第二种是沿计量杠杆纵向的二点出现的四角偏差,这是由于案秤罗伯威尔机构的平行四边形不正确造成的,这主要应调整拉带一端水平高度,使其与计量杠杆平行,一般应调整拉带调整板一端的螺钉,改变拉带一端的上下(4 分)。

13. 答:按题意,游砣移动全长 L 时对支点增加的力矩应与标尺最大秤量时秤盘上的重物对支点产生的力矩相等(3 分)。

即有 $Wa=QL$(3 分);所以 $L=\frac{Wa}{Q}=\frac{500\times60}{100}=300$ mm,标尺长应为 300 mm(4 分)。

14. 答:按题意,即当秤盘上加放 500 g 的重物时,游砣从"0"刻线移动满刻度,对计量杠杆的支点力矩增加值为 QgL 的力矩(2 分);这力矩与重物对支点的力矩 Wga 所平衡(2 分),所以 $Wa=QL$(2 分),$Q=\frac{Wa}{L}=\frac{50\times60}{300}=100$(g)(4 分)。

15. 答:(1)此秤的偏载误差第 4 点超过了允差±5.0 g 不合格(2 分)。

(2)此秤的最大秤量灵敏度不足 3 mm 不合格(2 分)。

(3)此秤的标尺最大秤量误差−3.5 g 超过允差±2.5 g,不合格(2 分)。

(4)此秤的重复性测试,在最大秤量点,最大变差为 4.0−(−1.5)=5.5 g 超过允差的绝对值 5.0 g,不合格(2 分)。

此秤属于不合格秤(2 分)。

16. 答:(1)此秤标尺最大秤量误差 15 g 超过了允差±10 g 不合格(3 分)。

(2)此秤最大秤量后的回零误差达−12 g 超过了该秤量允差的±10 g 不合格(3 分)。

(3)此秤重复性测试最大秤量点达 35 g 超过了该秤量点允差的绝对值 30 g 不合格(3 分)。

此秤属于不合格秤(1 分)。

17. 答:(1)此秤偏载测试第 3 点 12 kg 超过了该秤量允差±10 kg,超差不合格(2 分)。

(2)此秤灵敏度测试,最大秤量点计量杠杆静止移动量不足 5 mm 不合格(2 分)。

(3)此秤秤量点测试最大秤量点误差−17 kg 超过该秤量的允差±15 kg 不合格(2 分)。

(4)此秤主标尺槽测试时,第 8 槽口误差±12 kg 超过该秤量允差±10 kg 不合格(2 分)。

此秤属于不合格秤(2 分)。

18. 答:此检定点三次结果的平均值:$\overline{M}=\frac{970.6+1\,030.7+1\,010.5}{3}=1\,003.9$(N·m)(2 分);

示值相对误差:$e=\frac{1\,000-1\,003.9}{1\,003.9}\times100\%=-0.4\%$ (2 分);

示值重复性:$r=\frac{1\,030.7-970.6}{1\,003.9}\times100\%=6.0\%$ (2 分);

此点重复性达 6.0%超过允差±5.0%,不合格(2 分)。

示值相对误差合格,重复性不合格,此扳子不合格(2 分)。

19. 答:此点示值的平均值:$\overline{M}=\frac{1904.2+1890.5+1895.6}{3}=1896.8$(N·m) (2 分);

示值相对误差:$e=\frac{2\,000-1\,896.8}{1\,896.8}=+5.4\%$ (2 分);

此扳子示值相对误差超过5.0%，不合格(2分)。

示值重复性：$r=\frac{1\ 904.2-1\ 890.5}{1\ 896.8}\times100\%=0.7\%$ (2分)；

示值重复性合格，示值相对误差不合格，此扳子属于不合格(2分)。

20. 答：此点示值的平均值：$\overline{M}=\frac{1\ 010.3+1\ 020.5+1\ 040.6}{3}=1\ 023.8(\text{N}\cdot\text{m})$(3分)；

此点示值相对误差：$e=\frac{1\ 000-1\ 023.8}{1\ 023.8}=-2.3\%$(2分)；

此点示值重复性：$r=\frac{1\ 040.6-1\ 010.3}{1\ 023.8}=3.0\%$(2分)；

此二项均不超过此扳子的允差，此扳子合格(3分)。

21. 答：此硬度计示值的平均值、误差、重复性见表1，其中61.2 HRC，45.6 HRC的示值误差及重复性均不超差，合格(2分)。而31.4 HRC的示值误差−0.3 HRC不超差，重复性1.8 HRC超过允差1.5 HRC，不合格(2分)。

表 1 (4分)

	标准硬度值	硬度名秤(代号)	检定结果						误差	重复性
			1	2	3	4	5	平均		
示值检定	61.2	HRC	61.5	61.3	61.2	61.4	61.3	61.34	0.1	0.3
	45.6	HRC	45.4	45.3	45.2	45.6	45.3	45.36	−0.2	0.4
	31.4	HRC	31.2	31.5	31.8	31.0	30.0	31.1	−0.3	1.8

22. 答：硬度计示值的平均值，示值误差和重复性见表2，其示值误差+4.4 HLD不超过±12 HLD不超差，合格(2分)。重复性10 HLD不超规定的12 HLD不超差，合格(2分)。

表 2 (4分)

	标准硬度值	硬度名秤(代号)	检定结果						误差	重复性
			1	2	3	4	5	平均		
示值检定	982	HLD	990	985	980	986	981	984.4	+4.4	10

23. 答：硬度计的示值平均值，示值误差和示值重复性见表3，其中，HBS10/1000硬度的示值误差4.4%超过规定的±3%，不合格(2分)，其余示值误差不超过±3%，示值重复性不超过$0.06\overline{H}$合格(2分)。

表 3 (4分)

	标准硬度值	硬度名秤(代号)	检定结果						误差(%)	重复性(%)
			1	2	3	4	5	平均($\overline{H}$)		
示值检定	93.2	HB10/1000/30	/	96.6	98.7	97.5	/	97.6	+4.4	2.2
	210	HB10/3000/30	/	212	211	212	/	211.7	+0.8%	0.5

24. 答:机械杠杆天平的计量性能共四项(2 分):

稳定性:是指处于平衡状态的天平受到外界干扰后,能自动恢复平衡的能力(2 分);

正确性:是指天平具有正确固定的杠杆比(2 分);

示值不变性:是指天平对同一物体进行多次秤量时,秤量结果的一致性(2 分);

灵敏性:是指天平对微小质量变化的觉察能力(2 分)。

25. 答:该秤量点化整前的误差:

$E=P-m$(2 分)$=I+0.5d-\Delta m-m$(3 分)$=3\ 000+1-0.6-3\ 000$(3 分)$=0.4$(g)(2 分)

26. 答:影响机械杠杆天平示值变动性的主要原因有:

(1)环境温度不均匀、不稳定,导致横梁臂比发生变化,使秤量结果发生改变(1 分);

(2)天平室内气流的影响导致示值变动(1 分);

(3)环境清洁卫生不良,导致被秤物、秤盘、横梁刀刃、刀承上有污物,影响天平示值变化(1 分);

(4)制造天平的材料不均匀,环境变化时,横梁的质量分布发生变化导致示值变化(1 分);

(5)横梁上及读数系统零件不稳固引起示值变化(1 分);

(6)刀盒上坚固螺钉装配应力的变化引起示值变动(1 分);

(7)刀线不平行引起砝码在秤盘上不同位置的示值变化(1 分);

(8)刀刃的几何形状不理想,引起的示值重复性不好(1 分);

(9)升降机构的定位不好,引起天平的开停位置变化,产生的示值变动性(1 分);

(10)严重的耳折、跳针、带针等都引起示值变动(1 分)。

27. 答:TG328A 天平的挂砝码是挂在左侧(2 分),该天平右臂长挂码在挂砝码架上的检测结果比实际值小(2 分),按实际秤量计算应小于$\frac{100\text{g}}{200\text{g}}\times 6.2$分度≈3.1 分度(2 分),所以该挂砝码的组合误差应扣除臂差的因素实际为$\frac{0.7\text{mg}}{0.1\text{mg}}-3.1$分度=3.9 分度(2 分),小于规程规定的±5 分度,属于合格范围(2 分)。

28. 答:此天平空秤、全秤示值变动性均为 0.2 分度(3 分),不超过规程的规定(1 分度)合格(2 分)。此天平的臂差计算见表格为+0.25 分度(3 分),(右臂长)不超过规程规定的 6 分度,合格(2 分)。

29. 答:示值变动性及臂差经计算,其中空秤示值变动性,为 0.2 分度(2 分),全秤示值变动性为 0.4 分度(2 分),均不超过规程规定的 1 分度,属合格(2 分)。臂长为+3.1 分度(2 分),(右臂长)不超过规程规定的 9 个分度,合格(2 分)。

30. 答:此天平的空秤分度值、示值变动性及臂差经计算,其空秤分度数应为 98~101 分度(2 分),实际左盘只有 97.4 分度,不合格(2 分)。全称分度值 98.9,不超过 98~102(2 分),合格。其示值变动性,全秤 1.2 分度超过规定的 1 分度,不合格(2 分)。臂差−1.6 分度,不超过规定的 9 分度合格(2 分)。

31. 答:各挂码组合的修正值经计算,其中 400 mg 组合的修正值−2.8 分度超过规定的±2 分度超差不合格(5 分),其余挂码组合的修正值均不超过±2 分度合格(5 分)。

32. 答:F_2 级各被检砝码的修正值经计算,其中,20 g 砝码的修正值+1.03 mg(4 分)超过了法定允差±0.8 mg,不合格(4 分),其余各砝码合格(2 分)。

33. 答:转速平均值:$\bar{n}=\frac{1}{3}\times(197+197+198)=197.3$(r/min)(3 分)

基本误差:$w=\frac{\bar{n}-n_{标}}{N}\times100\%=\frac{197.3-200}{400}\times100\%=-0.67\%$(2 分)

示值变动性:$b=\frac{n_{\max}-n_{\min}}{N}\times100\%=\frac{198-197}{400}\times100\%=0.25\%$(2 分)

它们都不超过±1%和−1%,本表1级合格(3 分)。

34. 答:该表在 600 r/min 点的指针摆幅率 $\beta=\frac{1.6}{1\ 200}=1.3\%$,该摆幅率已超过 1.0%(4 分),故该表不合格(2 分)。如其他项目符合要求可以降低使用,降为 2.0 级使用(4 分)。

35. 答:转速平均值:$\bar{n}=\frac{10\ 098+10\ 000+10\ 082}{3}=10\ 060$(r/min)(3 分);

基本误差:$w=\frac{\bar{n}-n_{标}}{N}\times100\%=\frac{10\ 060-10\ 000}{15\ 000}\times100\%=0.4\%$(2 分);

示值变动性:$b=\frac{n_{\max}-n_{\min}}{N}\times100\%=\frac{10\ 098-10\ 000}{15\ 000}\times100\%=0.65\%$(2 分)。

由于该表准确度为 0.5 级,因示值变动性超差属不合格,可降级使用(3 分)。

硬度测力计量工(高级工)习题

一、填 空 题

1. 测量的定义是以确定量值为目的的(　　)。
2. 计量是实现单位统一、量值(　　)的测量。
3. 测量设备是测量仪器、测量标准、参考物质、辅助设备以及进行测量(　　)的资料的总称。
4. 测量范围是指测量仪器的误差处在规定极限内的一组(　　)的值。
5. 测量结果是指由测量所得到的赋予(　　)的值。
6. 测量准确度是测量结果与被测量(　　)之间的一致程度。
7. 重复性是指在相同测量条件下,对同一被测量进行(　　)测量所得结果之间的一致性。
8. 复现性是指在改变了的测量条件下,同一被测量的测量结果之间的(　　)。
9. 表征合理地赋予被测量值的分散性,与测量结果相联系的(　　),称为测量不确定度。
10. 不确定度的"A"类评定是指用(　　)的方法来评定标准不确定度。
11. 可测的量是指现象、物体或物质可定性区别的和(　　)的属性。
12. 量值是量的数值与(　　)的乘积。
13. 测量(计量)单位是为定量表示同种量的大小而约定地定义和采用的(　　)。
14. 溯源性是指通过一条具有规定不确定度的不间断的(　　),使测量结果或测量标准的值能够与规定的参考标准,通常是与国家测量标准或国际测量标准联系起来的特性。
15. 计量器具的定义是:单独地或连同(　　)一起用以进行测量的器具。
16. 计量器具的检定是:(　　)计量器具是否符合法定要求的程序,它包括检查、加标记和(或)出具检定证书。
17. 周期检定是按(　　)和规定程序,对计量器具定期进行的一种后续检定。
18. 校准是在规定条件下,为确定测量仪器或测量系统所指示的量值,或实物量具,参考物质代表的量值,与对应的由标准所复现的量值之间的(　　)的一组操作。
19. 我国《计量法》规定,属于强制检定范围的计量器具,未按照规定(　　)或者检定不合格继续使用的,责令停止使用,可以并处罚款。
20. 我国《计量法》规定,未取得《制造计量器具许可证》、《修理计量器具许可证》制造或修理计量器具的,责令(　　),没收违法所得,可以并处罚款。
21. 进口计量器具必须经省级以上人民政府计量行政部门(　　)后,方可销售。
22.《计量法》于(　　)经第六届全国人民代表大会常务委员会第十二次会议通过。
23.《计量法》是国家管理计量工作,实施计量法制监督的(　　)。
24. 实行统一立法,(　　)的原则是我国计量法的特点之一。
25. 我国《计量法》规定,国务院计量行政部门负责建立各种(　　)器具,作为统一全国量值的最高依据。

26. 省级以上人民政府有关主管部门建立的各项最高计量标准，由（　　）计量行政部门主持考核。

27. 对社会上实施计量监督具有公证作用的计量标准是（　　）。

28. 我国《计量法实施细则》规定，企业、事业单位建立本单位各项最高计量标准，须向（　　）的人民政府计量行政部门申请考核。

29. 计量检定人员出具的检定数据，用于量值传递、计量认证、技术考核、裁决计量纠纷和实施计量监督具有（　　）。

30. 检定证书、检定结果通知书必须（　　）、数据无误，有检定、检验、主管人员签字，并加盖检定单位印章。

31. 使用不合格计量器具或者破坏计量器具准确度和伪造数据，给国家和消费者造成损失的，责令其赔偿损失，没收计量器具和全部违法所得，可并处（　　）以下的罚款。

32. 中华人民共和国法定计量单位是以（　　）单位为基础，同时选用了一些非国际单位制的单位构成的。

33. 国际单位制的基本单位单位符号是：m、kg、（　　）、A、K、mol、cd。

34. 国际单位制的辅助单位有（　　）(rad)和球面度(sr)。

35. 转速的单位 r/min 是法定计量单位中的（　　）国际单位制单位。

36. 国际单位制中具有专门名称的导出单位帕斯卡的符号是（　　）。

37. 国际单位制中功和能的单位符号是（　　）。

38. 测量误差定义为测量结果（　　）被测量的真值。

39. 误差按其来源可分为：设备误差、环境误差、人员误差、（　　）、测量对象。

40. 测量误差除以被测量的（　　）称为相对误差。

41. 在重复性条件下，对同一被测量进行（　　）测量所得结果的平均值与被测量的真值之差称为系统误差。

42. 测量的引用误差是测量仪器的误差除以仪器的（　　）。

43. 金属材料的机械性能包括：弹性、塑性、（　　）、硬度和韧性。

44. 按钢的种类划分，40Cr 是（　　）。

45. 常用的热处理方式有：退火、（　　）、淬火、表面淬火、回火、时效处理、冷处理和化学处理。

46. 仪器仪表制造中，使用冷处理工艺来提高零件尺寸的（　　）、硬度和使用寿命。

47. 机械制图中，为清晰地表达零件断面的形状可采用剖面画法，其中有重合剖面和（　　）。

48. 图 1 中表示 $\phi 40$ 轴线对（　　）有公差带为一圆柱体的平行度要求。

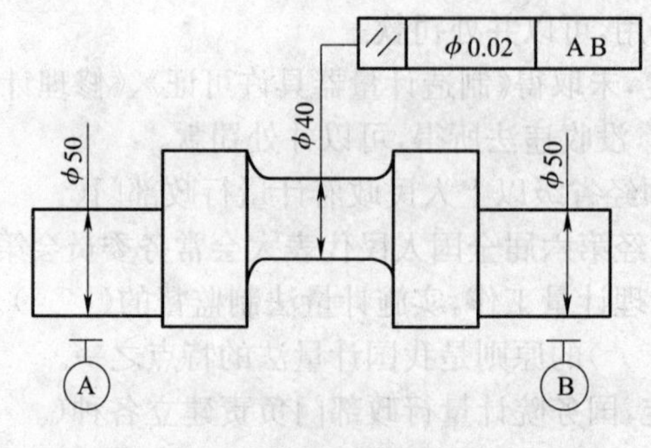

图　1

49. 公差配合符号中，$\phi 40\ \dfrac{H8}{f7}$表示基孔制的孔的公差等级为(　　)，与基本偏差为 f 的公差等级为 7 级，轴的配合。

50. 机械仪表工业中常用的传动方式有：摩擦传动、(　　)、齿轮传动和蜗轮蜗杆传动。

51. 机器及仪表中常用的联轴器有：固定式联轴器、销槽式联轴器、十字滑块联轴器、(　　)、齿轮联轴器和弹性联轴器。

52. 一个最基本的液压系统应当包括：电机、油泵、油箱、(　　)和液压热行器体等。

53. 如图[symbol]所示，它表示液压系统中的(　　)阀。

54. 常用的液压密封件中，V 形密封圈密封性好，(　　)，适用于运动速度不高的活塞处。

55. 逻辑电路中与非门的符号是(　　)。

56. 如图 2 所示的是(　　)触发器。

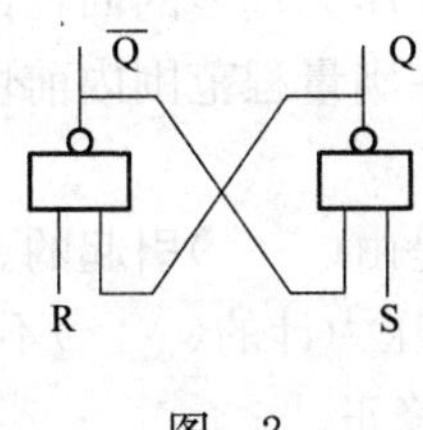

图　2

57. 图 3 中 A 点的电位是(　　)。

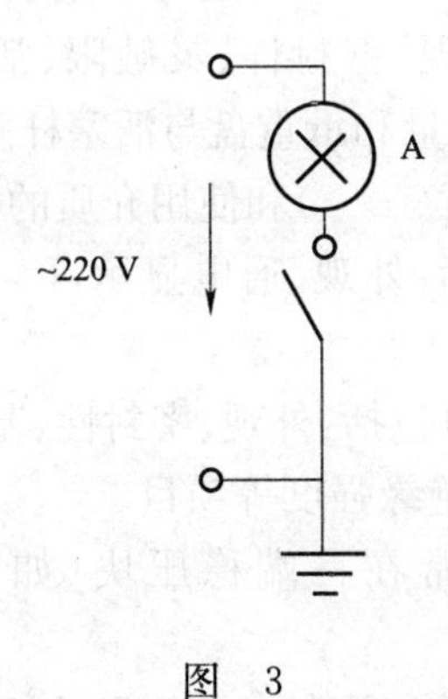

图　3

58. 在电子电路图中，如图 4 所示是(　　)的图形符号。

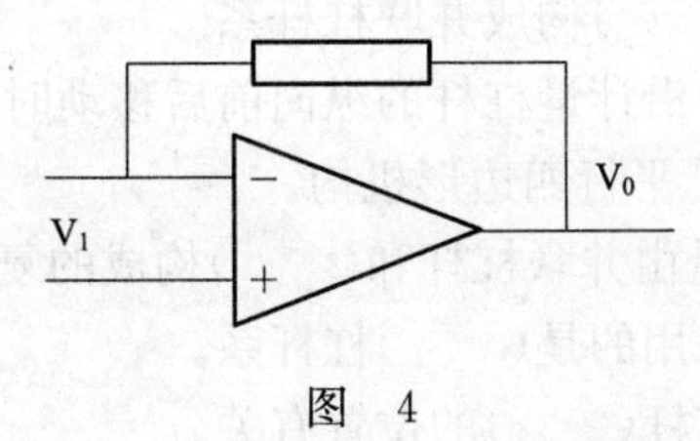

图　4

59. 用高级语言编写的源程序必须译成(　　)后才能运行。

60. 保护接地用在电源中性点(　　)的低压供电系统中。

61. 压力又称压强，是指(　　)作用在单位面积上的力。
62. 1 mmH_2O=(　　)Pa。
63. 一真空表表示负压为−0.06 MPa，此时绝对压力为(　　)MPa。
64. 在弹簧式压力仪表中有：单圈、多圈弹簧管式，(　　)膜盒和波纹管式压力表。
65. 带液柱平衡式的活塞压力计，平衡液柱的作用是平衡(　　)的压力。
66. 单管液体压力计要求下部杯形截面的面积要(　　)。
67. 浮球式压力计是利用流动气体对(　　)的稳定压力来产生标准压力的。
68. 扩散硅式压力传感器是在硅材料上做成了可以受压(　　)的弹性敏感元件从而将压力信号转换为电信号的。
69. 数字压力计一般由压力传感器(　　)电源和显示部分组成。
70. 压力变送器有把压力信号变为(　　)的功能。
71. 弹性元件的(　　)性能造成了压力仪表的回程误差。
72. 一般管弹簧式压力表当出现在满量程范围内前快、后慢(负差)时，应当使连杆与扇形齿的初始夹角(　　)。
73. 精密压力表的回程误差主要是由(　　)引起的。
74. 当被检压力表的中心，与活塞压力计的(　　)不在同一水平高度时，对低压和高精度的压力表检定时应作液柱压高度差和修正。
75. 精密压力表的使用温度超过(　　)温度时其误差应作温度修正。
76. 使用活塞压力计时要旋转砝码和活塞是为了减小(　　)。
77. 活塞压力计的检定包括外观、密封性、灵敏限、活塞下降速度，活塞旋转延续时间，(　　)，活塞及连接零件专用砝码质量和承重盘与活塞杆垂直度检定。
78. 斜管微压力计的使用要注意(　　)和使用介质的密度。
79. 数字压力计的检定项目包括：外观、通电显示，(　　)检查，示值基本误差、回程误差和绝缘电阻的检定。
80. 电动压力变送器的检定项目包括：外观、密封性、基本误差、(　　)、静压影响，输出开路影响，输出交流分量，绝缘电阻和绝缘强度等项目。
81. 为提高稳压电路的性能，常在三端稳压块(如 7805)的输出端和地之间并联接入(　　)。
82. 在机械杠杆秤中为了做到秤台具有一定的尺寸，而又能采用较小的砝码测定较大的物品质量，常采用(　　)杠杆系。
83. 台秤承重杠杆系统是(　　)构成并联杠杆系。
84. 当重物在案秤的秤盘中沿计量杠杆的纵向前后移动时秤量能够一致是因为案秤的计量杆、主柱、拉带和(　　)构成了平行四边形机构。
85. TGT 型台秤的杠杆系是由并联杠杆和(　　)构成的复杂杠杆系。
86. 机械地中衡的杠杆系采用的是(　　)杠杆系。
87. 机械衡器的灵敏性与杠杆(　　)的位置有关。
88. 非自动指示秤的准确度等级是由最大秤量与(　　)的比值来划分的。
89. 机械衡器中，杠杆上支点刀刃线的位置(　　)会使灵敏度升高。
90. AGT 型案秤灵敏度不足时将计量杠杆支点刀线的位置(　　)调整。

91. AGT 型案秤的附标尺长 300 mm,计量杠杆支重距 60 mm,其副标尺最大秤量为 500 g,则游砣的质量应为(　　)g。

92. TGT 型台秤的灵敏性不足时,可以(　　)计量杠杆支点刀的刀线。

93. TGT 型台秤偏载测试时一点出现正差,应当将该点对应的支重距(　　)。

94. 机械地中衡常常是并联杠杆系作为(　　)的组成部分,构成混合杠杆系。

95. 机械式地秤灵敏度偏低时应当将计量杠杆上重心砣的位置(　　)调整。

96. 地秤计量杠杆在检定架上的检定(单独测试时)其允差为整机允差的(　　)倍。

97. 当检定地秤用标准砝码的量不足时,可采用替代法,其替代的方法是卸去标砝码,加以替代物直至达到与砝码等秤量时出现(　　)。

98. 数字电子秤常用的应变式传感器是把弹性体的机械应变转换成与(　　)的可测电信号的装置。

99. 应变式负荷传感器的技术性能主要包括:灵敏度、(　　)、零漂、温漂、滞后、蠕变、阻抗和超载性能等。

100. 数字电子秤一般由秤台、(　　)、电源、信号放大,A/D 转换、数据处理,显示打印等装置构成。

101. 数字电子秤的秤台应能在垂直方向不受摩擦和阻力地传递重力,并具有(　　)。

102. 数字电子秤的称重仪表一般由信号放大、A/D 转换、(　　)、电源、显示、键盘、打印等部分组成。

103. 逐次比较式 A/D 转换的原理是将输入的采样电压与标准电压进行(　　)逼近的方法进行比较,以确定被测电压的大小。

104. 数字电子秤的秤重软件,除具有将电量转换为质量显示功能外,一般还应具有(　　)、数字滤波、非线性校正及其他管理功能。

105. 数字电子秤的检定项目包括:外观、零点和去皮准确度、(　　)、偏载、鉴别力、重复性、去皮秤量测试。

106. 数字电子秤的鉴别力测试时应在秤稳定秤量的情况下每次减去 0.1d 小砝码的质量至秤的显示(　　),加 0.1d 后再缓慢加放 1.4d 砝码的质量。

107. 新安装的 20 t 电子汽车衡,在偏载测载测试时出现一点正差超差,经检查四只传感器水平良好,如传感器为并联,需将此传感器供桥电压串联电阻调(　　)。

108. 一台数字电子秤,经检定秤量值线性超差,需重新用标准砝码校准,打开校准程序一般应对(　　)和满载(或接近满载)二点校准。

109. 电子秤的电源经检查三端稳压块 7805 的输入电压为 8 V,而输出无电压,可能的原因是(　　)或 7805 稳压块损坏。

110. 某数字电子秤的 LED 数码管 5 位显示在自检显示中全部缺少同一段。这是由于(　　)电路损坏。

111. 硬度是材料抵抗(　　)变形和塑性变形的能力。

112. 洛氏硬度是用一定角度的金刚石圆锥压头,或钢球压在先加一定预负荷后,再施加规定主负荷保荷一定时间后,卸除(　　),立即读取残留压痕深度换算相应硬度值。

113. 布氏硬度是以一定直径的钢球,在一定负荷下,压入试样,保荷一定时间后卸除载荷,测量压痕表面积。以压痕上(　　)来表示硬度值的。

114. 布氏硬度试验，当(　　)时，对于同一材料，采用不同直径钢球的压头能获得相同的硬度值。

115. 维氏硬度是在全刚石四棱锥压头上施以规定的负荷，保压一定时间后，卸除负荷，测量压痕表面积，以压痕表面积上的(　　)表示硬度值的。

116. 里氏硬度试验是以规定质量和钢球直径的冲击体，冲击试样以(　　)和冲击速度之比来表示试样硬度值的。

117. 如图 5 所示的正切摆中，力 F 作用于绕 O 点转动的短臂 OA 上，重锤 W 挂在杆长为 L 的摆杆末端。OA 长为 d，在 F 力作用下摆的转角为 θ 时，力 F=(　　)。

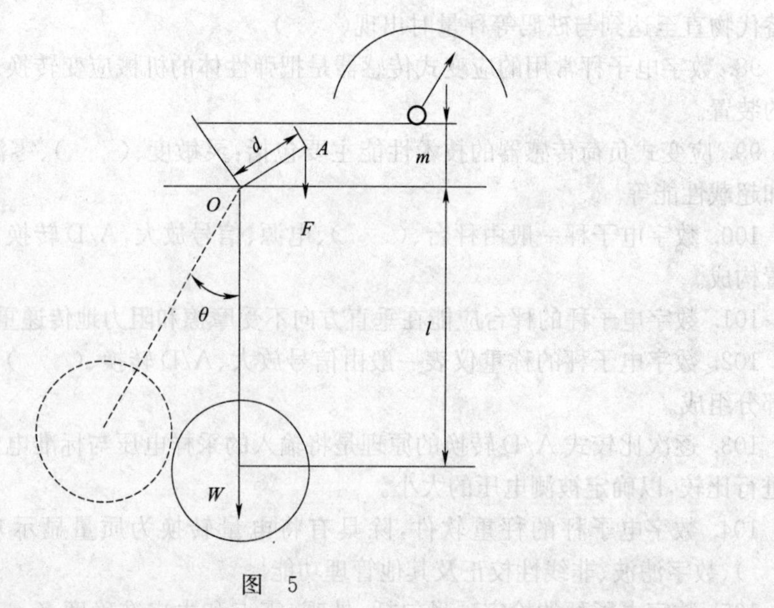

图 5

118. 0.3 级标准测力仪的长期稳定度在一年(半年)内为(　　)。

119. 标准洛氏硬度块 35～55 HRC 的年稳定度应不超过(　　)。

120. 检定 1 级拉、压万能材料试验机力值准确度用的标准测力仪其准确度不低于(　　)。

121. 周期检定的洛氏硬度计的检定项目包括外观检查、升降丝杆与主轴同轴度检定和(　　)。

122. 洛氏硬度主试验力检定应分别在不同标尺的几个使用位置上各进行三次，其(　　)试验力不得超差。

123. 布氏硬度计除检查外观外，还应进行(　　)、压头轴线与升降丝杆同轴度和示值误差的检定。

124. 对洛氏硬度计来说，初试验力的增加会使硬度示值(　　)。

125. 液压万能试验机在示值检定前应调好零点，调零时应不在空载情况下开动试验机(　　)，更换不同摆锤时，试验机均应指向零位。

126. 转速是旋转物体单位时间内的旋转(　　)。

127. 转速的法定计量单位是(　　)。

128. 转速表按其工作原理可分为：机械离心式、定时式、磁感应式、电动式、(　　)和电子计数式六种。

129. 电子计数式转速的准确度等级分为 0.01,0.02,( ),0.1,0.2,0.5 和 1 级七个等级。

130. 离心式转速表是利用重锤的旋转离心力和( )相平衡指示旋转速度的。

131. 电动式转速表是利用转速传感器(测速发电机)发出的( )给转速指示器指示转速的。

132. 电子计数式转速表的转速传感器发出的是( )。

133. 某转速表其转轴实际转速为 100 r/min 时,指针在刻度上指示值为 1 000 r/min,此转速表的转比为( )。

134. 离心式表的回程误差主要是由弹性元件的( )造成的。

135. 电动式转速表的测速发电机有一相发生断路,将使转速表的示值( )。

136. 对转速表的示值有回程误差和摆幅率要求的是( )两种转速表。

137. 对电子计数式转速表示值误差检定应在( )检定点进行试运转。

138. 对手持离心式的常用量限和固定离心式磁电式转速表应( )点进行示值检定。

139. 若手持离心式转速表使用 200~800 挡测量 500 r/min 时和使用 600~2 400 挡测量 500 r/min 时的摆幅相等,则它们的摆幅率( )。

140. 对准确度高于( )以上的电子计数式转速表应进行时基率准确度检定。

141. 当物体的重心与支点相重合时物体处于( )平衡状态。

142. TG328B 天平的光学读数系统由光源、聚光管、微分标牌、( )、反射镜和读数窗构成。

143. 按天平的衡量原理机械天平中可分为杠杆天平和弹性元件变形原理的( )。

144. 机械天平的计量性能有:灵敏性、( )、正确性和示值不变性。

145. TG328 型天平的空秤灵敏度合格,而全量时灵敏度偏低,应当( )天平三刀刀线的吃线量。

146. 机械天平在室内搬动一个位置应( ),请维修人员协助。

147. 砝码是能( )质量值的实物量具。

148. 砝码的修正值是砝码的( )与名义值之差。

149. 制造砝码的材料应当:坚固、耐磨、密实、均匀磁化率小和( )。

150. 替代衡量法的优点是精度高、速度快,缺点是不能减少( )带来的误差。

151. 某电子天平的检定分度值 $e=1$ mg,最大秤量 $Max=160$ g,其准确度应属于( )级。

152. 电子天平是利用( )重力平衡原理来衡量物体质量的。

153. 当一个砝码与另一个假想的密度为 8.0 g/cm^3 的砝码在 20 ℃空气密度为 0.12 g/cm^3 的空气中平衡时,那个假想砝码的质量即为真实砝码质量的( )。

154. 机械杠杆天平的检定项目包括:外观检查、空秤分度值、全秤分度值测定,( )测定,天平的示值变动性测定及机械挂砝码组合误差骑码标尺链条标尺秤量误差测定。

155. 机械无阻尼式摆动天平其摆幅的衰减比应( )0.8。

156. 对 TG528B 天平,其检定分度值 $e=0.4$ mg,检定全量时左盘分度值 $S_{p1}=0.31$ mg,右盘分度值 $S_{p2}=0.4$ mg,此天平分度值在判定结果时属于( )。

157. 对 TG328 天平来说，如果空秤平衡位置在“0”位的天平，在加放质量等于最大秤量的等量砝码时平衡位置发生了较大的变化，说明天平存在(　　)。

158. 使用中的一台 TG328 天平经检查空秤分度值合格，而全载时分度值较大，应将一侧的边刀刀线(　　)。

159. TG328B 天平检定中，全载时砝码在秤盘中前后移动时天平的示值变动性超差，应当调整边刀盒的(　　)。

160. 检定级砝码所用天平的示值的综合极限误差应不大于被检砝码质量(　　)。

161. 检定级砝码所用标准砝码的(　　)不应大于被检砝码质量允差的三分之一。

162. 检定砝码的连续替代法其优点是速度快，能消不等臂误差的影响，但(　　)。

163. F_2级标准砝码应由(　　)检定一次。

164. 天平的机械挂砝码测试结果的总误差应不大于相应挂砝码组合与相应横梁(　　)的总和。

165. 电子天平的检定项目包括：外观检查，鉴别力，灵敏度检定，(　　)误差检定，重复性检定，偏载检查，配衡功能检查，抗倾斜能力检查，与时间有关性能的相关试验和电压频率变化对天平的影响等项目。

166. 电子天平的示值允差使用中按不同称量段分别为(　　)。

167. 电子天平载荷点最大允许误差的检定，应当在空秤；自动指示秤量；能调节平衡方式的那些载荷；最大秤量加上最大加法配衡和最大允差值(　　)所对应的那些载荷点进行。

168. 作为工作使用的电子天平，偏载检定所施加的载荷为最大秤量的(　　)。

169. 电子天平的重复性，应当对加载和(　　)的重复性分别进行计算。

170. 如果两个或两个以上的杠杆，不同名称的受力点连接在一起就组成了(　　)杠杆系。

171. 如果两个和两个以上的杠杆相同名称的力点连接在一起就构成(　　)杠杆系。

172. 机械杠杆秤中，杠杆上刀线的位置应当互相(　　)，并保持规定的矩离。

173. 机械杠杆秤上，刀承工作部分的硬度应为(　　)HRC。

174. 机械杠杆秤的四大计量性能是稳定性、重复性、正确性和(　　)。

175. AGT 型案秤中拉带与立柱、连杆、计量杠杆构成(　　)机构。

176. AGT 型案秤的连杆，有保持秤盘不(　　)的作用。

177. AGT 型案秤的连杆与立柱、计量杠杆、拉带构成了(　　)的平行四边形结构。

178. 国家规定非自动秤的准确度等级有(　　)和(Ⅲ、Ⅰ)级。

179. 按现行非自行指示秤检定规程，机械杠杆秤首次检定时，其在 $500e$ 时允差为(　　)。

180. 对用于贸易结算的中准确度秤，其最小分度分度数 n 为(　　)。

181. 秤的必备标志包括：制造厂名、商标、准确度等级、(　　)、检定分度值、制造许可证编号、增砣秤的臂比。

182. 非自行指示秤的检定项目包括：外观检查、空秤、称量、偏载、灵敏度、(　　)和重复性测试。

183. 计量杠杆处于平衡状态时，其摆幅在第一周期内距示准器上下边缘的距离(　　)1 mm。

184. 非自行指示秤的灵敏度测试应在标尺(付标尺)最大量值和(　　)进行。

185. 对非自行指示秤偏载测试时,所施加的载荷量应为该秤最大秤量的 1/(N－1)或(　　)。

186. 进行非自行指示秤的重复性测试时应在每次测试前调好秤的(　　)。

187. 非自行指示秤的增砣通常应符合(　　)级砝码的要求。

188. 按 JJG 14—97《非自行指示秤》检定规程的规定,其检定周期(　　)为一年。

189. AGT 型案秤对拉带的要求是要与主柱、计量杠杆、连杆构成正确的平行四边形,且要和(　　)连接处变动量小。

190. AGT 型案秤偏载测试时出现垂直于计量杠杆方向的四角示值超差,应当调整(　　)点的刀矩。

191. AGT 型案秤偏载测试时出现沿计量杠杆纵向的二点超差,应当调整拉带的(　　)位置。

192. AGT-10 型案秤,秤量测试时,10 kg 秤量超差,这是由于秤的(　　)不正确造成的。

193. 一台 TGT-100 型台秤,偏载测试时,出现四角误差不一致,有的点超差,这是由于承重杠杆的(　　)不完全相等造成的。

194. 一台 TGT1000 型台秤偏载合格,大秤量不合格,这是由杠杆系的(　　)不正确造成的。

195. 架盘天平的横梁、支架、拉带等构成了两个(　　)机构,以完成正确的质量称量结果。

196. 架盘天平的空秤误差应不大于(　　)的 1/5 000。

197. 架盘天平的分度值应在空秤和(　　)两个秤量点进行。

198. 架盘天平在 1/2 最大秤量时的允差为(　　)的 1/2 000。

199. 架盘天平的标尺分度值允差为(　　)的 1/5 000。

200. 架盘天平的最大秤量允差为该秤量的(　　)。

二、单项选择题

1. 与给定的特定量定义一致的值(　　)只有一个。

(A)不一定　　(B)一定是　　(C)经确认　　(D)不可能

2. 标准计量器具的准确度一般应为被检计量器具准确度的(　　)。

(A)1/2～1/5　　(B)1/5～1/10　　(C)1/3～1/10　　(D)1/3～1/5

3. 不合格通知书是声明计量器具不符合有关(　　)的文件。

(A)检定规程　　(B)法定要求　　(C)计量法规　　(D)技术标准

4. 校准的依据是(　　)或校准方法。

(A)检定规程　　(B)技术标准　　(C)工艺要求　　(D)校准规范

5. 属于强制检定工作计量器具的范围包括(　　)。

(A)用于重要场所方面的计量器具

(B)用于贸易结算、安全防护、医疗卫生、环境监测四方面的计量器具

(C)列入国家公布的强制检定目录的计量器具

(D)用于贸易结算、安全防护、医疗卫生、环境监测方面列入国家强制检定目录的工作计

量器具

6. 进口计量器具必须经(　　)检定合格后,方可销售。

(A)省级以上人民政府计量行政部门　(B)县级以上人民政府计量行政部门

(C)国务院计量行政部门　(D)当地国家税务部门

7. (　　),第六届全国人大常委会第十二次会议讨论通过了《中华人民共和国计量法》,国家主席李先念同日发布命令正式公布,规定从1986年7月1日起施行。

(A)1985年9月6日　(B)1986年7月1日

(C)1987年7月1日　(D)1977年7月1日

8. 实际用以检定计量标准的计量器具是(　　)。

(A)最高计量标准　(B)计量基准　(C)副基准　(D)工作基准

9. 省级以上人民政府有关主管部门建立的各项最高计量标准由(　　)主持考核。

(A)政府计量行政部门　(B)省级人民政府计量行政部门

(C)国务院计量行政部门　(D)同级人民政府计量行政部门

10. 非法定计量检定机构的计量检定人员,由(　　)考核发证。

(A)国务院计量行政部门　(B)省级以上人民政府计量行政部门

(C)县级以上人民政府计量行政部门　(D)其主管部

11. 计量器具在检定周期内抽检不合格的,(　　)。

(A)由检定单位出具检定结果通知书　(B)由检定单位出具测试结果通知书

(C)由检定单位出具计量器具封存单　(D)应注销原检定证书或检定合格印、证

12. 伪造、盗用、倒卖强制检定印、证的,没收其非法检定印、证和全部非法所得,可并处(　　)以下的罚款;构成犯罪的,依法追究刑事责任。

(A)3 000元　(B)2 000元　(C)1 000元　(D)500元

13. 法定计量单位中,国家选定的非国际单位制的质量单位名称是(　　)。

(A)公斤　(B)公吨　(C)米制吨　(D)吨

14. 国际单位制中,下列计量单位名称属于有专门名称的导出单位是(　　)。

(A)摩(尔)　(B)焦(耳)　(C)开(尔文)　(D)坎(德拉)

15. 某篮球队员身高以法定计量单位符号表示是(　　)。

(A)1.95米　(B)1米95　(C)1m95　(D)1.95m

16. 测量结果与被测量真值之间的差是(　　)。

(A)偏差　(B)测量误差　(C)系统误差　(D)粗大误差

17. 随机误差等于误差减去(　　)。

(A)系统误差　(B)相对误差　(C)测量误差　(D)测量结果

18. 修正值等于负的(　　)。

(A)随机误差　(B)相对误差　(C)系统误差　(D)粗大误差

19. 计量保证体系的定义是:为实施计量保证所需的组织结构(　　)、过程和资源。

(A)文件　(B)程序　(C)方法　(D)条件

20. 计量检测体系要求对所有的测量设备都要进行(　　)。

(A)检定　(B)校准　(C)比对　(D)确认

21. Q235A牌号的钢材属于(　　)。

(A)普通碳素结构钢　(B)优质碳素结构钢　(C)合金钢　(D)工具钢

22. 铸铁是含碳量大于(　　)的铁碳合金。

(A)2.11%　(B)3.2%　(C)5.5%　(D)0.2%

23. 金属材料常用力学性能包括(　　)。

(A)硬度、强度、弹性、塑性和韧性　(B)硬度、强度、刚度、塑性

(C)拉伸极限、弹性横量、塑性和塑性　(D)硬度、弹性极限、断裂强度和塑性

24. 调质是淬火后的(　　)。

(A)高温回火　(B)低温回火　(C)高温退火　(D)中温回火

25. 牌号为 45 的钢是(　　),严格按化学成分和力学性能制造的。

(A)碳素工具钢　(B)碳素结构钢　(C)优质碳素结构钢　(D)合金结构钢

26. 测量仪器或测量链中直接受被测量作用的元件称为(　　)或敏感元件。

(A)指示器　(B)显示器　(C)标尺　(D)敏感器

27. 形位公差符号中,同轴度的符号是(　　)。

(A)◎　(B)⌖　(C)⌯　(D)⌭

28. $\phi 50\ \frac{H8}{f7}$表示(　　)。

(A)基轴制的 7-8 级配合

(B)基本尺寸为 50 mm 基孔制 8 级公差的孔与基本偏差为 f,公差等级为 7 级的轴的配合

(C)基孔制的 7-8 级的配合

(D)公差等级为 8 级的基孔与 7 级轴的配合

29. 对一个有严格传动比要求的传动应当选用(　　)传动。

(A)齿轮　(B)链　(C)皮带　(D)摩擦

30. 对一个要求双向往复运动的液压油缸,应采用(　　)阀来控制其双向运动。

(A)三位四通　(B)单向　(C)温流阀　(D)二位三通

31. 电气设备符号E---\的名称是(　　)。

(A)延时开关　(B)按钮开关　(C)延时开关触点　(D)自动开关

32. 如图 6 所示电路中,正确的方程是(　　)。

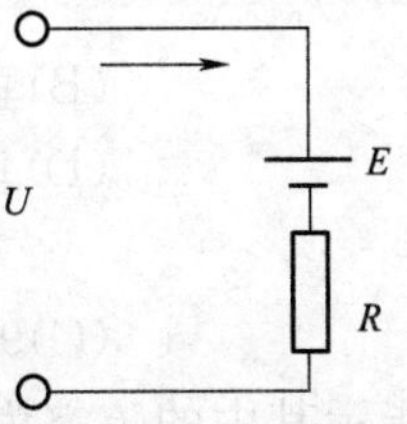

图　6

(A)$I=\frac{E-U}{R}$　(B)$I=\frac{-E+U}{R}$　(C)$U=-E-IR$　(D)$I=\frac{-E-U}{R}$

33. 如图 7 所示用 74LS48 组成的 4 线－7 段译码电路中,若输入端输出 $D_3D_2D_1=010$ (BCD 码)则显示的字符是(　　)。

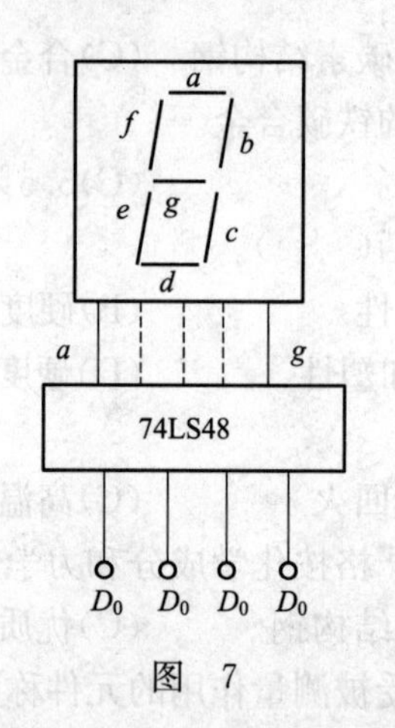

图 7

(A)1　　(B)2　　(C)3　　(D)5

34. 在放大电路中测得三极管的电位如图 8 所示，则三个电极 E、B、C 分别是(　　)。

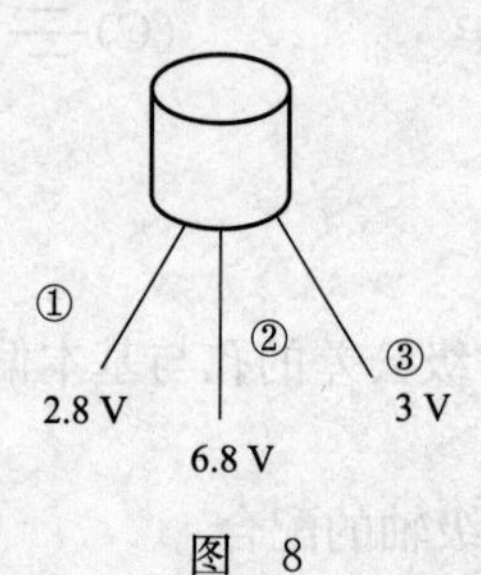

图 8

(A)①③②　　(B)①②③　　(C)③①②　　(D)②③①

35. 计算机操作系统的作用是管理(　　)，控制程序的运行。

(A)计算机的硬件　　(B)计算机的软件

(C)计算机全部资源　　(D)CPU 与存储器

36. 动力设备的保护接地用于(　　)。

(A)中性点接地的低压供电系统中　　(B)中性点不接地的低压供电系统中

(C)电子逻辑电路中　　(D)屏蔽干扰系统中

37. 压力(压强)的正确概念是(　　)。

(A)单位面积上的平均作用力　　(B)垂直、均匀作用在单位面积上的力

(C)单位面积上的作用力　　(D)垂直作用在单位面积上的力

38. 1 mmH_2O=(　　)Pa。

(A)10　　(B)1　　(C)9.806 65　　(D)1.336

39. 一容器内为负压，其压力表指示其中的疏空为－0.04 MPa，则此时容器内的绝对压力为(　　)MPa。

(A)0.06　　(B)0.04　　(C)－0.04　　(D)－0.06

40. 活塞压力计实际工作中产生标准压力值的有效面积应(　　)。

(A)由活塞直径测量获得　　(B)由活塞筒的内径测量获得

(C)理论计算获得　　(D)与标准器比对测得

41. 液体压力计测量压力时,直接读数为液柱高度,其所测压力值还与(　　)值有关。

(A)液体的密度和标准力加速度　　(B)液体的密度和当地的重力加速度

(C)液体的比重　　(D)液体的体积

42. 浮球式压力计是利用(　　)产生标准压力值的。

(A)控制气源压力

(B)浮球自动调节气体流量

(C)控制浮球的高低

(D)载有一定质量的浮球自动调节气体流量与气压平衡

43. 数字压力计是利用压力传感器将压力信号(　　)显示压力值的。

(A)经信号放大转换处理后　　(B)直接

(C)放大后　　(D)线性化后

44. 数字压力计中,信号处理部分的功能是把压力传感器的电信号(　　)。

(A)直接传递给显示部分

(B)经放大送给显示部分

(C)转换成数字量送给显示部分

(D)经放大转换成数字量,再经处理后送给显示部分

45. 弹性元件的滞后现象(　　)。

(A)发生在零点　　(B)发生在满量程点

(C)随着时间逐渐减小　　(D)是同一载荷下加卸载变形量不同

46. 弹簧管式压力表的示值误差在(　　)情况下应当调整起始角。

(A)测量范围的前后段不一致　　(B)回程误差

(C)出现轻敲变动量　　(D)接近上限时误差较大的

47. 弹簧管式精密压力表的示值检定应在(　　)。

(A)全量程内均匀分布地选择不少于 8 点

(B)全量程内含零点选择不少于 8 点

(C)在全量程内选择不少于 10 点

(D)全量程内不包括零点均匀分布地选择 8 点

48. 一般压力表检定中(　　)应当考虑液柱高度差的修正。

(A)使用液体介质时

(B)压力表中心与活塞压力计不在同一水平面时

(C)使用液体介质,压力表中心与活塞压力计活塞下平面不在同一水平面时

(D)使用液体介质,且压力值比较高时

49. 弹簧式精密压力表使用时的温度修正应按(　　)进行。

(A)使用温度与检定温之差及相应弹性材料的温度系数

(B)使用温度与标准温度之差

(C)使用温度与检定温度之差及固定的温度系数

(D)使用温度与标准温度之差及固定的温度系数

50. 活塞压力计的旋转延续时间,测试不合格时应(　　)。

(A)加大砝码直径重新测试　　(B)修整活塞及活塞筒的配合

(C)加大负荷重新测试　　(D)增加初始速度重新测试

51. 活塞压力计完全正确的检定应包括(　　)等项目。
(A)外观、密封性、活塞有效面积
(B)外观、密封性、灵敏性、重复性、示值误差
(C)外观、密封性、灵敏性、活塞旋转延续时间、活塞下降速度
(D)外观、密封性、活塞旋转延续时间、活塞下降速度活塞有效面积、活塞及连接零件专用砝码的质量、灵敏性、承重盘面与活塞杆的垂直度
52. 使用斜管微压计测量微压时应(　　)得到压力值。
(A)将仪器水平时的标尺读数乘以倾斜常数
(B)从标尺上直接读取
(C)标尺读数乘以斜管倾角的弦值
(D)把仪器调好水平后,从标尺上读数取压力值
53. 一块数字压力计送电后,经检查 220 V 交流电源有电,但中间有一位仍无显示,可能的故障是(　　)。
(A)压力传感器坏了　　(B)信号处理部分坏了
(C)电源部分坏了　　(D)显示部分的电路坏了
54. 使用中的差压变送器的必检项目有(　　)。
(A)外观、示值基本误差、回程误差
(B)外观、密封性、基本误差、回程误差、绝缘电阻
(C)外观、静压影响、基本误差、回程误差
(D)外观、密封性、基本误差、绝缘电阻
55. 为了提高直流稳压电源简单稳压电路输出电压的稳定程度,常采用(　　)效果更好。
(A)全桥整流电路　　(B)全桥整流后加三端稳压器件
(C)整流后经三端稳压器再增加滤波电路　　(D)全桥整流后进行滤波和良好的接地处理
56. 地秤的杠杆机构属于(　　)。
(A)简单杠杆　　(B)单一串联杠杆系
(C)单一的并联杠杆系　　(D)并联杠杆与串联杠杆的组合
57. TGT 型台秤的长承重杠杆属于(　　)。
(A)单体杠杆　　(B)寓合合体杠杆　　(C)合力合体杠杆　　(D)复式合体杠杆
58. 案秤中的罗伯威尔(平行四边形)机构有(　　)作用。
(A)使偏载量结果完全一致的　　(B)消除案秤不同秤量误差不一致的
(C)保证案秤秤量重复性好的　　(D)减小案秤沿计量杠杆纵向偏载误差的
59. 如图 9 所示,此台秤总杠杆比为(　　)。

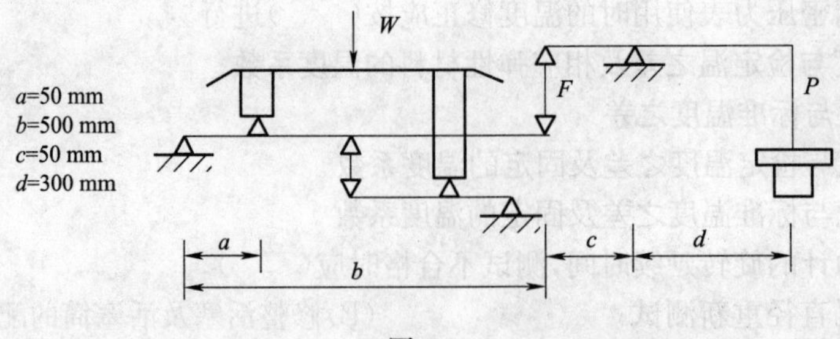

图　9

(A)$\frac{50}{450}\times\frac{50}{300}=\frac{1}{9}\times\frac{1}{6}=\frac{1}{54}$　　(B)$\frac{50}{300}\times\frac{50}{300}=\frac{1}{60}$

(C)$\frac{50}{450}\times\frac{50}{350}=\frac{1}{9}\times\frac{1}{7}=\frac{1}{63}$　　(D)$\frac{50}{500}\times\frac{50}{350}=\frac{1}{10}\times\frac{1}{7}=\frac{1}{70}$

60. 如图 10 所示的地秤杠杆系中，$A_1B_1=A_2B_2=A_3B_3=A_4B_4=150$ mm，$B_1C=B_2C=B_3C=B_4C=3\ 600$ mm，$DC=300$ mm，$CE=2\ 700$ mm，$GH=120$ mm，$FG=240$ mm，$KO=60$ mm，$OP=40$ mm。则该地秤的总臂比为(　　)。

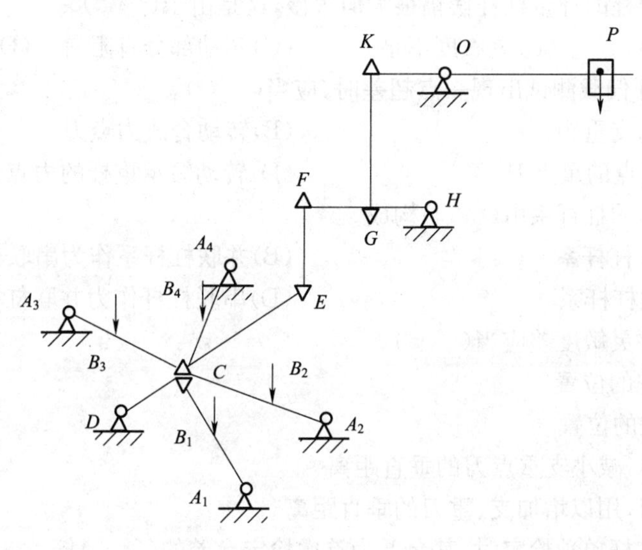

图　10

(A)$\frac{150}{3\ 750}\times\frac{300}{3\ 000}\times\frac{120}{360}\times\frac{60}{400}=\frac{1}{5\ 000}$　　(B)$\frac{100}{3\ 750}\times\frac{300}{2\ 700}\times\frac{120}{360}\times\frac{60}{400}=\frac{1}{4\ 500}$

(C)$\frac{150}{3\ 750}\times\frac{300}{3\ 000}\times\frac{120}{240}\times\frac{60}{400}=\frac{3}{10\ 000}$　　(D)$\frac{150}{3\ 750}\times\frac{300}{2\ 700}\times\frac{120}{240}\times\frac{60}{400}=\frac{1}{3\ 000}$

61. 机械衡器的稳定性是指(　　)。

(A)计量杠杆摆动的平稳性　　(B)对同一物体秤量结果的稳定不变性

(C)秤的长期示值一致性　　(D)计量杠杆自动恢复平衡的能力

62. 衡器的准确度(　　)有关。

(A)只与分度值

(B)与显示分度值和最大秤量

(C)与最大秤量与检定分度值的比值

(D)与检定分度值和最大秤量与检定分度值的比值

63. 秤量时秤的灵敏度(　　)有关。

(A)只与支点重心的位置

(B)只与支重距

(C)只与支点与重力点刀连线的距离

(D)与支点与重心的距离和支点距重力点连线的距离

64. AGT 型案秤的灵敏度不足应当(　　)。

(A)缩小支点刀与重、力点刀连线的距离　(B)增大支点刀与重、力点刀连线的离线量
(C)降低计量杠杆的重心　(D)升高支点刀的位置

65. 一台 AGT 型案秤，秤量测试时合格，但标尺最大秤量测试时出现＋10 g 的误差。(490 g 时，显示 500 g，则计量杠杆的支重距 $a=60$ mm，标尺长 $L=300$ mm)，则此时游砣应(　　)。

(A)增重 2 g　(B)增重 1 g　(C)减重 2 g　(D)减重 1 g

66. 如果一台台秤的计量杠杆摆幅很大但很慢，这是由于(　　)。

(A)灵敏度很高　(B)灵敏度不足　(C)转动部分有阻碍　(D)刀刃比较圆钝

67. TGT 型台秤偏载测试出现一点超差时，应当(　　)。

(A)改变该点的支重距　(B)转动合成力点刀
(C)转动其余三点的重点刀　(D)转动短承重杆的力点刀

68. 机械地中衡的杠杆系由(　　)构成。

(A)单一的并联杠杆系　(B)并联杠杆系作为串联杠杆的一部分
(C)单一的串联杠杆系　(D)串联杠杆作为并联杠杆系的一部分

69. 地秤的空秤灵敏度差应当(　　)。

(A)提高平衡砣的位置
(B)降低平衡砣的位置
(C)降低重点刀，减小支重点刀的垂直距离
(D)升高支点刀，用以增加支、重刀的垂直距离

70. 地秤计量杠杆单独检定时，其允差为首次检定允差的(　　)倍。

(A)0.5　(B)1　(C)1.5　(D)2

71. 地秤检定时标准砝码的数量不足时，可采用替代法，替代物可采用一般固体物料，替代的方法是(　　)。

(A)将物料在秤上称出等于砝码的重量值，以物料代替砝码用
(B)将物料称出重量与砝码一起使用
(C)先加砝码检秤至某一秤量确定示值及误差，卸下砝码用物料加至秤上，秤出现同一示值和误差，再继续增加砝码检秤
(D)先用砝码校准好秤，卸下砝码，称出物料，以物料做标准物检秤

72. 应变式负荷传感器的信号是由(　　)发出的。

(A)弹性体直接　(B)电阻
(C)单个变栅　(D)贴于弹性体上的应变桥

73. 应变式负荷传感器的灵敏度常用(　　)来表示。

(A)mV/V　(B)mV/kg　(C)mV/kN　(D)mV/满载荷

74. 数字电子秤一般由(　　)几部分构成。

(A)机械台面和显示仪　(B)机械秤台、称重传感器和秤重仪表
(C)秤台、传感器和显示器　(D)秤台、受力元件和仪表

75. 对数字电子秤的承重台面的要求是(　　)。

(A)能承受秤的最大载荷不损坏
(B)在最大载荷时变形不超过允许值

(C)具有足够的刚度和垂直方向以尽量小的阻力和摩擦把力传至传感器

(D)受压变形小,位置稳定,灵活

76. 称重仪表应由(　　)几部分构成。

(A)信号放大和显示

(B)电源、信号放大,A/D 转换,数据处理和显示

(C)电源、信号放大和显示

(D)电源、信号放大、模数转换和显示

77. 数字电子秤空秤显示"0"时,仪表内(　　)。

(A)采样信号一直为零　　(B)采样信号在零附近只有缓慢微小的波动

(C)采样结果无信号　　(D)几次采样的平均值为零

78. 数字电子秤的周期检定应进行(　　)。

(A)外观、空秤、秤量准确度、偏载检定

(B)外观、零点和去皮准确度、秤量准确度、偏载、灵敏度、重复性测试

(C)外观、零点和去皮准确度,秤量准确度、偏载、鉴别力重复性、去皮秤量准确度测试

(D)外观、秤量准确度、偏载、灵敏度、去皮准确度测试

79. 数字电子秤的鉴别力测试应(　　)。

(A)在准确度测试完成后,添加 1.4d 小砝码,秤能翻转一个字

(B)先按逐次减去 0.1d 小砝码至显示值确实减少 1d 时,加 0.1d 小砝码后再缓慢添加 1.4d 的小砝码

(C)在规定的秤量点,逐次加 0.1d 小砝码至 1.4d 秤能翻转一个字

(D)在规定的秤量点,逐次减去 0.1d 小砝码至示值减少一个字后再添加 1.4d 的小砝码

80. 新安装汽车衡,四只传感器并联使用偏载测试时,有一角正差 2e,应(　　)。

(A)将此角传感器垫高 0.5 mm　　(B)调整接线盒,加大该传感器供桥电压

(C)调整按线盒减小该传感器供桥电压　　(D)换一只灵敏度高的传感器

81. 对一台新安装的数字电子秤,可以用砝码进行校准,校准的方法是(　　)。

(A)把秤调好零点,放上砝码,调好显示值

(B)打开校准程序,先校准空秤,再校准满秤量(或接近满秤量),做好记忆操作,关闭校准程序

(C)校准零点和满秤量后,退出校准程序

(D)无需校准

82. 如图 11 所示,对三端稳压电路 7805 来说,输入电压 V_i 的值应为(　　)。

(A)8～12V DC　　(B)50V DC　　(C)5V DC　　(D)8～12V AC

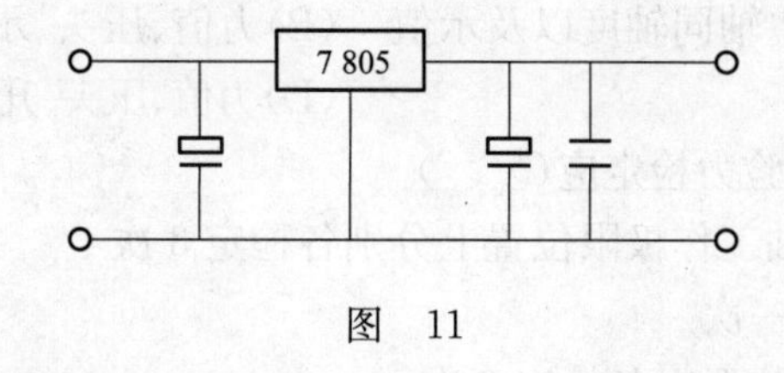

图 11

83. 某数字电子秤的数码管七段显示只有一位二段无显示,这可能是由(　　)。

(A)这块显示块已损坏 (B)电路的位显示电路有故障
(C)电路的段显示电路损坏 (D)信号有干扰

84. 硬度是(　　)。
(A)一个确定的物理量 (B)材料抵抗弹性、塑性变形和破坏的能力
(C)衡量物体硬软程度的物理量 (D)材料抵抗塑性变形的能力

85. 洛氏硬度是以(　　)确定试件的硬度值的。
(A)定负荷下的压痕深度 (B)卸除主负荷后的压痕深度
(C)卸除全部负荷后的压痕深度 (D)同样压痕时的负荷大小

86. 布氏硬度是以(　　)表示硬度值的。
(A)满负荷下压痕表面平均压力值 (B)卸除负荷后的钢球压痕表面平均压力值
(C)压痕上单位面积的最大压力值 (D)负荷与压痕投影面积的比值

87. 布氏硬度试验要保持对同一材料试验的硬度值相同应保证(　　)。
(A)压入角相同 (B)压头钢球直径相同即可
(C)采用相同的负荷即可 (D)相同的压痕直径

88. 维氏硬度金刚石四棱锥压头相对两棱面的夹角为(　　)。
(A)136° (B)145° (C)120° (D)160°

89. 里氏硬度试验测试的是(　　)。
(A)一定质量的冲击体从规定高度落下的反弹与冲击速度之比
(B)冲击体的反弹高度
(C)冲击体反弹动量
(D)冲击体的反弹速度

90. 液压试验机中常用的正切摆测力原理中(　　)。
(A)被测的力与摆杆扬角的正切成正比
(B)要求被测力的力臂也要保持不变
(C)如无推板齿条机构刻度标尺也是等分的
(D)被测的力与摆杆长短有关而与摆锤质量无关

91. 0.3级标准测力仪一个周期的长期稳定度不大于(　　)。
(A)±0.3％ (B)3％ (C)±0.15％ (D)0.3％

92. 检定工作硬度计用的标准硬度块的量值是由(　　)。
(A)工作硬度基准硬度计定度的 (B)上一级标准硬度计定度的
(C)基准硬度块检定的 (D)均匀度评定的

93. 对使用中的洛氏硬度计，应当进行(　　)的检定。
(A)外观、升降丝杆和主轴同轴度以及示值 (B)力值、压头、示值
(C)外观、力值、示值 (D)力值、压头、升降丝杆和主轴同轴度及示值

94. 洛氏硬度计的总试验力检定应(　　)。
(A)分不同标尺，在主轴工作极限位置上分别各检定3次
(B)分标尺不同各检定一次
(C)在主轴的不同工作位置上各检定3次
(D)在主轴的各工作极限位置上各检定3次

95. 布氏硬度计使用中的检定(　　)。

(A)一般只检定外观,试验力和示值

(B)一般只检定外观,主轴与升降杆的同轴度和示值

(C)一般只检定外观,示值和压痕直径测量装置

(D)一般只检定外观和示值

96. 洛氏硬度计的总试验力对试验结果的影响是(　　)。

(A)试验力增加,示值偏低,且对低硬度的影响大

(B)试验力增加,示值偏高

(C)试验力增加,示值偏高,且对高硬度的影响大

(D)试验力增加,示值偏低,且对高硬度的影响大

97. 对于准确度为1级的液压万能试验机,其每个度盘的示值(　　)。

(A)自该度盘的20%至测量上限,各点示值相对标准器的示值之差不大于±1%

(B)自该度盘的20%至测量上限各检定点示值三次读数平均值与标准力值之差不大于各点的±1%

(C)各点力值与标准力值之差不大于±1%

(D)各点示值三次读数的平均值与标准器示值之差不大于±1%

98. 转速是旋转物体(　　)。

(A)单位时间内的旋转圈数　　(B)旋转周期

(C)一定时间内的转动次数　　(D)总的转动圈数

99. 转速的法定计量单位是(　　)。

(A)转/秒　　(B)转/分　　(C)rad/s　　(D)r/n

100. 电子计数式转速表的准确度等分为(　　)级。

(A)0.01,0.02,0.05,0.1,0.2,0.5,1.0

(B)0.01,0.02,0.03,0.05,0.1,0.2,0.3,0.5,1,0.5,2

(C)0.01,0.02,0.04,0.06,0.1,0.2,0.5,1,2,2.5

(D)0.02,0.05,0.1,0.5,1,1.5,2,2.5

101. 离式转速表的表盘是(　　)。

(A)可以互换的　　(B)均匀刻度的　　(C)不均匀刻度的　　(D)规律刻度的

102. 各种转速表中(　　)测量的是平均转速。

(A)定时式转速表　　(B)离心式转速表

(C)电动式转速表　　(D)频闪式转速表

103. 电子计数式转速表转速传感器发出(　　)给数字计数显示部分以显示转速值。

(A)光信号　　(B)电压信号　　(C)电流信号　　(D)电脉冲信号

104. 某机械式转速表,当其指针指示15 000 r/min时,表轴的实际转速是1 000 r/min,此表的表盘应标注的转速比应该是(　　)。

(A)1∶1.5　　(B)1∶15　　(C)1∶150　　(D)1∶20

105. 一固定式离心转速表测量范围为0～1 500 r/min,其摆幅率仅1 000 r时超差,其可能的故障原因是(　　)。

(A)弹簧的弹力不足

(B)游丝与轴承平面有摩擦

(C)机芯部分的阻尼齿轮轴尖断了

(D)活塞与离心器连接处与离心器转轴内壁有摩擦

106. DJS-150 型机车速度表,满量程时负差很大,经查电表部分示值正确,其可能的故障是(　　)。

(A)测速发电机有一相开路　　(B)整流二极管击穿

(C)测速发电机完全损坏　　(D)整流电路滤波电容击穿

107. 转速中需要检定摆幅率和回程误差的转速表有(　　)。

(A)定时式转速　　(B)电子计数式转速

(C)离心式转速　　(D)频闪式转速

108. 固定离心式和磁电式转速表检定前的试运转应该是在(　　)。

(A)常用量限的中间值　　(B)接近上限处运行 1 分钟

(C)测量范围的上、下限各运行 3 分钟　　(D)测量范围内任一点运行 3 分钟

109. 手持离心式、磁电式转速表的检定点选择应为(　　)。

(A)每个量程不含下限点均匀分布的五点

(B)常用量限包括上、下限均匀分布的五点,其余量限各选 1 点

(C)每个量限包括上下限,检三点

(D)每个量限包括上下限均匀分布地检四点

110. 转速表的摆幅率为(　　)。

(A)标准转速装置转速稳定时指针摆动范围与特定值之比的百分数

(B)检定某一转速值时,指针偏离标秤值的范围与测量上限之比的百分数

(C)检定指针摆动的最大值与量限之比的百分数

(D)转速稳定时指针摆动范围与测量上限之比的百分数

111. 电子计数式转速表的频率稳定度检定应该(　　)。

(A)是 0.2 级以上的转速表都进行

(B)是具有频率输出功能的转速表都进行

(C)准确度高于或等于 0.05 级的转速要进行该项检定

(D)是测定 10 次其最大最小值之差不得超差

112. 对准确度等级为 0.01 和 0.02 级的高精度转速表应采用(　　)方法进行检定。

(A)高一级标准检定的　　(B)比对的

(C)确定转速稳定度的　　(D)长期比较的

113. 机械天平的横梁和吊挂系统在使用中处于(　　)平衡状态。

(A)稳定　　(B)不稳定　　(C)随遇　　(D)任意一种

114. 机械天平的横梁应当(　　)。

(A)重量轻、刚性好、性能稳定　　(B)重量大、刚性好

(C)重量大、结实、稳定　　(D)重量轻、性能稳定

115. 一般来说机械天平的灵敏性越高稳定性(　　)。

(A)越差　　(B)越好　　(C)不变　　(D)不定

116. TG528 天平经检测左盘分度值偏大不合格,右盘分度值合格,应当(　　)。

(A)检修左边刀、刀垫　　(B)检修左盘托

(C)检修左吊耳和支撑　　(D)检修右边刀

117. TG328B 天平的使用环境为(　　)。

(A)15 ℃～28 ℃　　(B)18 ℃～26 ℃

(C)向阳明亮的房间　　(D)温度波动为 1 ℃/h

118. 砝码的正确定义是(　　)。

(A)能复现给定质量值的实物量具　　(B)具有准确质量值的实物

(C)具有给定质量值的物体　　(D)质量精确的实物

119. 一个名义值为 1 000 g 的砝码，其实际值为 1 000.005 g，则其修正值为(　　)。

(A)＋0.005 g　　(B)－0.005 g

(C)1 000.005 g　　(D)999.995 g

120. 制造砝码的材料应当(　　)。

(A)均匀密实　　(B)密实、无磁

(C)稳定、防锈　　(D)密实、坚固、均匀、稳定、磁化率小

121. 砝码的折算质量是(　　)。

(A)真实砝码在真空中与密度为 8.0 g/cm^3 的砝码在天平上平衡时，密度为 6.0 g/cm^3 砝码的质量秤为真实砝码质量的折算质量值

(B)任何材料密度的砝码折算为密度的 8.0 g/cm^3 时砝码的质量

(C)真实砝码在空气中与假想的密度为 8.0 g/cm^3 的砝码在天平上平衡时，那个假想砝码的质量

(D)真实砝码在 20 ℃，空气密度为 0.001 2 g/cm^3 的空气中与假想的密度为 8.0 g/cm^3 的砝码在天平上平衡时，假想砝码的质量

122. 替代法、连续替代法、交换衡量法三种精密衡量法的共同优点是(　　)。

(A)消除不等臂误差的影响　　(B)精密度高

(C)能消除天平两臂不均匀受热的影响　　(D)不受秤量的影响

123. 某电子天平的显示分度值 $d=1$ g，检定分度值 $e=10$ g，最大秤量为 20 kg，其属于(　　)级天平。

(A)Ⅰ　　(B)Ⅱ　　(C)Ⅲ　　(D)Ⅳ

124. 机械杠杆天平的检定项目包括(　　)。

(A)分度值、不等臂性、示值变动性、骑马标尺和机械挂码误差测定

(B)灵敏度、准确性和机械挂码的检定

(C)感量、臂差、变动性、挂砝码检定

(D)灵敏性、正确性和挂码的检定

125. 测定摆动天平的平衡位置时，应(　　)。

(A)取三次连续摆幅的位置加以计算　　(B)取二次摆幅的中间位置

(C)等待天平摆动完毕静止　　(D)取四次摆幅的最大值求平均值

126. 普通标牌天平的实际分度值除不应大于实际分度值外，还应符合(　　)。

(A)左盘右盘之差，空秤全秤之差根据天平的不同级有不同的要求

(B)左盘右盘分度值应相等

(C)全秤空秤分度值应相等

(D)最大与最小分度值之差不大于实际分度值的 1/5

127. 机械天平的不等臂性测试中(　　)。

(A)应该做满秤量下的交换秤量,并加 K 值小砝码

(B)应做空秤测试,满秤量下的交换秤量,不一定加小 K 值砝码

(C)应该做满秤量下的交换秤量,不一定加小 K 值砝码

(D)应做空秤测试和满秤量下的不交换测试

128. 机械天平的空秤灵敏度偏低应当(　　)。

(A)提高重心砣位置　　(B)降低重心砣位置

(C)降低中刀的位置　　(D)升高中心刀位置

129. 机械天平发生耳折时应当(　　)。

(A)调整边刀的位置　　(B)调整支力销的位置

(C)调整托盘的高低　　(D)调整十字头支撑螺钉

130. 按现行检定规程检定砝码所使用天平示值的综合误差应不大于被检砝码质量允差的(　　)。

(A)三分之一　　(B)二分之一　　(C)九分之一　　(D)五分之四

131. 使用机械天平检定砝码的方法中,(　　)综合误差最小。

(A)交换法　　(B)替代法　　(C)连续替代法　　(D)直接秤量法

132. 对 F_2 级标准砝码应由二人分别检定一次,二人检定结果之差不大于相应被检砝码质量允差的(　　)。

(A)二分之一　　(B)五分之四　　(C)三分之一　　(D)三分之二

133. 某 TG328A 天平,其 100 g 机械挂砝码的组合测试结果为+8 分度,此时天平具有-6 分度的臂差值,此 100 g 挂砝码组合的误差实际是(　　)分度。

(A)+5　　(B)+11　　(C)+2　　(D)+14

134. 检定分度值 $e=1$ mg,最大秤量为 100 g 的电子天平使用中的最大允许误差为(　　)mg。

(A)±1　　(B)±2　　(C)±3　　(D)±0.5

135. 电子天平各载荷点最大允许误差的检定应当选取的载荷点有(　　)。

(A)空载、最大秤量、允差转换的秤量点

(B)从空载开始均匀分布地选择五点

(C)包括空秤和最大秤量砝码较为方便的五点

(D)空载、自动指示秤量、最大秤量加最大加法配衡、允差转换点对应的载荷,能调节平衡方式的载荷

136. 非标准电子天平的偏载误差取(　　)。

(A)四角误差中,修正后的绝对值最大者　　(B)四角误差中最大与最小值之差

(C)四角误差中示值读数误差的最大者　　(D)四角误差的平均值

137. 电子天平的重复性是指(　　)。

(A)加载与空载时示值最大与最小值之差

(B)加载时凑整前的实际值最大与最小值之差

(C)加载时的示值变动值

(D)以凑整前的示值为准,加载与空载之差的最大与最小值之差和空载最大与最小值之差中的较大者

138. 如果传感器的一侧遇上短期的高温辐射,则可以采用(　　)来减少影响。

(A)设置一块防辐射隔离板　(B)水冷却隔离技术

(C)加热恒温隔离技术　(D)不用采用任何措施

139. 如果传感器处于允许水冷却的高温场合,可以采取(　　)来减少影响。

(A)防辐射隔离板　(B)水冷却隔离技术

(C)加热恒温隔离技术　(D)不采用任何措施

140. 如果传感器处于温度周期变化的场合,可以采取(　　)来减少影响。

(A)防辐射隔离板　(B)水冷却隔离技术

(C)加热恒温隔离技术　(D)不采用任何措施

141. 150 kg 规格的电子台秤规定写作(　　)。

(A)TCS-150　(B)FCS-0.5　(C)ZCS-0.15　(D)ZCS15

142. 电子台秤一般由(　　)等几大部分组成。

(A)传感器和显示器　(B)秤台和显示器

(C)秤台、传感器和显示器　(D)传感器、显示器和传力杠杆

143. 一般情况下,模拟式衡器比数字式衡器的精度(　　)。

(A)高　(B)低　(C)一样　(D)不一定

144. 如果称重传感器要在高寒地区使用,则应选用(　　)传感器。

(A)桥式　(B)本质安全型　(C)有水冷保护套的　(D)有加温装置的

145. 如果称重传感器要用在有爆炸危险的场合,则应选用(　　)传感器。

(A)桥式　(B)本质安全型　(C)有水冷保护套的　(D)有加温装置的

146. (　　)结构的秤台能起到引导车辆上衡的作用。

(A)桥式　(B)箱式　(C)平板式　(D)以上均可

147. (　　)机构是指秤台与传感器的连接机构。

(A)拉力　(B)压力　(C)传力　(D)互联

148. 对桥式传感器来讲,传力结构就是(　　)。

(A)拉杆式连接件　(B)关节轴承连接件　(C)弹簧　(D)钢球

149. 调节电子衡器接线盒的可调电阻就相当于改变了与该电阻串联的传感器的(　　)。

(A)输出阻抗　(B)输入阻抗　(C)输出信号　(D)输入电压

150. 接线盒是在多传感器的称重系统中,传感器采用(　　)方式连接而设计的配套件。

(A)全串联　(B)全并联　(C)串并联　(D)以上三种均可

151. 调整电子衡器接线盒,可改变传感器的(　　)。

(A)输入阻抗和灵敏度　(B)输入和输出阻抗

(C)输出阻抗和灵敏度　(D)输入电压和输出阻抗

152. 一般 50 t 的电子汽车衡允许过衡车辆的轴载为(　　)。

(A)10 t　(B)20 t　(C)25 t　(D)30 t

153. 如果电子汽车衡卸载不归零,则一般情况可能是(　　)。

(A)秤台与四周基础有卡碰　　(B)传感器性能不正常

(C)秤台与四周有卡碰或传感器损坏　　(D)传感器与仪表接线连接错误

154. 1 Pa是1 N的力(　　)作用在1 m^2 的面积上所产生的压力，即1 Pa=1 N/m^2。

(A)均匀地　　(B)不均匀地　　(C)均匀而垂直地　　(D)垂直地

155. 测量结果复现性概念中的改变了的测量条件是指改变(　　)条件。

(A)测量原理、方法、观测者　　(B)测量仪器、参考测量标准

(C)地点、使用条件、时间　　(D)ABC选项全包括

156. ①级电子天平在 $5\times10^4\leqslant m\leqslant2\times10^5$ 称量范围内，新生产、修理后的最大允许误差为(　　)。

(A)±1.0e　　(B)±1.5e　　(C)±3.0e　　(D)±2.0e

157. 重复性和复现性都可以用测量结果的分散性定量地表示，重复性用在(　　)条件下，重复观测结果的实验标准差(称为重复性标准差)s_R定量地给出。

(A)重复性　　(B)不重复性　　(C)变动性　　(D)不变性

158. 用不同于对观测列进行统计分析的方法，来评定标准不确定度称为(　　)。

(A)不确定度的B类评定　　(B)不确定度的A类评定

(C)不正确度的B类评定　　(D)不正确度的A类评定

159. 当测量结果是由若干个其他量的值求得时，按其他量的方差和协方差算得的标准不确定度称为(　　)。

(A)标准不确定度　　(B)合成不确定度　　(C)测量部确定度　　(D)不确定度

160. (　　)是确定测量结果区间的量，合理赋予被测量之值分布的大部分可望含于此区间。

(A)测量不确定度　　(B)标准不确定度　　(C)扩展不确定度　　(D)不确定度

161. 下面几种电路中，工作速度最高的是(　　)。

(A)TTL　　(B)NMOS　　(C)PMOS　　(D)CMOS

162. 下面几种电路中，功耗最小的是(　　)。

(A)TTL　　(B)NMOS　　(C)CMOS　　(D)PMOS

163. 虑波电路就是把(　　)组合起来，来实现虑波的目的。

(A)电阻和电感　　(B)电阻和电容

(C)电感和电容　　(D)电阻、电感和电容

164. 下列不属于虑波电路形式的是(　　)。

(A)一个电容并联　　(B)一个电感串联

(C)一个电阻和一个电感串联　　(D)一个电容和一个电感组合

165. 在整流电路的负载两端并联一只电容，其输出波形脉动的大小将随着负载电阻和电容量的增加而(　　)。

(A)增大　　(B)减少　　(C)不变　　(D)无法确定

166. 已知线圈的匝数 $N=50$ 匝，若穿过线圈的磁通在0.1 s内减少 4×10^{-2} Wb，则线圈中感应电动势的大小为(　　)V。

(A)125　　(B)80　　(C)200　　(D)250

167. 电路中线圈互感电动势的大小正比于(　　)。

(A)本线圈电流的变化量　(B)本线圈电流的变化率

(C)另一线圈电流的变化量　(D)另一线圈电流的变化率

168. 如果电感和互感是常数时,自感电动势与互感电动势的大小都与电流的变化率成正比,其方向可用(　　)判断。

(A)右手定则　(B)左手定则　(C)楞次定律　(D)安培定则

169. 一个第一类杠杆和一个以上的第二类杠杆或两个及以上的第二类杠杆可组成(　　)系统。

(A)串联杠杆　(B)复合体杠杆　(C)单体杠杆　(D)第一类杠杆

170. 两个或两个以上的单个杠杆合在一起是合体杠杆,将两个或两个以上的合体杠杆组成的合体杠杆称为(　　)。

(A)串联杠杆　(B)复合体杠杆　(C)单体杠杆　(D)第一类杠杆

171. 两个或两个以上第二类杠杆及两个以上的第一类杠杆(　　)组成并联杠杆系统,其一个第一类杠杆与一个第二类杠杆(　　)并联。

(A)可以;可以　(B)不能;不能　(C)不能;可以　(D)可以;不能

172. 双手转动的方向盘、双手攻螺纹式都是对它们施加了(　　)。

(A)力偶　(B)弹力　(C)推力　(D)浮力

173. 力偶对物体的作用的大小,取决于作用力的大小和此两个力的作用线之间的(　　)。

(A)比值　(B)距离　(C)乘积　(D)方向

174. 目前我国大多数电子衡器中采用的称重传感器是(　　)工作方式。

(A)串联　(B)并联　(C)串并联　(D)以上均可

175. 电子衡器中传感器串联工作方式通常适用于配接的称重显示器(　　)的情况。

(A)分辨率比较高　(B)分辨率比较低　(C)分度数比较多　(D)分度数比较少

176. 在杠杆式等臂天平的衡量原理和结构不变的前提下,当它的线灵敏度提高时,则其分度值(　)。

(A)相应变大　(B)相应变小　(C)不变　(D)等于零

177. 在杠杆式等臂天平的衡量原理和结构不变的前提下,当它的角灵敏度提高时,则其线灵敏度(　　)。

(A)相应降低　(B)不变　(C)相应提高　(D)等于零

178. 杠杆式等臂天平的分度值是(　　)的倒数。

(A)分度灵敏度　(B)角灵敏度　(C)分度值误差　(D)示值变动性

179. 杠杆式等臂天平的法定示值变动性和天平的检定标尺分度值两者的比例关系是(　　),在数值上相等。

(A)1∶4　(B)1∶3　(C)1∶1　(D)1∶2

180. 当横梁吊挂的摆幅不变时,它对横梁的影响与其长度成(　　)。

(A)反比　(B)比例　(C)递减　(D)正比

181. 判断杠杆处于何种平衡状态的直观方法是:当扰动杠杆的外力消失后,不能自动回到原来的平衡位置,此杠杆则是(　　)。

(A)稳定平衡　(B)不稳定平衡　(C)随遇平衡　(D)弹性平衡

182. 判断杠杆处于何种平衡状态的直观方法是:当扰动杠杆的外力消失后,能在任意位置平衡,此杠杆则是(　　)。

(A)稳定平衡　(B)不稳定平衡　(C)随遇平衡　(D)弹性平衡

183. 判断杠杆处于何种平衡状态的直观方法是:当扰动杠杆的外力消失后,能自动回到原来的平衡位置,此杠杆则是(　　)。

(A)稳定平衡　(B)不稳定平衡　(C)随遇平衡　(D)弹性平衡

184. 周期检定时,送计量部门检定的天平必须接受(　　)。

(A)整机检定测试　(B)横梁部分检定测试

(C)吊挂部分检定测试　(D)读数部分检定测试

185. 在一切场合天平必备的标志是:制造厂名称或标记、产品名称、型号规格、(　　)、最大称量、(　　)、出厂编号和出厂日期。

(A)准确度级别、检定分度值(e)　(B)扩展不确定度、检定分度数

(C)准确度级别、检定分度数　(D)扩展不确定度、检定分度值

186. 以下选项不符合说明性标记要的是(　　)。

(A)标记字体模糊不清且在底版下面

(B)标记牌必须牢固,不易拆卸和破坏

(C)标记必须不易擦掉和涂改

(D)大小形状和清晰度正常使用条件容易阅读

187. 计算普通标尺天平示值变动性误差时,对等砝码交换后的平衡位置(　　)计算。

(A)变动小时参与　(B)不参与　(C)参与　(D)变动性大时参与

188. 使机械单盘天平迅速达到平衡,减少摆动次数的装置是(　　)。

(A)阻尼片　(B)盘托　(C)平衡砣　(D)重心砣

189.(　　)通常有等臂三刀行和不等臂二刀型两种。

(A)机械单盘天平　(B)机械双盘天平　(C)架盘天平　(D)扭力天平

190. 天子天平偏载检定时,载荷应加在规定的相应位置上,其天平的示值应不超过该载荷的(　　)。

(A)最大允许误差　(B)最大允许变动性

(C)最小允许变动性　(D)检定标尺分度值

191. 对非标准电子天平进行偏载检定时,试验的载荷等于天平最大秤量于相应的最大加法配衡结果的(　　)。

(A)1/2　(B)1/3　(C)1/5　(D)1/10

192. 对标准电子天平进行偏载检定时,等于天平最大秤量的试验的载荷应放在称盘中心和该称盘中心规定的前后左右方向上的正式周边距离的(　　)。

(A)1/2　(B)1/3　(C)1/5　(D)1/10

193. 电子天平在正常使用条件下,应有良好的(　　),以保证使用者的安全性。

(A)耐高温和不绝缘性　(B)耐压和绝缘性

(C)耐潮湿性和不绝缘性　(D)不耐潮湿性和绝缘性

194. 对于新电子天平,应(　　)拒绝执行可引起重大事故的指令功能且按键指示清楚。

(A)具有　(B)没有　(C)可有可无　(D)有称量而确定

195. 对于新生产、新进口和修理后的电子天平,在进行错误操作时,必须给用户提供(　　)提示。

(A)可见不可闻性　(B)不可见不可闻性　(C)任意指示　(D)可见可闻性

196. 机械单盘天平的(　　)安装在天平横梁的后下方,它的作用是平衡前面整个悬挂系统的重量。

(A)平衡砣　(B)配重砣　(C)重心砣　(D)盘托

197. 中准确度级商用天平的符号是(　　)。

(A)Ⅲ(圈)　(B)Ⅰ(圈)　(C)Ⅱ(圈)　(D)Ⅲ级

198. Ⅰ(圈)级电子天平在 $0 \leqslant m \leqslant 5 \times 10^4$ 称量范围内,新生产、修理后的最大允许误差为(　　)。

(A)$\pm 1.0e$　(B)$\pm 1.5e$　(C)$\pm 3.0e$　(D)$\pm 2.0e$

三、多项选择题

1. 测量标准按计量学特性通常分为(　　)。

(A)国际标准　(B)国家标准　(C)参考标准　(D)工作标准

2. 标准物质按量值准确度等级的高低分为(　　)标准物质。

(A)一级　(B)二级　(C)三级　(D)四级

3. 以下(　　)属于计量检定特点。

(A)检定是确定计量器具的示值误差

(B)检定的目的是确保量值的统一,使量值具有溯源性

(C)检定具有法制性

(D)检定可以不判断计量器具合格与否

4. 计量法规定(　　)为我国的法定计量单位。

(A)国际单位制辅助单位　(B)非国际单位制单位

(C)国际单位制的基本单位　(D)国家选定的非国际单位

5. 量值溯源等级图包括(　　)层次。

(A)比对报告代替证书溯源　(B)向上溯源的上级测量标准

(C)本实验室的测量标准　(D)被检测量器具

6. 测量标准大致分为(　　)。

(A)国家标准　(B)国际标准　(C)参考标准　(D)工作标准

7. 测得电阻值 $R=50\ 047\ \Omega$,其扩展部确定度 $U_{95}=340\ \Omega$,则测量结果可完整地表示为(　　)。

(A)$R=(50\ 047 \pm 340)\Omega$　(B)$R=(50.05 \pm 0.34)\text{k}\Omega$

(C)$R=(500.47 \pm 34) \times 10\ \Omega$　(D)$R=(5\ 005 \pm 34) \times 10\ \Omega$

8. 依据不确定度的评定方法可分为(　　)。

(A)标准不确定度　(B)A 类不确定度

(C)相对不确定度　(D)B 类不确定度

9. 测量不确定度的评定常用的分布是(　　)。

(A)反正弦分布　(B)均匀分布　(C)三角分布　(D)正态分布

10. 测量不确定度小表明(　　)。

(A)测量结果接近真值　(B)测量结果准确度高

(C)测量值的分散性小　(D)测量结果可能值所在的区间小

11. 当得到的测量结果为 m=500 mg,U=1 g (k=2)时,可确定(　　)。

(A)被测量对象的重量为(500±1)g

(B)测量结果不可确定的区间为 499 g～501 g

(C)在该区间内的置信水平约为 95%

(D)测量结果服从正态分布

12. 下列器具中,(　　)属于实物器具。

(A)流量计　(B)标准信号发生器　(C)砝码　(D)天平

13. 测量设备是指(　　)以及进行测量所必须的资料的总称。

(A)测量仪器　(B)测量标准　(C)标准物质　(D)辅助设备

14. 测量仪器的准确度是一个定性的概念,在实际应用中测量仪器的(　　)表示其准确度。

(A)测量误差　(B)准确度等级　(C)测量不确定度　(D)最大允许误差

15. 复现性的定义所指的改变了测量条件,可以是以下条件的一条或几条,包括(　　)。

(A)测量原理、方法、仪器　(B)观测者

(C)被测量　(D)测量时间、地点

16. 相对误差的表达形式可以是(　　)。

(A)−1%　(B)±0.2%　(C)1.2×10^{-6}　(D)0.3 μV/V

17. 测量误差按性质分为(　　)。

(A)系统误差　(B)随机误差　(C)测量不确定度　(D)最大允许误差

18. 计量的实质是对测量结果及其(　　)的确认。

(A)准确性　(B)一致性　(C)溯源性　(D)可靠性

19. 单次测量的结果有时称为(　　)。

(A)未复现性　(B)观测值　(C)测得值　(D)测量值

20. 测量误差的修正可采用的方法(　　)。

(A)修正值　(B)修正因子　(C)修正曲线　(D)修正值表

21. 完整的国家计量管理体系应由(　　)组成。

(A)国家计量法律法规体系　(B)国家计量行政管理体系

(C)国家计量基准　(D)拥有各级计量标准的量值溯源体系

22. 按"1"间隔修约的规则,"五下舍去五上进","单收双弃指五整"修约正确的是(　　)。

(A)3.141 59→3.141 6　(B)3.141 59→3.141 5

(C)3.142 5→3.142　(D)3.142 5→3.143

23. 测量误差的主要来源(　　)。

(A)方法误差　(B)器具误差　(C)环境误差　(D)人员误差

24. 随机误差消除的主要方法(　　)。

(A)做多次重复性试验取平均值　(B)加修正值

(C)加修正因子　(D)复现性试验取平均值

25. 粗大误差的原因主要(　　)。

(A)工作人员误差　(B)仪器失准　(C)环境条件突变　(D)强烈干扰

26. 我国规定用于(　　)方面时工作测量仪器属于国家强制检定的管理范围。

(A)贸易结算　(B)计量科学研究

(C)安全防护和医疗卫生　(D)环境监测

27. 在我国,以下(　　)属于强制检定的管理范围。

(A)用于贸易结算、安全防护、医疗卫生、环境监测且列入相应目录的工作计量器具

(B)社会公用计量标准

(C)部门和企事业单位的各项最高计量标准

(D)企业内部结算用的测量仪器

28. 计量立法的宗旨是(　　)。

(A)加强计量监督管理

(B)保障计量单位制的统一和量值的标准可靠

(C)适应社会主义现代化建设的需要

(D)有利于科学技术的创新和发展

29. 计量检定人员出具的计量检定证书用(　　)等,具有法律效力。

(A)量值传递　(B)裁决计量纠纷　(C)实施计量监督　(D)科技成果鉴定

30. 在变化的测量条件下,同一被测量的测量结果之间的一致性,其术语称为(　　)。

(A)复现性　(B)再现性　(C)重复性　(D)准确度

31. 明显超过统计规律预期值的误差,其术语称为(　　)。

(A)粗大误差　(B)过失误差　(C)粗差　(D)异常值

32. 测量设备是进行测量所需要的(　　)辅助设备及其技术资料的总称。

(A)测量器具　(B)测量标准　(C)标准物质　(D)测量仪器

33. 测量器具包括(　　),按其用途又分为测量标准和工作测量器具。

(A)实物器具　(B)测量仪器　(C)测量设备　(D)测试设备

34. 下面用扩展不确定度表示测量结果正确的有(　　)。

(A)$y=100.021\,47(70)$,$k=2$

(B)$y=100.021\,47(0.000\,7)\text{g}$,$k=2$

(C)$y=100.021\,47\ \text{g}$,$U(y)=0.70\ \text{mg}$,$k=2$

(D)$y=(100.021\,47\pm0.000\,70)\text{g}$,$k=2$

35. 测量不确定度B类评定的信息来源有(　　)。

(A)校准证书,检定证书测量报告　(B)有关仪器的特性

(C)以前的测量数据的实验标准差　(D)测量经验

36. 测量不确定度评定方法中,根据一系列测量数据估算实验标准偏差的评定方法为(　　)。

(A)测量不确定度的统计评定方法　(B)测量不确定度的实验估计方法

(C)测量不确定度B类评定方法　(D)测量不确定度的A类评定方法

37. 单独地或连同辅助设备一起用以进行测量的器具在学术语中为(　　)。

(A)测量仪器　(B)测量链　(C)计量器具　(D)测量传感器

38. 测量标准是为了(　　)量的单位或一个或多个量值,用作参考的实物量具、测量仪

器、参考物质或测量系统。

(A)定义　(B)复现　(C)获得　(D)保存

39. 社会公用计量标准必须经过计量行政部门主持考核合格，取得(　　)方能向社会开展量值传递。

(A)《标准考核合格证书》　(B)《计量标准考核证书》

(C)《计量检定员证》　(D)《社会公用计量标准证书》

40. 二级标准物质可以用来(　　)。

(A)校准测量装置　(B)标定一级标准物质

(C)评价计量方法　(D)给材料赋值

41. 关于标准物质的说法正确的是(　　)。

(A)标准物质可以校准测量装置、评价方法或材料赋值

(B)标准物质可以是混合的气体、液体

(C)标准物质分为一、二、三级

(D)标准物质是量值传递的一种重要手段

42. 下列条件中，(　　)是计量标准必须具备的条件。

(A)计量标准器及配套设备能满足开展计量检定或校准工作的需要

(B)具有正常工作需要的环境条件及设施

(C)具有一定数量高级职称的计量技术人员

(D)具有完善的管理制度

43. 计量标准考核的后续监管包括计量标准器或主要配套设备的(　　)。

(A)更换　(B)撤销　(C)暂停使用　(D)恢复使用

44. 不确定度的A类评定(　　)。

(A)适用于规范化的常规测量　(B)观测值应相互独立

(C)应有充分的重复测量次数　(D)较B类评定客观

45. 对于实验室自校的测量设备，要求(　　)。

(A)建立计量标准　(B)校准设备进行有效溯源

(C)校准方法形成文件并备案　(D)有校准记录使用时出具校准证书

46. 下列量值中，其计量单位属于用词头构成的是(　　)。

(A)5千牛　(B)10亿吨　(C)8兆帕　(D)20万伏

47. 后续检定包括(　　)。

(A)周期检定　(B)仲裁检定　(C)计量测试　(D)修理后检定

48. 下列对记录的描述中，正确的有(　　)。

(A)记录是证实性文件　(B)记录应原始并且真实

(C)记录应妥善保管　(D)记录应有适当的保存期限

49. 计量检定用遵循的原则是(　　)。

(A)统一准确　(B)经济合理

(C)就近就地　(D)严格执行计量检定规程

50. 计量器具新产品考核分(　　)程序。

(A)型式评价　(B)定性评价　(C)型式批准　(D)定性检定

51. 不合格计量器具的含义是(　　)。

(A)计量器具无检定合格印、证　(B)计量器具超周期使用

(C)计量器具经检定不合格　(D)计量器具封存管理

52. 误差的基本类型有(　　)。

(A)绝对误差　(B)随机误差　(C)相对误差　(D)系统误差

53. 误差分析的基本要求是(　　)。

(A)全面分析　(B)不遗漏　(C)不重复　(D)大的误差因素

54. 随机误差服从正态分布时有(　　)特性。

(A)单峰性　(B)对称性　(C)有界性　(D)抵偿性

55. 服从正态分布的随机误差置信因数分别为1、2、3时的概率分别是(　　)。

(A)0.683　(B)0.954　(C)0.997　(D)0.998

56. 计量器具在检定系统表中分(　　)。

(A)计量基准器具　(B)计量标准器具

(C)工作计量器具　(D)工作计量基准

57. 我国使用(　　)计量检定印证。

(A)检定证书　(B)检定结果通知书

(C)检定合格印、证　(D)注销印

58. 比对试验中数据处理的方法是(　　)。

(A)规定测量的量值点,测量次数　(B)确定是什么测量结果

(C)确定测量结果是否修正　(D)确定测量误差

59. 需要强制检定计量标准包括(　　)。

(A)社会公用计量标准　(B)部门最高计量标准

(C)企事业单位最高计量标准　(D)工作计量标准

60. 下列几组仪器中,测量国际单位制规定的三个力学基本物理量不可用的仪器是(　　)。

(A)米尺、弹簧秤、秒表　(B)米尺、测力计、打点计时器

(C)量筒、天平、秒表　(D)米尺、天平、秒表

61. 制造螺旋卷弹簧的常用材料有(　　)等。

(A)高碳钢　(B)镍铬钢　(C)铬钒钢　(D)镍锰合金

62. 下列选项中,属于力学计量的有(　　)。

(A)硬度　(B)温度　(C)流量　(D)噪声

63. 下列选项不属于力学计量的是(　　)。

(A)热量　(B)速度　(C)振动　(D)衰减

64. 确定活塞压力计的量值,其主要因素应该是(　　)。

(A)专用砝码质量　(B)重力加速度　(C)空气浮力　(D)活塞有效面积

65. 压力表测量的气体介质有(　　)氧气和其他可燃性气体,还有惰性气体。

(A)氯气　(B)乙炔　(C)氮气　(D)氨气

66. 一块直径100 mm,量程为1.6 MPa的1.0级弹簧管式压力表,下列可作为标准的有(　　)。

(A)Y-150,量程 2.5 MPa 的 0.4 级精密压力表

(B)Y-150,量程 1.6 MPa 的 0.6 级精密压力表

(C)测量范围(0.1～6)MPa,0.02 级的活塞压力计

(D)测量范围(0.1～6)MPa,0.05 级的活塞压力计

67. 一块直径 100 mm,量程为 1.6 MPa 的 1.6 级弹簧管式压力表,下列可作为标准的有(　　)。

(A)Y-150,量程 2.5 MPa 的 0.25 级精密压力表

(B)Y-150,量程 1.6 MPa 的 0.6 级精密压力表

(C)测量范围(0.1～6)MPa,0.02 级的活塞压力计

(D)测量范围(0.1～6)MPa,0.05 级的活塞压力计

68. 一块直径 60 mm,量程为 4 MPa 的 2.5 级弹簧管式压力表,下列可作为标准的有(　　)。

(A)Y-150,量程 4 MPa 的 0.4 级精密压力表

(B)Y-150,量程 10 MPa 的 1.0 级压力表

(C)测量范围(0.1～6)MPa,0.02 级的活塞压力计

(D)测量范围(0.1～6)MPa,0.05 级的活塞压力计

69. 一块直径 60 mm,量程为 4 MPa 的 2.5 级弹簧管式氧气压力表,下列可作为标准的有(　　)。

(A)Y-150,量程 4 MPa 的 0.4 级精密压力表

(B)Y-150,量程 10 MPa 的 1.0 级压力表

(C)测量范围(0.1～6) MPa,0.02 级的油介质活塞压力计

(D)测量范围(0.1～6) MPa,0.05 级的水介质活塞压力计

70. 一块直径 100 mm,量程为 0.16 MPa 的 1.6 级弹簧管式压力表,下列可作为标准的有(　　)。

(A)Y-150,量程 0.16 MPa 的 0.4 级精密压力表

(B)Y-150,量程 0.25 MPa 的 1.0 级压力表

(C)0.05 级活塞压力真空计

(D)0.02 级的活塞压力计

71. 以下(　　)准确度等级精密压力表,在工作中常被选用来作标准。

(A)0.1 级　　(B)0.25 级　　(C)0.4 级　　(D)0.6 级

72. 精密压力表的分度值应符合下列中的(　　)。

(A)1×10^n　　(B)2×10^n　　(C)3×10^n　　(D)5×10^n

73. 精密压力表的指针刀锋指示端应垂直于分度盘,并能满足覆盖最短分度线的是(　　)。

(A)1　　(B)1/4　　(C)2/4　　(D)3/4

74. 经检定不符合原准确度的精密压力表,以下选项正确的是(　　)。

(A)经检定低于原准确度的精密表允许降级使用,可不更改准确度等级标志

(B)经检定低于原准确度的精密表允许降级使用,但必须更改准确度等级标志

(C)经检定高于原准确度的精密表不予升级

(D)经检定高于原准确度的精密表可以升级

75. 选用活塞压力计检定精密压力表时若精密表指针与活塞的下端面不在同一水平面时,以下(　　)量程是需要做压力修正的。

(A)10 MPa　　(B)1.6 MPa　　(C)0.6 MPa　　(D)0.4 MPa

76. 压力真空表真空部分的检定描述正确的是(　　)。

(A)压力测量上限为 0.15 MPa,真空部分检定两点示值

(B)压力测量上限为 0.15 MPa,真空部分检定三点示值

(C)压力测量上限为 0.06 MPa,真空部分检定两点示值

(D)压力测量上限为 0.06 MPa,真空部分检定三点示值

77. 数字指示秤的首次检定包括(　　)。

(A)修理后的检定　　(B)进口秤的检定

(C)周期检定　　(D)新制造、新安装的秤

78. 数字指示秤的随后检定包括(　　)。

(A)新投入使用强制检定的秤使用前申请的检定

(B)进口秤的检定

(C)周期检定

(D)修理后的检定

79. 以下是电子天平的必备标记的有(　　)。

(A)电源电压　　(B)产品名称　　(C)型号　　(D)出厂编号

80. 以下是电子天平的适当必备的标记的有(　　)。

(A)检定分度值　　(B)实际分度值　　(C)电源电压　　(D)电源频率

81. 天平的安装使用环境要求(　　)适合。

(A)阳光明亮　　(B)木质平台

(C)避光　　(D)减震式厚重水泥平台

82. 制造砝码的材料应当(　　)。

(A)均匀　　(B)稳定　　(C)防磁　　(D)防锈

83. 拉、压万能试验机的级别分为(　　)。

(A)0.5 级　　(B)1 级　　(C)2 级　　(D)3 级

84. 对应拉、压万能试验机的 0.5 级、1 级、2 级,其试验力示值的最大允许相对误差以下正确的是(　　)。

(A)±0.5 级　　(B)±1.0 级　　(C)±2.0 级　　(D)±3.0 级

85. 对应拉、压万能试验机的 0.5 级、1 级、2 级,其试验力示值重复性最大允许相对误差以下正确的是(　　)。

(A)0.5 级　　(B)1.0 级　　(C)2.0 级　　(D)3.0 级

86. 对应拉、压万能试验机的 0.5 级、1 级、2 级,其试验力示值进回程最大允许相对误差以下正确的是(　　)。

(A)±0.5 级　　(B)±0.75 级　　(C)±1.5 级　　(D)±3.0 级

87. 对应拉、压万能试验机的 0.5 级、1 级、2 级,其试验力示值零点最大允许相对误差以下正确的是(　　)。

(A)±0.05 级　　(B)±0.5 级　　(C)±0.1 级　　(D)±0.2 级

88. 对应拉、压万能试验机的 0.5 级、1 级、2 级，其试验力示值相对分辨力以下正确的是(　　)。

(A)0.25 级　　(B)0.5 级　　(C)0.75 级　　(D)1.0 级

89. 试验机工作时，对应试验机的最大试验力，其噪声声压级的最大允许值以下正确的是(　　)dB(A)。

(A)90　　(B)75　　(C)80　　(D)85

90. 试验机的同轴度检测时，对自动调心夹头用同轴度自动测量仪测定新制造和使用中的的同轴度最大允许误差分别为(　　)。

(A)10%　　(B)12%　　(C)15%　　(D)18%

91. 试验机的同轴度检测时，对非自动调心夹头用同轴度自动测量仪测定新制造和使用中的的同轴度最大允许误差分别为(　　)。

(A)20%　　(B)22%　　(C)25%　　(D)28%

92. 液压式万能试验机新制的及使用中的 30 s 内试验力最大变动值分别为(　　)。

(A)0.1%　　(B)0.2%　　(C)0.3%　　(D)0.4%

93. 液压式压力试验机、弹簧压力试验机新制的及使用中的 30 s 内试验力最大变动值分别为(　　)。

(A)0.4%　　(B)0.5%　　(C)0.6%　　(D)0.7%

94. 试验机检定时，目测检查试验力指示装置的分辨力时，模拟指示装置的可读能力一般为分度值的(　　)。

(A)1/2　　(B)1/3　　(C)1/5　　(D)1/10

95. 由拉伸试验所确定的金属力学的四大性能指标是(　　)。

(A)抗拉强度　　(B)屈服强度　　(C)相对伸长率　　(D)断面收缩率

96. 材料的(　　)等试验，是由万能材料试验机进行的。

(A)拉伸　　(B)压缩　　(C)弯曲　　(D)剪切

97. 根据试验机的加荷方式可分为(　　)大类。

(A)动负荷试验机　　(B)静负荷试验机　　(C)冲击试验机　　(D)万能试验机

98. 动负荷试验机又可分为(　　)。

(A)拉、压万能试验机　(B)扭转试验机　　(C)冲击试验机　　(D)疲劳试验机

99. 静负荷试验机又可分为(　　)。

(A)冲击试验机　　(B)拉、压万能试验机

(C)扭转试验机　　(D)疲劳试验机

100. 试验机试验力的检定范围从每级量程的 20% 至最大试验力，检定点不得少于五点，应尽可能均匀分布选择，一般选 20% 和(　　)以及 100% 相对应。

(A)40%　　(B)50%　　(C)60%　　(D)80%

101. 试验机的示值进回程相对误差的检定，在试验机的(　　)上连续进行一次递增及递减力测量。

(A)最低量程　　(B)50% 量程　　(C)75%量程　　(D)最高量程

102. 现行压力变送器检定规程适用于压力变送器的(　　)。

(A)定性鉴定 (B)首次检定 (C)后续检定 (D)使用中的检验

103. 压力变送器一般分为( )两大类。

(A)机械 (B)电动 (C)气动 (D)液压

104. 压力变送器的后续检定包括( )检定项目。

(A)外观 (B)绝缘电阻 (C)基本误差 (D)回差

105. 压力变送器的使用中的校验包括( )检定项目。

(A)外观 (B)绝缘电阻 (C)基本误差 (D)回差

106. 电动压力变送器的标准化输出信号主要为( )的直流信号。

(A)0 mA～20 mA (B)0 mA～10 mA (C)4 mA～20 mA (D)1 V～5V

107. 压力变送器检定前调整用改变输入压力的办法对输出下限值和上限值进行调整,使其与理论值一致,一般可以通过调整( )来完成。

(A)零点 (B)50％的满量程 (C)80％的满量程 (D)满量程

108. 电源一般由( )组成。

(A)电源 (B)负载 (C)连接导线 (D)电阻

109. 电路通常有( )等状态。

(A)通路 (B)断路 (C)开路 (D)短路

110. 锉刀的保养注意事项有:( )。

(A)不锉淬火件和毛坯件 (B)防止沾油、沾水以免生锈

(C)不要当锤击工具用 (D)使用新锉要先检一面用,用后刷净铁削

111. 压力传感器根据变换原理下列( )是变电阻传感器。

(A)电位器式 (B)应变式 (C)涡流式 (D)压阻式

112. 压力传感器根据变换原理下列( )是变磁阻传感器。

(A)应变式 (B)电感式 (C)涡流式 (D)差动变压器式

113. 台秤是由( )部分组成的。

(A)读数装置 (B)承重装置 (C)杠杆系统 (D)秤体安装

114. 案秤的部件装配包括( )。

(A)秤体装配 (B)承重架装配 (C)计量杠杆装配 (D)增托盘装配

115. 洛氏硬度计的总试验力对试验结果的影响是( )。

(A)试验力增加,示值偏高 (B)试验力增加,示值偏低

(C)试验力增加,对低硬度的影响大 (D)试验力增加,对高硬度的影响大

116. 现行金属布氏硬度计检定规程适用于固定式金属布氏硬度计的( )。

(A)型式检验 (B)首次检定 (C)后续检定 (D)使用中的检验

117. 布氏硬度计主要适用于( )等硬度的测定。

(A)铸铁 (B)钢材 (C)有色金属 (D)软合金

118. 布氏硬度计的硬度范围一般为( )。

(A)≤125 (B)125＜HBW≤225 (C)＞225 (D)以上都不对

119. 布氏硬度计的试验循环时间是指( )。

(A)试验力接触时间 (B)试验力稳定时间

(C)试验力保持时间 (D)试验力施加时间

120. 布氏硬度计进行后续检定或使用中检验时，(　　)温度满足要求。

(A)8°　　(B)18°　　(C)28°　　(D)38°

121. 布氏硬度计检定时周围环境条件应包括(　　)。

(A)清洁　　(B)无振动　　(C)无腐蚀性气体　　(D)无温差变化

122. 布氏硬度计的主轴和试台台面的垂直度的检定时需要使用满足一定技术要求的检定用具包括(　　)。

(A)校验棒　　(B)秒表　　(C)塞尺　　(D)刀口直角尺

123. 布氏硬度计的升降丝杆轴线与主轴轴线的同轴度检定时需要使用满足一定技术要求的检定器具包括(　　)。

(A)标准测力计　　(B)测量显微镜　　(C)洛氏金刚石压头　　(D)洛氏硬度块

124. 布氏硬度计试验力的检定需要使用满足一定技术要求的检定器具包括(　　)。

(A)标准测力计　　(B)千分尺　　(C)万能支架　　(D)秒表

125. 布氏硬度计的压头检定项目包括(　　)。

(A)球直径　　(B)表面粗糙度　　(C)球的硬度　　(D)压痕测量

126. 布氏硬度计的压头检定需要使用满足一定技术要求的检定器具包括(　　)。

(A)千分尺　　(B)立式光学计测长仪

(C)干涉显微测量仪　　(D)维氏硬度计

127. 布氏硬度计检定试验力施加速度和试验循环时间项目需要使用满足一定技术要求的检定器具包括(　　)。

(A)标准硬度块　　(B)秒表　　(C)百分表　　(D)万能支架

128. 布氏硬度计的后续检定时应包括下列检定项目(　　)。

(A)通用技术要求　　(B)试验力

(C)试验力施加速度和试验时间　　(D)示值误差和示值重复性

129. 布氏硬度计使用中的检验需包括下列检定项目(　　)。

(A)通用技术要求　　(B)试验力施加速度和试验时间

(C)示值误差和示值重复性　　(D)球压头

130. 影响布氏硬度示值的主要因素(　　)。

(A)试验力误差　　(B)球压头直径　　(C)压痕直径测量　　(D)加试验力速度

131. 对布氏硬度计以下表述正确的是(　　)。

(A)硬度值的变化与试验力误差成非线性关系

(B)硬度值的变化与试验力误差成线性关系

(C)硬度值的变化与球压头直径误差成非线性

(D)硬度值的变化与球压头直径误差成线性

132. 现行金属洛氏硬度计检定规程适用于固定式洛氏硬度计的(　　)。

(A)出厂检验　　(B)首次检定　　(C)后续检定　　(D)使用中的检验

133. 洛氏硬度计的试验循环时间是指(　　)。

(A)初试验力保持时间　　(B)加主试验力时间

(C)加主试验力保持时间　　(D)总试验力保持时间

134. 洛氏硬度计的压痕深度测量装置对(　　)标尺其最大允许误差为±0.000 5 mm，即为0.5HR。

(A)A (B)B (C)N (D)T

135. 洛氏硬度计的主轴和试台台面垂直度的检定时需要使用满足一定技术要求的检定用具包括(　　)。

(A)校验棒 (B)塞尺 (C)秒表 (D)直角尺

136. 洛氏硬度计的升降丝杆轴线与主轴轴线的同轴度检定时需要使用满足一定技术要求的检定器具包括(　　)。

(A)标准测力计 (B)测量显微镜 (C)洛氏硬度块 (D)测角仪器

137. 洛氏硬度计的机架变形和试样位移等对读数的影响检定时需要相应的检定器具包括(　　)。

(A)洛氏硬度块 (B)显微镜 (C)标准测力计 (D)球压头

138. 洛氏硬度计的硬度计示值检定需要使用相应检定器具有(　　)。

(A)标准测力计 (B)标准硬度块 (C)球压头 (D)秒表

139. 洛氏硬度计金刚石圆锥压头示值误差检定时需要相应的检定器具(　　)。

(A)标准测力计 (B)洛氏硬度计 (C)标准压头 (D)标准硬度块

140. 洛氏硬度计的后续检定的检定项目有(　　)。

(A)外观 (B)加力速度

(C)试样位移和机架变形 (D)硬度计示值

141. 使用中洛氏硬度计的检定项目包括(　　)。

(A)外观 (B)加力速度 (C)初试验力 (D)硬度计示值

142. 下列洛氏硬度块中,(　　)是A、B标尺常用的标准硬度块。

(A)(20～40)HRA (B)(80～88)HRA (C)(60～80)HRB (D)(85～100)HRB

143. 下列洛氏硬度块中,(　　)是C、D标尺常用硬度块。

(A)(40～47)HRD (B)(20～30)HRC (C)(35～55)HRC (D)(60～70)HRC

144. 洛氏硬度计总试验力的检定时各级总试验力分别加上时,主轴所处位置对A标尺,相应硬度指示(　　)。

(A)0 (B)10HRA (C)50HRA (D)70HRA

145. 洛氏硬度计总试验力的检定时各级总试验力分别加上时,主轴所处位置对B标尺,相应硬度指示(　　)。

(A)0 (B)10HRB (C)50HRB (D)70HRB

146. 洛氏硬度计总试验力的检定时各级总试验力分别加上时,主轴所处位置对C标尺,相应硬度指示(　　)。

(A)0 (B)－10HRC (C)10HRC (D)30HRC

147. 洛氏硬度计示值误差和示值重复性的检定时两相邻压痕中心间距和压痕中心至硬度块边缘间的距离,分别应不小于压痕直径的(　　)。

(A)4倍 (B)3倍 (C)2.5倍 (D)1倍

148. 洛氏硬度计的初试验力29.42 N,压头为金刚石圆锥压头其对应的硬度标尺为(　　)。

(A)HR15N (B)HR30N (C)HR45N (D)HR30T

149. 洛氏硬度计的初试验力 29.42 N,压头为 ϕ1.587 5 mm 刚球压头其对应的硬度标尺为(　　)。

(A)HR15T　(B)HR30T　(C)HR45T　(D)HR30N

150. 洛氏硬度试验的特点是(　　)。

(A)操作简单,工作效率高　(B)使用的试验力较小

(C)对试件的表面粗糙度要求较低　(D)测量的硬度范围较大

151. 现行金属维氏硬度计试验力范围为 0.098 07 N 至 980.7 N 的(　　)。

(A)出厂检定　(B)首次检定　(C)后续检定　(D)使用中的检定

152. 维氏硬度计的后续检定的检定项目有(　　)。

(A)外观　(B)试验力

(C)压头　(D)硬度计示值误差和重复性

153. 使用中维氏硬度计的检定项目包括(　　)。

(A)外观　(B)试验力

(C)压头　(D)硬度计示值误差和重复性

154. 维氏硬度计的硬度计主轴与试台台面垂直度的检定需要使用的满足一定技术要求的检定器具包括(　　)。

(A)校验棒　(B)直角尺　(C)塞尺　(D)硬度块

155. 维氏硬度计的升降丝杆轴线与主轴轴线同轴度的检定需要使用满足一定技术要求的检定器具包括(　　)。

(A)校验棒　(B)压痕测量装置　(C)硬度块　(D)标准测力计

156. 维氏硬度计的硬度计示值误差和重复性的检定时需要使用满足一定技术要求的检定器具包括(　　)。

(A)标准维氏硬度块　(B)小试验力维氏硬度块

(C)显微维氏硬度块　(D)标准测力仪

157. 维氏硬度计的压头外观及镶嵌质量检定时需要使用满足一定技术要求的检定器具包括(　　)。

(A)标准测力计　(B)立体显微镜　(C)硬度块　(D)水平仪

158. 维氏硬度计的试验循环时间是指(　　)。

(A)初试验力保持时间　(B)试验力施加时间

(C)试验力保持时间　(D)试验力卸除时间

159. 维氏硬度试验中的维氏试验的特点包括(　　)。

(A)维氏硬度示值与试验力大小无关

(B)静载硬度测定中,维氏试验法最精确

(C)压痕为正方形对角线测量精度高

(D)通常对薄件、硬件的精确测量

160. 维氏硬度试验中显微维氏硬度试样的特点是(　　)。

(A)采用的试验力小

(B)压痕极小不损坏试样

(C)可测定其他方法不能测定的小件、脆硬件及金相组织的硬度

(D)可对材料进行精密的理化分析

161. 电阻应变式称重传感器的结构形式与下列(　　)结构形式无关(　　)。

(A)应变片　(B)弹性体　(C)供桥电源　(D)传输电缆

162. 通常以下(　　)称重传感器是根据称重传感器的结构形式不同来划分的。

(A)轮辐式　(B)桥式　(C)柱式　(D)S形

163. 下列称重传感器中,(　　)输出灵敏度相对较高。

(A)桥式　(B)悬臂梁式　(C)柱式　(D)S形

164. 下列叙述中,属于传感器弹性体应必备的基本特征有(　　)。

(A)弹性模量的温度系数应尽量小　(B)材料的可焊性可以差

(C)材料应具有较高的强度　(D)材料应具有很好的热处理性能

165. 20 t 传感器一般不选用(　　)作为弹性体。

(A)低弹性模量的铝合金　(B)低弹性模量的钢合金

(C)高弹性模量的铝合金　(D)高弹性模量的钢合金

166. 30 kg 传感器一般不选用(　　)作为弹性体。

(A)低弹性模量的铝合金　(B)低弹性模量的钢合金

(C)高弹性模量的铝合金　(D)高弹性模量的钢合金

167. 衡量原理通常有(　　)。

(A)杠杆原理　(B)弹性原理　(C)液压原理　(D)电磁力平衡原理

168. 称重传感器中不能直接感受负荷的元件是(　　)。

(A)敏感元件　(B)不敏感元件　(C)称重元件　(D)电子元件

169. 以下选项中,(　　)是台秤、案秤的使用维护保养内容。

(A)使用时不得超过最大秤量　(B)秤不灵活时可在零件连接处加油脂

(C)不同臂比的增砣不能互换　(D)刀子与刀承之间切勿涂油脂

170. 以下选项中,(　　)是地秤的使用维护保养内容。

(A)秤的零件不得任意拨动和拆卸　(B)使用时不得超过最大秤量

(C)刀子与刀承之间经常涂油脂　(D)秤台四周应有规定的间隙

171. 下列(　　)秤属于数字指示秤。

(A)移动式案秤　(B)电子计价器　(C)电子台秤　(D)电子汽车衡

172. 模拟指示秤(　　)属于强制必备标志。

(A)准确度等级　(B)最大秤量　(C)最小秤量　(D)检定分度值

173. 台秤是(　　)构成的。

(A)第一类杠杆　(B)第二类杠杆　(C)第三类杠杆　(D)第四类杠杆

174. 下列选项中,(　　)的具体检定执行 JJG 14—1997《非自行指示秤》国家计量检定规程。

(A)移动式台秤　(B)度盘秤　(C)地磅秤　(D)弹簧度盘秤

175. JJG 13—1997《模拟指示秤》检定规程规定,秤量测试时,准确等级秤必须测试最大允许误差改变的(　　)秤量。

(A)50e　(B)200e　(C)500e　(D)2000e

176. JJG 13—1997《模拟指示秤》检定规程规定,秤量测试时,普通准确等级秤必须测试最大允许误差改变的(　　)秤量。

(A)500e　(B)200e　(C)500e　(D)2 000e

177. 下列秤中，(　　)不是数字指示秤。

(A)弹簧度盘秤　(B)TGT 型台秤　(C)固定式电子秤　(D)模拟指示秤

178. SCS-20 型电子汽车衡的最大秤量为 20 t，检定分度值 10 kg，其 0.3e 和 0.2e 是(　　)kg。

(A)30　(B)20　(C)3　(D)2

179. TGT-100 型台秤长杠杆的支重距与支力距分别是(　　)。

(A)5　(B)50　(C)165　(D)500

180. TGT-100 型台秤短杠杆的支重距与支力距分别是(　　)。

(A)50　(B)60　(C)150　(D)165

181. TG-100 型台秤的最小刻度值和最大刻度值分别为(　　)。

(A)0.05 kg　(B)0.5 kg　(C)5 kg　(D)50 kg

182. 利用弹簧制式秤上使用的弹簧元件通常有(　　)。

(A)高碳钢弹簧　(B)平卷弹簧　(C)不锈钢弹簧　(D)螺旋卷弹簧

183. 机械天平的横梁应当(　　)。

(A)重量轻　(B)重量大　(C)刚性好　(D)性能稳定

184. 以下是机械秤的计量性能的是(　　)。

(A)稳定性　(B)灵敏性　(C)正确性　(D)重复性

185. 通常(　　)统称为地秤。

(A)地中衡　(B)地上衡　(C)地下衡　(D)大型衡器

186. 杠杆在外力的作用下离开原来的平衡位置后，经过几次摆动可能发生的情况是(　　)。

(A)摆动平衡　(B)稳定平衡　(C)不稳定平衡　(D)随遇平衡

187. 以下选项中不适合 TG328B 天平的使用环境是(　　)。

(A)13 ℃～30 ℃　(B)18 ℃～26 ℃

(C)向阳的明亮房间　(D)温度波动为 2 ℃/h

188. 以下属于秤的说明标志有(　　)。

(A)强制必备标志　(B)必备标志

(C)使用条件和地点的要求　(D)旋转测试

189. 下列属于机械天平计量性能的检定项目有(　　)。

(A)测定天平的分度值　(B)测定天平的不等臂性误差

(C)测定天平的示值变动性误差　(D)测定游码标尺、链条标尺秤量误差

190. 砝码的使用保养应注意的问题有(　　)。

(A)砝码的存放应注意防潮、防锈、防振、防磁、防腐蚀

(B)使用砝码应使用专用镊子，或戴细纱手套，轻拿轻放，禁止撞击磕碰

(C)砝码表面应保持清洁卫生，如有污物可用无水乙醇清洗，有调整腔的只能蘸无水乙醇擦净

(D)使用砝码应按先后顺序，先用不带点的，用毕放回原盒内的窠巢中

191. 以下属于天平使用时保养应注意问题的是(　　)。

(A)天平的使用环境应注意清洁卫生，温度变化要小，空气干燥，无腐蚀性气体，无影响秤

量的振动和磁场

(B)使用前应调整好水平,用毛刷清扫秤盘,底板及附近桌面

(C)开关天平时应防止冲击横梁

(D)秤量时应开启侧门,严禁在开启状态取放秤量物

192. 按JJG 14—97《非自行指示秤检定规程》的要求,以下属于检定项目的有(　　)。

(A)外观检查　(B)零点测试　(C)称量测试　(D)偏载测试

193. 以下属于非自行指示秤的秤量测试必测的秤量点的是(　　)。

(A)最小秤量　(B)标尺或主、副标尺的最大秤量值

(C)最大允许误差改变的秤量　(D)最大秤量

194. 以下关于机械秤的四大计量性能及其含义的说法均为正确的是(　　)。

(A)稳定性:秤的计量杠杆(指示部分)受到外界干扰能够自动恢复平衡的能力

(B)灵敏性:秤对微小质量变化的觉察能力

(C)正确性:秤具有正确固定的杠杆比

(D)重复性:在相同条件下,秤对同一物体多次秤量,秤量结果的一致性

195. 手持离心式转速表使用时,应注意的问题有(　　)。

(A)不能用低速挡测量高转速

(B)转速表表轴与被测轴接触时,要对准轴心动作要缓慢

(C)表轴与被测件不要顶得过紧,不产生相对滑动即可

(D)转速表使用前应加润滑油,从表壳和调速盘上的油孔注入

四、判 断 题

1. 以确定量值为目的的一组操作称为测量。(　　)

2. 计量的定义是实现单位统一、量值准确可靠的活动。(　　)

3. 测量仪器是用来测量并能得到被测对象确切量值的一种技术工具或装置。(　　)

4. 灵敏度是反映测量仪器被测量(输入)变化引起仪器示值(输出)变化的程度。(　　)

5. 测量结果是指由测量所得到的赋予被测量的值。(　　)

6. 准确度是一个定性的概念。(　　)

7. 重复性是指在相同测量条件,对同一被测量进行连续多次测量所得结果之间的一致性。(　　)

8. 复现性是指在改变了的测量条件下,同一被测量的测量结果之间的一致性。(　　)

9. 表征合理地赋予被测量之值的分散性,与测量结果相联系的参数称为测量不确定度。(　　)

10. 测量不确定度由多个分量组成。(　　)

11. 可测量的量是现象、物体或物质可定性区别和定量确定的属性。(　　)

12. 量的真值只有通过完善的测量才有可能获得。(　　)

13. 在给定的一贯单位制中,每个基本量只有一个基本单位。(　　)

14. 量值溯源有时也可将其理解为量值传递的逆过程。(　　)

15. 计量检定必须按照国家计量检定系统表进行。(　　)

16. 计量检定的目的是确保检定结果的准确,确保量值的溯源性。(　　)

17. 校准不判断测量器具的合格与否。(　　)

18. 实际用以检定计量标准的计量器具是计量基准。(　　)

19. 社会公用计量标准对社会上实施计量监督具有公证作用。(　　)

20. 企业、事业单位最高计量标准对社会上实施计量监督具有公证作用。(　　)

21. 我国的法定计量单位是由国际单位制单位和我国人民长期以来使用的一些单位构成的。(　　)

22. 国际单位制的七个基本单位是米,千克,秒,安[培],开[尔文],摩[尔],焦尔。(　　)

23. 国际单位制的两上辅助单位是平面角弧度(rad)和立体角球面度(sr)。(　　)

24. 体积单位升(L)是一个法定计量单位。(　　)

25. 力的单位牛顿(N)是一个国际单位制的具有专门名称的基本单位。(　　)

26. 在国际单位制中没有万和亿的词头,因而万(10^4)和亿(10^8)是法定计量单位中不允许使用的。(　　)

27. 测量结果减去被测量的真值称为测量误差。(　　)

28. 测量误差除以被测量的真值称为相对误差。(　　)

29. 随机误差等于误差减去系统误差。(　　)

30. 测量仪器的引用误差是测量仪器的误差除以仪器的特定值。(　　)

31. 修正值等于负的系统误差。(　　)

32. 计量确认这一定义来源于国际标准 ISO 10012-1。(　　)

33. 金属材料的机械性能包括:弹性、塑性、强度、硬度和韧性。(　　)

34. 牌号为 30 的钢是普通碳素结构钢。(　　)

35. 热处理中,调质是钢淬火后的中温回火。(　　)

36. 如图 12 所示的形位公差代号标注可行。(　　)

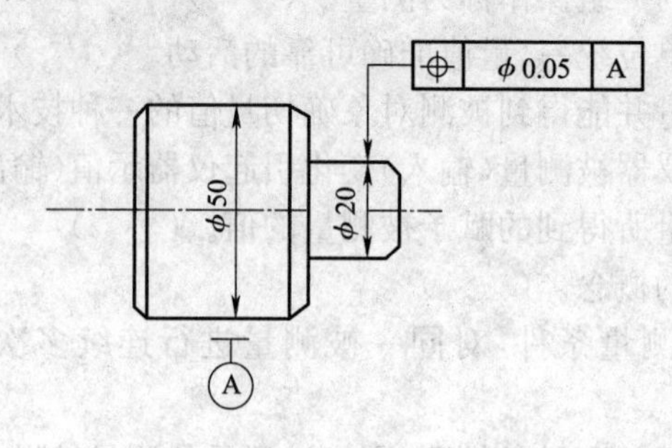

图　12

37. 如图 13 所示的配合代号可用。(　　)

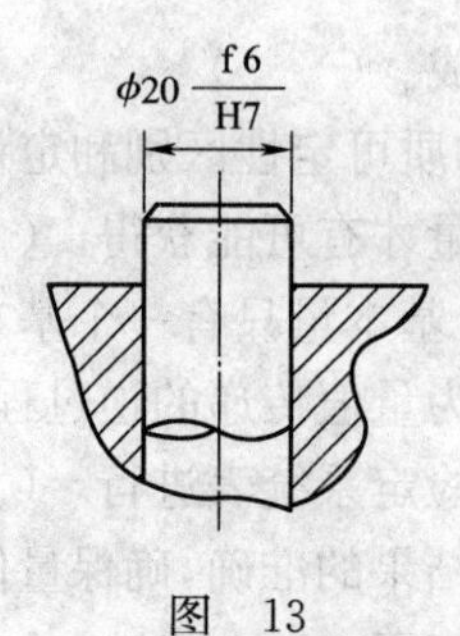

图　13

38. 液压系统中的油箱仅起一个储油的作用。(   )

39. 电压源可用电动势和内阻串联的形式表示。(   )

40. 集成运放的"—"端称为反相输入端,表示信号从这一端输入时,输出信号与输入信号相位相反。(   )

41. 计算机硬件能直接存储与执行的程序是由机器指令组成的目标程序。(   )

42. 保护接地应当在中性点接地的低压供电系统中使用。(   )

43. 压力(压强)是指作用在单位面积上的全部力。(   )

44. 1 $kgf/cm^2 \approx 0.1$ MPa$=1\ 000$ mmH_2O 。(   )

45. 表示疏空就是真空度。(   )

46. 活塞压力计专用砝码的质量是由测量活塞直径后经理论计算获得的。(   )

47. 杯型(单管)液体压力计的杯型部分的面积应足够大,以使其在测量过程过液面的升降很小。(   )

48. 浮球式压力计是靠浮球连同其上砝码的质量产生的重力与气体压力相平衡产生标准压力的。(   )

49. 半导体扩散硅压力传感器的硅杯(片)上做有应变电阻桥,能使压力变化转化为电阻变化。(   )

50. 数字压力计的信号处理部分的作用是把压力传感器传送来的电信号转换为数字信号直接给显示部分。(   )

51. 压力变送器能把压力信号转化为标准的电信号。(   )

52. 弹性元件的弹性后效在空载情况下表现明显。(   )

53. 弹簧管式压力表的回程误差应该转动机芯的安装角度加以改善。(   )

54. 0.4 级精密弹簧管式压力表的示值检定包括零点应不少于 10 点。(   )

55. 当被检压力表中心高于活塞压力计活塞下底面时,压力表的示值误差应在原读数示值误差上增加液柱高度差产生的压力值。(   )

56. 弹簧管式精密压力表使用温度在 30 ℃时,其示值误差应按 30 ℃与 20 ℃的差值进行修正。(   )

57. 活塞压力计在活塞有效面积测定合格的情况下,旋转延续时间可以不检。(   )

58. 活塞压力计使用中应定期做活塞下降速度的自校验,以防标准压力失准。(   )

59. 斜管微压计使用时调不调水平并不十分重要。(   )

60. 数字压力计检定中出现显示数字不稳定时,一般应当调整零点或满度。(   )

61. 电动压力变送器应在测量范围内均匀地选择不少于 5 点,(上、下限可以不检),进行检定。(   )

62. 全桥整流电路输出电压不足,可能的故障是有一个整流二极管被击穿短路。(   )

63. 串联杠杆系用来扩大承重台面的尺寸。(   )

64. TGT 型台秤承重部分的长杠杆是一个复合合体杠杆。(   )

65. 案秤罗伯威乐机构的作用仅仅是克服秤的偏载误差。(   )

66. TGT 型台秤的杠杆系是由并联杠杆和串联杠杆组合的复杂杠杆系构成的。(   )

67. 机械式地中衡的承重杠杆系常采用相同臂比的同类杠杆并联而成,是为了保证偏载称量的一致性。(   )

68. 机械衡器全秤时的灵敏度与支点刀线和重、力点刀线的距离有关。( )

69. 机械衡器的允差在全量程内的相对误差一致。( )

70. 机械杠杆在大负荷发生弯曲变形时的臂比和灵敏度保持不变。( )

71. AGT 型案秤的支点刀下降,则灵敏度升高。( )

72. AGT 型案秤偏载测试时沿计量杠杆纵向后端出现正差(示值大于砝码),这是连杆偏长。( )

73. 台秤的计量杠杆摆动缓慢摆幅达不到要求,这可能是机构存摩擦阻碍等不灵活的故障。( )

74. 台秤偏载测试时,有一点示值为正差(示值大于砝码的标秤值),应增大该点的支重距。( )

75. 机械式地中衡的承重杠杆完全是由串联杠杆系构成的。( )

76. 机械式地秤副标尺灵敏度测试合格,最大秤量灵敏度测试不合格,则应当下降平衡砣的位置。( )

77. 20 t 机械式地秤,计量杠杆单独测试时,其分度值的实际值与全秤检定时相同。( )

78. 机械式地中衡(游砣标尺秤)的秤量检定可只选择 500e, 2 000e 等五个点进行。( )

79. 应变式负荷传感器的电阻是与负荷成正比的。( )

80. 应变式负荷传感器,在恒载荷作用下,输出是不随时间发生变生的。( )

81. 数字电子秤一般由机械台面、传力机构和显示仪表构成。( )

82. 数字电子秤的承重台面要有足够的刚性和强度,并在垂直方向以尽量小的阻力和摩擦将力传送负荷传感器。( )

83. 数字电子秤的称重仪表的功能是接受传感器的信号进行放大后直接进行显示。( )

84. 双积分式 A/D 转换比逐次比较式速度更快。( )

85. 数字秤的零点跟踪功能是把一个从零点起增长(减小)的信号记作并显示:"0"。( )

86. 数字秤周期检定的检定项目为外观检查,空秤、秤量、偏载、灵敏度、重复性测试。( )

87. 数字电子秤的鉴别力测试应采用 0.1d 的小砝码,逐渐加至示值增加一个字时,砝码的值不大于 1.4d 为合格。( )

88. 20 t 电子汽车衡偏载测试时一点出现正差 2e,若传感器并联使用,应增大该传感器的供桥电压。( )

89. 电子秤的秤量校准可只在满量程一点进行。( )

90. 电子秤稳压电路中,三端稳压块输入电压不足,可能的故障是全桥整流中有一只二极管短路了。( )

91. 某数字秤的七段数码管显示只有一位中有二段无显示,这是由于段显示电路损坏造成的。( )

92. "硬度"是一个确定的物理量。( )

93. 洛氏硬度试验读数时是在卸除全部负荷后。(　　)

94. 布氏硬度试验力应保证与压头直径平方之比为一固定常数,这是由布氏硬度试验相似原理决定的。(　　)

95. 布氏硬度值是卸除负荷后钢球压痕表面积上的平均压力。(　　)

96. 维氏硬度是以压头压痕的投影面积上的平均压力表示硬度值的。(　　)

97. 里氏硬度试样表面粗糙度对试验结果无大影响。(　　)

98. 由正切摆测力原理摆杆仰角的正切值与被测力成比,因而度盘刻度是均分的。(　　)

99. 百分表式 0.3 级标准测力仪,在使用温度和检定温度不一致时应当进行温度修正。(　　)

100. 标准硬度块在标准硬度计上测试,不同点的示值偏差不应超过一定范围。(　　)

101. 检定 1 级材料试验机用标准测力仪的年稳定度不应超过 0.5%。(　　)

102. 洛氏硬度计示值检定中对每个硬度块可测试 6 点,其中误差较大的一点可以删去不计。其余五点取平均值。(　　)

103. 洛氏硬度计的初试验力检定只在一个位置按加载方向进行。(　　)

104. 布氏硬度计检定中,对 5 mm 钢球的压头的示值可取三点的平均值作为硬度计示值。(　　)

105. 洛氏硬度计示值不合格时,可以采取调整加荷速度的方法改善示值。(　　)

106. 检定拉、压万能材料试验机时,应首先调整零位,然后放上标准力仪开始检测力值准确度。(　　)

107. 转速等于旋转物体单位时间内的旋转频率。(　　)

108. 转速的法定计量单位是转/分和转/秒。(　　)

109. 我国现行转速表检定规程 JJG 105—2000 规定转速表的准确度等级分为 0.01,0.02,0.05,0.1,0.2,0.3,0.5,1,1.5,2,2.5 级。(　　)

110. 离心式转速表的表盘刻度是等分刻度的。(　　)

111. 电动式转速表是旋转轴转动时带动测速发电机,测速发电机的电压输入转速指示器来指示转速的。(　　)

112. 电子计数式转速表的转速传感器与电动式转速表的转速传感器具有相同的作用原理。(　　)

113. 转速表的转速比是表的指示转速与表转轴的实际转速之比。(　　)

114. 离心式转速表的回程误差可以消除。(　　)

115. 电动式转速表的测速发电机三相中有一相开路,会使转速表示值下降出现负差。(　　)

116. 电子计数式转速表的示值误差为每一次被检表读数与标准表读数之差。(　　)

117. 电子计数式转速表应在测量范围内包括上限均匀分布地选择 5 点进行示值检定。(　　)

118. 转速表的指针摆幅率是指检定某一转速值时,指针摆动范围与该转速值之比。(　　)

119. 电子计数式转速表测定其时基稳定度时应在 4 小时内测定 8 次读数,其中任一次与

标准值之差不应超差。(　　)

120. 对0.01和0.02级高精度电子计数式转速表可采用同级与高一级转速表进行比对的方法进行检定。(　　)

121. 某电子计数式转速表的显示位数共有3位,其在500 r/min时的检定示值为500,500,500,500,500,500,500,500,500,500。因而判定该表的示值误差为“0”,因此该表可划为0.2级。(　　)

122. 实际工作的天平处于随遇平衡状态。(　　)

123. 机械天平的横梁以扁长为好。(　　)

124. 机械天平的稳定性是指天平示值的稳定不变性。(　　)

125. 机械天平的空秤灵敏性合格,而全秤灵敏性偏高,说明天平的三刀吃线过大。(　　)

126. TG 328天平的工作环境温度以(15～28)℃为宜。(　　)

127. 砝码是具有固定准确度量值的实物。(　　)

128. 当一个砝码的实际值比名义值大时,其修正值是一个负值。(　　)

129. 制造砝码的材料以密实为好,铅也是一种极好的材料。(　　)

130. 当一个假想的密度为8.0 g/cm³的砝码与实际砝码在空气中在天平上平衡时,前者的质量即为实际砝码的折算质量。(　　)

131. 连续替代法速度快,可以消除臂差的影响,但较替代法衡量的误差较大。(　　)

132. 电子天平的准确度等级是以最大秤量与实际分度值的比值范围来确定的。(　　)

133. 常见电子天平是以电磁力与物体重力相平衡的原理来测量物体质量的。(　　)

134. 机械天平的检定项目包括:外观、分度值、偏载测试、不等臂性测试和挂砝码共计五项。(　　)

135. 摆动(无阻尼)天平的平衡位置测定,无论摆幅衰减快慢,以连续的四个读数取平均计算更为精确。(　　)

136. 普通标牌天平的分度值以不大于名义分度值为合格。(　　)

137. 对于等臂天平来说,若空秤示值为“0”,一对量值为全秤量的等量砝码交换前后的平均示值不为“0”则存在不等臂误差。(　　)

138. TG 328B天平的指针与横梁不垂直时会引起天平的两盘发生灵敏度不一致。(　　)

139. 等臂天平的三刀平面性不好,将引起天平示值的变动性。(　　)

140. 天平的耳折可能是由盘托的弹力不一致引起的。(　　)

141. 检定F_2级砝码用所有标准砝码的综合极限误差不应大于被检砝码检定精度的三分之二。(　　)

142. 连续替代法可以减小天平两臂不均匀受热。(　　)

143. F_2级砝码由二人分别检定一次,两人检定结果之差应不大于被检砝码质量允差的五分之四。(　　)

144. 天平机械挂砝码组合的检定结果对克组超过±5分度,就不合格。(　　)

145. 电子天平一定载荷下的重复性与空载示值无关。(　　)

146. 电子天平的示值误差根据不同秤量段,对新进口的应不超过±0.5e,±1.0e,±1.5e。(e为检定分度值)。(　　)

147. 对最大秤量为 100 g,检定分度值为 1 mg 的电子天平,50 g 这点可以不检。( )

148. 一台使用中最大秤量为 100 g,实际分度值为 0.1 mg 检定分度值为 1 mg 的电子天平偏载检定的五个数据为 0.000 5 g(中),−0.000 3 g(1),+0.000 6 g(2),−0.001 4 g(3,+0.000 5 g(4)。此天平的偏载性能合格。( )

149. 电子天平的重复性为一定载荷下示值的最大最小值之差合格即为合格。( )

150. 砝码是能复现给定质量值的实物量具。( )

151. 某 1 000 g 砝码的修正值是 0.002 g,则其实际值是 1 000.002 g。( )

152. 砝码的三种组合形式中,5-2-1-1 制使用的材料较少但精度较低。( )

153. 砝码的保管应清洁卫生,防潮、防振、防磁、防腐蚀。( )

154. 有空腔的精密小质量砝码,可用绸布蘸无水酒精擦净。( )

155. 制造砝码用的材料应当均匀、密实、无磁,稳定密度接近 8.0 g/cm^2 为宜。( )

156. 机械天平的准确度等级是由检定分度值和分度数决定的。( )

157. 机械杠杆天平的检定项目包括:测定天平分度值,不等臂性误差,示值变动性误差,骑码标尺误差和机械挂砝码误差。( )

158. 对于具有微分标牌的天平,分度值的测试应当用相应准确度和量值的小砝码,加在天平上,观测天平的示值变动量。( )

159. 测定摆动天平的平衡位置时,应待指针摆一两周期后,记录指针 3 次摆幅的位置,计算天平的平衡位置。( )

160. 测定摆动天平的平衡位置时,应注意天平的衰减比应大于 0.8。( )

161. 普通标牌的天平实际分度值不应大于名义分度值。( )

162. 机械天平的空秤变动性,不应大于 1 个分度。( )

163. 机械天平的全秤变动性,应将全秤量砝码放在秤盘半径的 1/3 处前、后、左、右方向上测试,其示值之差不应大于 1 个分度。( )

164. 机械天平的不等臂性测试,在加放全秤量等量砝码后,进行左右盘交换秤量,这是必须的。( )

165. 机械天平的空感不足(灵敏应小)应将重心砣向下调。( )

166. 机械天平的吊耳支撑与边刀不在一条线上时会发生耳折。( )

167. 如果天平两边刀的刀缝不等将会使天平产生带针现象。( )

168. 机械天平的骑码标尺误差最大为 1 分度。( )

169. 按现行检定规程,检定砝码所用的标准砝码综合极限误差应不大于被检砝码质量允差的三分之一。( )

170. 按现行检定规程,检定砝码所用标准天平示值的综合极限误差不小于码质量允差的三分之一。( )

171. 使用替代法检定砝码,可以不产生臂差对砝码检定过程的影响。( )

172. 检定砝码的连续替代法中,应当使用要检定的砝码置于秤盘上的平衡位置减去检定上一个砝码时的平衡位置计算被检砝码的修正值。( )

173. 用一个修正值为+2 mg 的 200 g 的二等砝码,检一个 F_2 级砝码 200 g 的砝码,用替代法的检定结果是被检砝码比标准砝码重 1.5 mg,这被检砝码的修正值是 0.5 mg。( )

174. 检定规程规定，TG328A 的天平挂砝码的总误差应不大于相应挂砝码组合误差与相应横梁不等臂性误差的总和。（ ）

175. 根据检定规程的规定，TG328A 天平的机械挂砝码可以只检标称值的头一个数字为1、2、3、(或 4)、5、9 所对应的各组挂码砝码。（ ）

176. 作标准用的 4 级(F_2 级)砝码应由两人分别检定一次，两人检结果之差不得小于相应被检砝码质量允差的二分之一，否则应当复检。（ ）

177. 5 级以下作标准用的砝码应 1 人检定两次，两次检定结果之差不应大于相应被检砝码质量允差的二分之一，否则应当复检。（ ）

178. 各级工作砝码应由一人检定一次即可。（ ）

179. TG328 天平空秤分度值测试时，秤盘加 10 mg 小砝码，标尺走过 104.5 分度，应当将感受量砣下移。（ ）

180. TG328 天平，空秤时分度值合格，全秤时分度值偏大，应当稍许升高一个边刀的刃线。（ ）

181. 对 TG328B 天平，当出现等臂性不合格时，应当调整刀距螺钉，使边刀左右移动。（ ）

182. 当砝码在秤盘上前后左右移动时天平示值变动性超过 1 个分度时，一般应当调整边刀的刀线的平行性。（ ）

183. 旋转物体单位时间内的转动次数叫频率，也就是物体的旋转速度即转速。（ ）

184. 转速计量的最常用的单位是 r/h。（ ）

185. 单位时间内物体旋转的次数称为频率。（ ）

186. 物体旋转一周所用的时间叫作周期。（ ）

187. 转速表按工作原理划分有离心式、定时式、磁感应式、电动式、频闪式和电子计数式六种。（ ）

188. 离心式转速表的准确度等级有 0.5 级、1 级和 2 级三个等级。（ ）

189. 标准转速装置不确定度应高于被检转速表准确度等级 3～4 倍。（ ）

190. 转速表应在环境温度为(20±5)℃条件下进行检定。（ ）

191. 离心式转速表表盘上注明转速比是 1∶10，当指针指示在 2 000 r/min 时，表轴的实际转速是 200 r/min。（ ）

192. 离心式转速表中离心力弹簧的作用是 BAH-1A44X 产生一个力矩以便与离心器上重物的离心力平衡，确定转速值。（ ）

193. 电子计数转速表的转速传感器能发出电脉冲信号供给计数显示装置。（ ）

194. 机械式转速表的摆幅率检测时，观察指针的摆动量时，不需要在被测转速稳定时检测。（ ）

195. 手持离心式转速表检定时，被检表、表轴上的橡皮头应与标准装置转轴接触位于同一轴线上，并无滑动现象。（ ）

196. 手持离心转速表进行正式检定前应在常用量限的中间值进行试运行。（ ）

197. 手持离心、磁电式转速表检定时，应在常用量限内均匀地选择 5 个检定点包括上限值和下限值。（ ）

198. 需要检回程误差的转速表有磁电式转速表和离心式转速表。(　　)
199. 对准确度等于或低于0.1级的电子计数式转速表无需检定时基频率。(　　)
200. 电子计数式转速表要求转速传感器能准确传递转速电脉冲。(　　)

五、简 答 题

1. 什么叫量值传递?
2. 什么叫溯源性?
3. 什么叫计量器具的校准?
4. 我国计量立法的宗旨是什么?
5. 计量标准的使用必须具备哪些条件?
6. 计量检定人员的职责是什么?
7. 按数据修约规则,将下列数据修约至小数点后2位。
(1)3.141 59 修约为____________
(2)2.715 修约为____________
(3)4.155 修约为____________
(4)1.285 修约为____________
8. 将下列数据化为4位有效数字:
3.141 59;14.005;0.023 151;1 000 501
9. 试说明测量不确定度的两种评定方法和它们的区别。
10. 什么是钢的热处理,热处理的目的是什么?
11. 材料的热处理中采用时效处理的方法和目的是什么?
12. 常用热处理方法有哪些?
13. 带传动的特点是什么?
14. 机械传动中常见的联轴器有哪几种?
15. 什么是基本偏差?
16. 一般液压系统由哪些部件构成的?
17. 什么是计算机机器语言?
18. 什么是触电?触电的主原因是什么?
19. 试说明活塞压力计活塞有效面积的含义。
20. 试说明杯形压力计的工作原理。
21. 用简图和文字说明数字压力计的构成和工作原理。
22. 试说明压力弹性元件的弹性后效和弹性迟滞以及它们的区别。
23. 试说明活塞压力计的检定项目。
24. 试说明活塞压力计旋转延续时间的测定方法。
25. 试说明电动压力变送器修理后需要检定的项目。
26. 如图14所示的整流稳压电路中,如果有一个整流二极管被击穿会产生什么问题?
27. 试说明案秤罗伯威尔机构的构成原理及作用。
28. 简述衡器的计量性能及其含义。

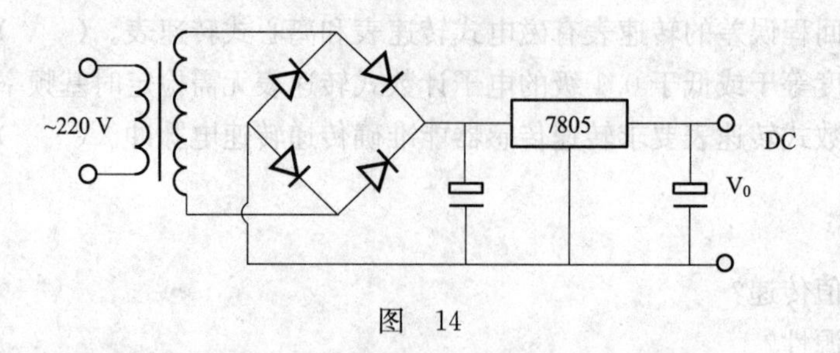

图 14

29. 试说明机械式地秤杠杆系的特点。

30. 当力的作用线与杠杆不垂直时，对杠杆的秤量作用有何影响？

31. 简要说明数字秤鉴别力的检定测试方法。

32. 如图 15 所示的案秤秤盘有偏置的重物 Q，请指出作用在连杆上的力 F 和作用在拉带上的力 G 的方向。并说明此时秤的示值将大于或小于 Q 的真实质量。

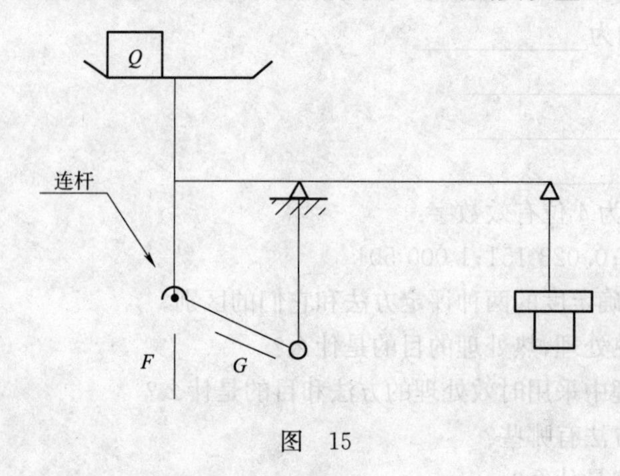

图 15

33. 试简要说明机械杠杆天平的各项计量性能。

34. 请简要说明应变式负荷传感器的工作原理。

35. 简要说明一般数字电子秤以及称重仪表的构成。

36. 数字电子秤称重仪表的软件应具备哪些基本功能？

37. 试说明积分式 A/D(模—数)转换的工作原理。

38. 当新安装的电子地秤出现偏载测试不合格时应怎样进行调修？

39. 简要说明现行检定规程的规定数字秤的检定项目。

40. 简要说明硬度的概念。

41. 简要叙述洛氏硬度试验法。

42. 简要叙述布氏硬度试验法。

43. 简要说明布氏硬度试验的相似原理。

44. 简述维氏硬度试验法。

45. 简述里氏硬度试验法。

46. 对标准硬度块有哪些要求？

47. 简要说明洛氏硬度计的检定项目。

48. 简要说明离心式转速表的工作原理。

49. 简要说明电动式转速表的工件原理。

50. 简要说明电子计数式转速表的工作原理。

51. 试说明离心式、磁电式、电子计数式转速表检定时选择检定点的要求。

52. 应当怎样确定指针度盘式转速表的摆幅率?

53. 用原理方框图说明电子天平的结构工作原理。

54. 转速表按工作原理可分为哪几类?

55. 简要说明造成离心式转速表的误差原因。

56. 机械天平是哪些部件构成的?

57. 天平按工作原理可分为哪几类?

58. 影响机械天平灵敏性的因素有哪些?

59. 试说明砝码的折算质量是怎样定义的。

60. 精密衡量法有几种? 它们各自的特点如何?

61. 简要说明无阻尼摆动天平平衡位置的测定方法。

62. 简要说明应该如何进行电子天平的偏载检定。

63. 试简要说明替代法检定砝码的操作程序方法和优点。

64. 按现行检定规程,检定砝码时,标准砝码和相应的标准天平的误差应满足什么要求?

65. 试简要说明替代法砝码的操作程序方法和优点。

66. 简要说明电子天平的检定项目。

67. 使用中的一台 TG328B 天平,分度值测试时,空秤为 104 分度,满载为 101 分度。应如何调整天平使其合格?

68. TG328B 天平产生带针的原因有哪些?

69. 试简要说明洛氏硬度计试验力的检测方法。

70. 简述离心式转速表的构造原理。

六、综 合 题

1. 如图 16 所示,画出零件的三视图(不标注尺寸)。

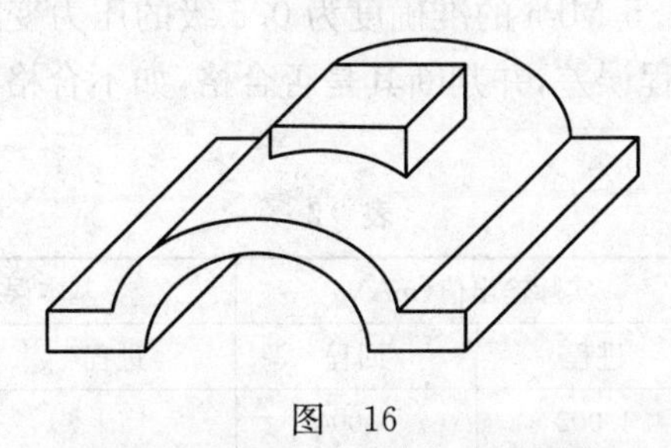

图 16

2. 用简单的示意图和文字一起说明表示压力,表示负压(疏空)绝对压力和真空度的关系。

3. 检定一块测量范围为 0~0.6 MPa 的 0.4 级精密压力表时,若压力表中心比活塞压力计活塞下底面高出 100 mm,试计算此时由液柱高度差产生的压力差占压力表示允差比例。(活塞压力计使用介质变压器油的密度为 0.86×10^3 kg/m^3)

4. 用一块 0.25 级测量范围为 0~1.6 MPa 的精密压力表做标准器在环境温度为 28 ℃的条件下检定一块测量范围为 0~1 MPa 的 1.6 级压力表,试验算其是否符合检定规程的要求。

[0.25级压力表的检定温度为(20±2)℃;精密压力表温度修正公式:$\Delta=\pm(\delta+k\Delta t)$,$k=0.04\%/℃$]

5. 一块测量范围为0～600 kPa的准确度为1级的数字压力计,部分检定数据如表1所示,试判定其是否合格,如不合格,请指明不合格的原因。

表 1

通电显示检查							
零位漂移		*min*	0	15	30	45	60
		示值	000	000	001	001	001
序号	标准值(kPa)	压力计示值(Pa)				压力计示值与标准值最大差值	二次回程误差的较大值
		第一次		第二次			
		正行程	反行程	正行程	反行程		
1	0	000	001	000	001		
2	100	100	99	100	99		
3	200	200	201	200	201		
4	300	301	302	300	302		
5	400	403	407	400	407		
6	500	505	505	505	506		
7	600	607	607	607	607		
8							
9							
10							
示值基本误差							
回程误差							
结论		校准______核验______日期___年_月_日					

6. 一台测量范围为0～1.5 MPa的准确度为0.5级的压力变送器,其部分检定数据如表2所示,计算其示值误差和回程误差,并判断其是否合格,如不合格请指明不合格的原因。(按使用中的标准执行)

表 2

检定点(MPa)	理论输出值(mA)	实际输出值(mA)		基本误差(mA)		回程误差(mA)
		进程	回程	进程	回程	
0	4.000	4.002	0.004			
0.3	7.208	7.217	7.298			
0.6	10.400					
0.9	13.600	13.703	13.699			
1.2	16.800					
1.5	20.000	19.984	19.984			

7. 一块0.4级测量范围为0～10 MPa的精密压力表,检定结果的部分数据如表3所示请

计算该表已有数据检定点的示值误差和回程误差，并判断其是否合格，如不合格请指明不合格的原因。

表 3　精密压力表(或真空表)检定记录表

检定用工作介质：　　　　　　　　　　　　　　　　　　　　　　检定时室温21 ℃

被检表：器号 0124　　生产厂 上海　　准确度等级 0.4　　测量范围 0～10 MPa

标准器：器号 ______　　生产厂 ______　　准确度等级 ______　　测量范围 ______ MPa

序号	标准器的压力值(真空值)	轻敲后被检仪表示值				轻敲前后指针的示值变动量				回程误差	检定点各次示值读数的平均值	检定点各次的读数与该点标称值的最大偏差
		第一次检定		第二次检定		第一次检定		第二次检定				
		升压	降压	升压	降压	升压	降压	升压	降压			
1	0	0.000	0.005			0.0000	0.005					
2	1	0.015	0.020			0.000	0.000					
3	2	1.990	2.040			0.010	0.005					
4	3	3.040	3.045			0.030	0.020					
5	4	4.025	4.030			0.005	0.005					
6	5											
7	6											
8	7											
9	8											
10	9	9.015	9.020			0.005	0.005					
11	10	10.030	10.030			0.010	0.010					
12												
13												

检定证书编号：　　　检定员：　　　　年　月　日　复核员：　　　　年　月　日

8. 案秤灵敏度的调修应注意哪些问题？

9. TGT 型台秤中各杠杆的名义尺寸如图 17 所示。该秤周期检定偏载测试时，有一角出现＋300 g 的差值(台板加放 30 kg 砝码示值为 30.3 kg)。问此时如调修该点的支重距，应该如何调修？

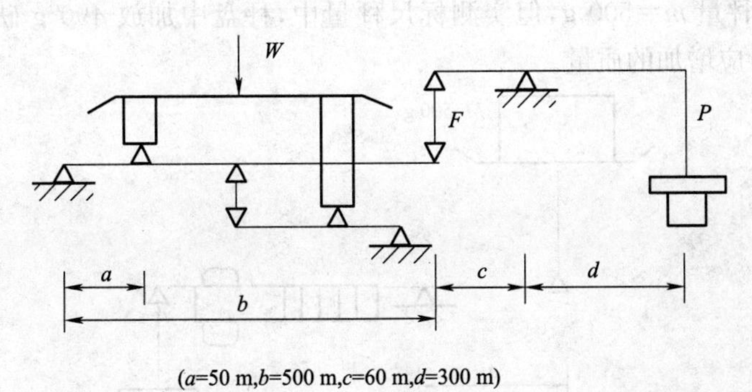

(a=50 m,b=500 m,c=60 m,d=300 m)

图 17

10. 某台秤的杠杆系统构成及尺寸如图 18 所示，标尺寸 $L=400$ mm，标尺最大秤量为 25 kg，试计算游砣的质量 P。

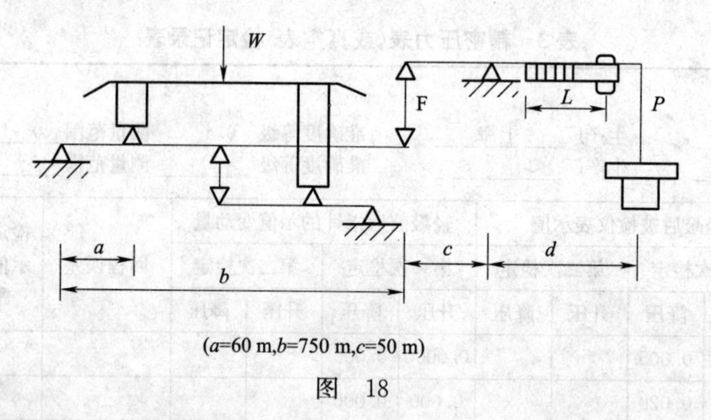

(a=60 m,b=750 m,c=50 m)

图 18

11. 试说明机械地秤灵敏度的调修方法。

12. 某机械式 20 t 地秤，检定分度值 $e=5$ kg，主标尺共 20 个槽口，其计量杠杆单独测试时，主游砣在最后一槽口时，重点刀下砝码盘内加放 19 kg 砝码时杠杆恰好达到平衡状态，试计算并说明该计量杠杆在第 1、3、6、12 槽口时在砝码盘上的允许误差。

13. 一台 20 t 机械式地中衡，检定分度值 $e=5$ kg，其计量杠杆共计 20 个槽口，计量杠杆最大秤量为 19 t。计量杠杆进行单独检定时最大秤量(19 t)时检定架左端砝码盘中加 19 kg 标准砝码计量杠杆恰好达到平衡状态，其各槽口检定数据如表 4 所示，请计算该地中衡计量杠杆单独检定时的允许误差，并判断其检定结果是否合格，如不合格请指明不合格的原因。

表 4

单位:g

秤量测试	主标尺										
		1	2	3	4	5	6	7	8	9	10
		0	+0.50	+0.40	+1.21	−1.30	−1.52	+0.75	+2.62	+1.25	+1.45
		11	12	13	14	15	16	17	18	19	20
		−2.64	+1.20	+3.51	+4.21	+3.50	+3.60	+2.67	+2.85	+3.50	+3.42

14. 如图 19 所示的案秤中标准尺寸如下：计量杠杆的支承 $a=60$ mm，标尺寸 $L=300$ mm，标尺最大秤量 $m=500$ g，但实测标尺秤量中，秤盘中加放 490 g 砝码时，秤已平衡。请计算说明游砣 P 应增加的质量。

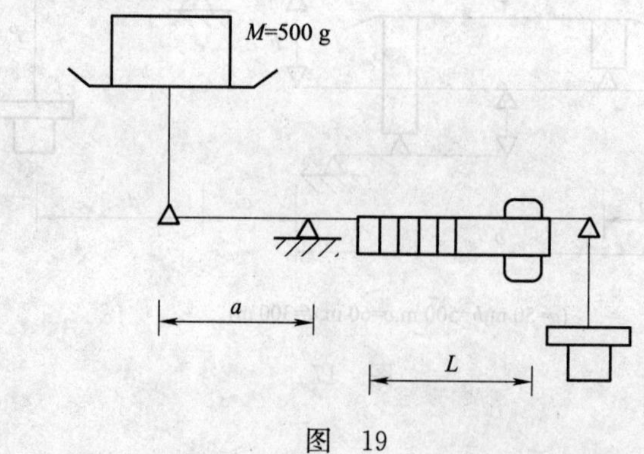

图 19

15. 试画简图说明液压万能试验机的正切摆和齿杆度盘测力原理。

16. 3 级百分表式标准测力仪的的温度正系数近似为 0.03%/℃，检定时的室温为 22 ℃，检定证书上给出空载时的示值为 1.000 0 mm；1 000 N 时的示值为 6.216 mm，现在 27 ℃时检定材料试验机，请计算其 27 ℃时的正确读数。

17. 一台最大秤量为 200 g，实际分度值为 $d=0.1$ mg，检定分度值为 $e=1$ mg 的工作用电子天平，偏载检定时，其检定数据如表 5 所示，试判定其是否合格。

表 5

	载荷	位置	示值 I	误差 E	允许值
偏载检定	70.000 0 g	中	70.000 2		
		前	70.000 4		
		后	70.000 6		
		左	70.000 2		
		右	70.000 8		

18. 某 HR150A 洛氏硬度计的示值检定，数据如表 6 所示，试判定其示值误差和重复性是否合格。(硬度计示值允差：60～70HRC，±1.0HRC；35～55HRC；±1.2HRC；20～30HRC；±1.5HRC。硬度计重复性：60～70HRC，1.0HRC；35～55HRC，1.0HRC；20～30HRC，1.5HR)

表 6

	标准硬度值	硬度名称(代号)	检定结果						误差	重复性
			1	2	3	4	5	平均		
示值检定	61.2	HRC	61.5	61.3	61.21	61.4	61.3			
	45.6	HRC	45.4	45.3	45.2	45.6	45.3			
	31.4	HRC	31.2	31.5	31.8	31.0	30.0			

19. 一台 HB-3000 型布氏硬度计，部分检定数据如表 7 所示，试判断其示值误差和重复性是否合格，并说明理由。(示值允差±3%，重复性允差 $0.06\overline{H}$)

表 7

	标准硬度值	硬度名秤(代号)	检定结果						误差(%)	重复性(%)
			1	2	3	4	5	平均($\overline{H}$)		
示值检定	93.2	HB10/1 000/30		96.6	98.7	97.5				
	210	HB10/3 000/30		212	211	212				

20. 某 1 级 WE-100E 型液压万能试验机，周期检定时，C 度盘的部分力值检定数据如表 8 所示，请计算其示值相对误差及示值相对重复性，并判定其是否合格，如不合格，指出不合格的原因。

表 8

力值检定(N)									
度盘	标准负荷(kN)	测力计读数	分辨力	次序			平均值	误差(%)	重复性(%)
				1	2	3			
C	零点变化			0.00	0.01	0.02			
	20	2.470		20.21	20.24	20.23			
	40	3.949		40.16	40.20	40.20			
	60	5.424							
	80	6.909		80.08	80.30	80.96			
	100	8.396		100.30	100.30	100.28			

21. 某固定式离心转速表，准确度为 0.5 级，其测量范围为 1 000～15 000 r/min，检定 10 000 r/min 时的实测值为 10 098、10 000、10 082，试求其基本误差 ω 和示值变动性 b，并判定其是否合格，依此应做出什么样检定结果处理。

22. 某固定式离心转速表，其准确度为 0.5 级，测量范围为 1 000～4 000 r/min，检定 2 000 r/min 时其实测值为 2 025，2 000，2 010 r/min，指针的最大摆动范围为 16 r/min。求该点的示值基本误差 w，示值变动性 b 和摆幅率 β，并判定其是否合格，如不合格指明原因。

23. 某电子计数式转速表，在 2 000 r/min 检定点的检定数据如下：2 000.4；2 000.5；1 999.8；1 999.7；1 999.3；2 000.4；2 000.3；1 999.9；1 999.6；1 999.7。求其示值误差和示值变动性，并确定其准确度符合哪个等级。

24. 某电子计数式转速表准确度为 0.1 级，其在 500 r/min 点的转速值为 500.0、500.0、500.0、500.0、499.7、499.8、499.7、499.6、4 998.6、499.7 r/min。试求其示值误差和示值变动性，并判定其是否合格。

25. 计算图 20 所示地秤杠杆系的总臂比。

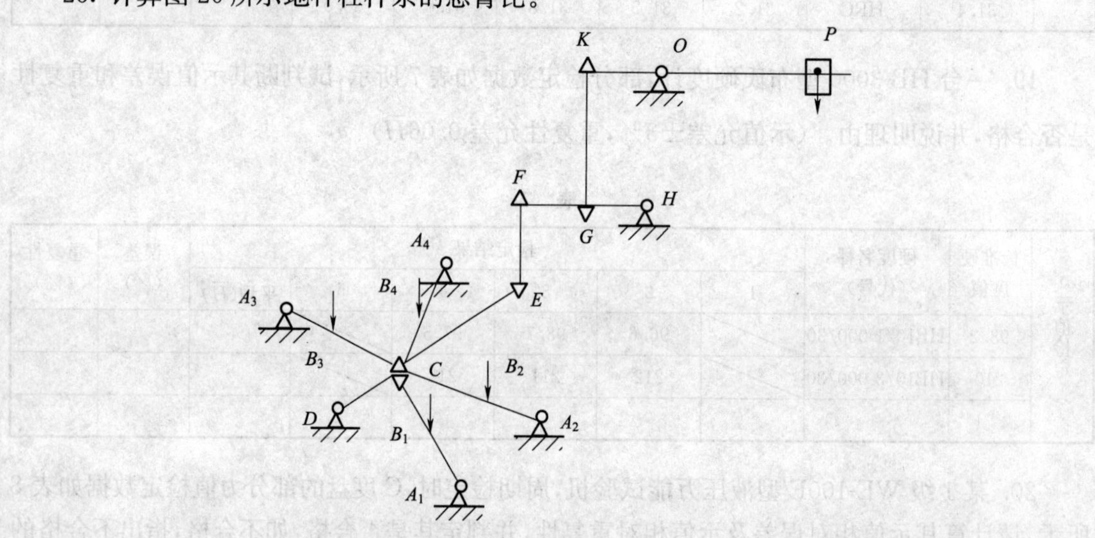

图 20

图中：

$A_1B_1=A_2B_2=A_3B_3=A_4B_4=150$ mm；

$B_1C=B_2C=B_3C=B_4C=3\ 600$ mm；

$CD=300$ mm；$CE=2\ 700$ mm；

$FH=240$ mm；$HG=120$ mm；

$KO=60$ mm；$OP=400$ mm。

26. 机械天平的使用保养应注意哪些事项？

27. 简要说明电子计数式转速表的检定要点。

28. 试简要说明机械天平产生示值变动性的原因。

29. 请简要说明电子天平重复性的检定方法和判定标准。(以周期检定为例)

30. 一台 TG528B 天平的部分检定数据如表 9 所示，请计算并判断其臂差及示值变动性是否合格，并说明理由。

表 9

天平检定记录表

型号___ 天平分类___ 天平特征___ 最大秤量___

器号___ 制造厂___ 送检单位___ 室温___

检定日期___年_月_日

外观检定								
观测顺序	左盘	右盘	读数				平衡位置 I	检定结果
			I_1	I_2	I_3	I_4		
1	0	0					9.1	
2	r	0					3.5	P_1、$P_2=200$ g
3	P_1	P_2					9.2	$r=2$ mg
4	$P_2(+k)$	$P_1(+k)$					9.4	$k=0$
5	$P_2(+k+r)$	$P_1(+k)$					4.3	$e=0.4$ mg
6	0	0					9.0	$e_{01}=$ $e_{02}=$
7	0	r					14.1	$e_{p1}=$ $e_{p2}=$
8	P_1	P_2					9.1	$e_{01}-e_{02}=$
9	P_1	P_2+r					14.3	$e_{p1}-e_{p2}=$
10	0	0					9.2	$e_{01}-e_{p1}=$
11	P_1	P_2					9.3	$e_{02}-e_{p2}=$
12	0	0					9.2	$Y=\pm\frac{m}{2_{ep}}\pm\left(\frac{I_3+I_4}{2}-\frac{I_1+I_6}{2}\right)=$
13	P_1	P_2					9.4	
14	0	0						$\Delta_0=$ $\Delta_p=$
15	P_1	P_2						左端骑码标尺误差
16	0	0						右端骑码标尺误差
17	P_1	P_2						机械挂砝码组合误差

续上表

骑码标尺检定								
1								
2								经检定该天平定为　　　级
3								
4								
检定员________ 核验员________								

31. 一台 TG328B 天平，检定结果的部分数据如表 10 所示，请计算并判断其示值变动性和臂差是否合格。

表 10

天平检定记录表 型号TG328B　天平分类________　天平特征电光　最大秤量200 g 器号925　制造厂上海　送检单位________　室温22 ℃ 检定日期____年__月__日								
外观检定								
观测顺序	左盘	右盘	读数				平衡位置 I	检定结果
			I_1	I_2	I_3	I_4		
1	0	0					0.0	
2	r	0					98.2	P_1、P_2=200 g
3	P_1	P_2					−2.0	r=10 mg
4	$P_2(+k)$	$P_1(+k)$					−4.0	k=0
5	$P_2(+k+r)$	$P_1(+k)$					96.8	e=0.1 mg
6	0	0					0.2	$e_{01}=$　　$e_{02}=$
7	0	r						$e_{p1}=$　　$e_{p2}=$
8	P_1	P_2					−2.4	$e_{01}-e_{02}=$
9	P_1	P_2+r						$e_{p1}-e_{p2}=$
10	0	0					0.2	$e_{01}-e_{p1}=$
11	P_1	P_2					−2.0	$e_{02}-e_{p2}=$
12	0	0					0.2	$Y=\pm\frac{m}{2_{ep}}\pm\left(\frac{I_3+I_4}{2}-\frac{I_1+I_6}{2}\right)=$
13	P_1	P_2					−2.0	
14	0	0					0.0	$\Delta_0=$　　$\Delta_p=$
15	P_1	P_2					−2.0	左端骑码标尺误差
16	0	0					0.1	右端骑码标尺误差
17	P_1	P_2					−2.2	机械挂砝码组合误差

续上表

骑码标尺检定								
1								
2								经检定该天平定为　　级
3								
4								
检定员__________核验员__________								

32. 一台 TG328B 天平的机械挂砝码部分检定数据如表 11 所示，计算各挂码组合修正值，并判定其是否合格。(说明不合格的原因)

表　11

挂砝码检定记录						
观测顺序	挂砝码组合名义值	标准砝码修正值 ΔB(mg)	天平示值 L(分度)	空载天平的平均平衡位置 L_c(分度)	挂砝码组合的修正值 $\Delta A=\Delta B-(L-L_0)e$ (mg)	备注
1	0					
2	1 mg					
3	2					
4	4					
5	5					
6	9					
7	0		0.0			
8	10	−0.02	0.3			
9	20	−0.02	0.2			
10	40					
11	50					
12	90	−0.03	0.2			
13	0		0.2			
14	100	−0.01	−0.2			
15	200					
16	400					
17	500	+0.05	−1.7			
18	900	−0.06	−0.2			
19	0		0.2			
20	1 g					

33. 某 F_2 级克组砝码中的 10g、20g、50g、100g 砝码的用替代法在 TG328B 天平上的检定数据如表 12 所示，请计算其修正值[$\Delta A=\Delta B-(L_A-L_B)e$]，并判定其是否合格。($F_2$级砝码

允差:10g±6 mg;20 g±0.8 mg;50 g±1.0 mg;100 g±1.5 mg)

表 12

砝码等级		F_2	计量范围		10～100 g		数量		4		送检单位	
器号			标准砝码器号				标准天平器号					
观察顺序	左盘	右盘	读数				平衡位置	添加的小砝码		标准砝码修正值(mg)	受检砝码修正值(mg)	
			L_1	L_2	L_3	L_4						
1	T	B					5.2					
2	T	A 10 g					3.1			0.12		
3	$T+r$	A					103.6					
1	T	B					4.0					
2	T	A 20 g					−3.5			0.28		
3	$T+r$	A					97.2					
1	T	B					2.0					
2	T	A 50 g					4.7			0.10		
3	$T+r$	A					105.2					
1	T	B					1.0					
2	T	A 100 g					5.3			−0.50		
3	$T+r$	A					106.2					
	r=10 mg											

34. 一台最大秤量为 100 g,实际分度值 d=0.1 mg,给检定分度值 e=1 mg 的电子天平,周期检定时其载荷点的检定数据如表 13 所示。试判断其是否合格,如不合格,请指明其原因。

表 13

	序号	载荷 m(g)	示值 I(g)		误差 E(mg)		最大允许误差(MPa)
			↓	↑	↓	↑	
载荷点误差检定	1	0	0.000 0	0.000 3			
	2	1.000 1	0.000 3	1.000 4			
	3	5.000 2	5.001 2	5.001 1			
	4	10.000 4	10.000 9	10.001 2			
	5	20.000 4	20.001 6	20.001 8			
	6	50.000 2	50.001 5	50.001 6			
	7	70.000 6	70.001 7	70.001 8			
	8	100.000 8	100.003 6	100.003 4			
	9						

35. 一台最大秤量为 200 g,实际分度值 d=0.1 mg,检定分度值 e=1 mg 的电子天平。周期检定时,重复性检定数据如表 14 所示,试计算评定(用极差法)其重复性是否合格。

表 14

	次序	载荷(g)	P_1	P_2	P_1-P_2	载荷	P_1	P_2	P_1-P_2
重复性检定	1	200.002 0	0.000 0	200.002 3					
	2		0.000 3	200.002 7					
	3		−0.000 4	200.003 5					
	4		−0.000 2	200.004 6					
	5		+0.000 6	200.005 7					
	6		−0.000 7	200.004 8					
	最大差值								
	P_1:空秤测得值 P_2:加载测得值								
	结论								

36. 一台最大秤量 300 g,实际分度值 $d=0.1$ mg,检定分度值 $e=1$ mg 的电子天平,周期检定时其各载荷点的检定数据如表 15 所示,试判定其载荷点示值误差是否合格。如不合格请指明原因。

表 15

	序号	载荷 m(g)	示值 I(g)		误差 E(mg)		最大允许误差(MPa)
			↓	↑	↓	↑	
载荷点误差检定	1	0	0.000 0	0.000 4			
	2	5.000 0	5.000 2	5.000 6			
	3	10.000 2	10.005	10.000 8			
	4	20.000 4	20.001 5	20.001 6			
	5	50.000 3	50.000 8	50.001 0			
	6	100.000 6	100.001 0	100.001 2			
	7	150.000 9	150.001 4	150.001 4			
	8	200.000 8	200.002 9	200.002 5			
	9	300.001 4	300.002 0	300.002 0			

硬度测力计量工(高级工)答案

一、填 空 题

1. 一组操作　2. 准确可靠　3. 所必需　4. 被测量
5. 被测量　6. 真值　7. 连续多次　8. 一致性
9. 参数　10. 统计分析　11. 定量确定　12. 单位
13. 特定量　14. 比较链　15. 辅助设备　16. 查明和确认
17. 时间间隔　18. 关系　19. 申请检定　20. 停止生产
21. 检定合格　22. 1985 年 9 月 6 日　23. 最高准则　24. 区别管理
25. 计量基准　26. 同级人民政府　27. 社会公用计量标准
28. 与其主管部门同级　29. 法律效力　30. 字迹清楚　31. 2 000 元
32. 国际单位制　33. s　34. 弧度　35. 非
36. Pa　37. J　38. 减去　39. 方法误差
40. 真值　41. 无限多次　42. 特定值　43. 强度
44. 合金结构钢　45. 正火　46. 稳定性　47. 移出剖面
48. A-B 组合基准　49. 8 级的基准孔　50. 带传动　51. 万向节联轴器
52. 液压控制阀　53. 溢流　54. 耐高压　55.
56. RS　57. 220 V AC　58. 运算放大器　59. 目标程序
60. 不接地　61. 垂直并均匀　62. 9.806 65　63. 0.04
64. 膜片式　65. 活塞自重产生　66. 足够大　67. 球形浮子
68. 改变电阻　69. 信号处理　70. 标准电信号　71. 滞后(延滞)
72. 增大　73. 弹性元件的滞后(弹性材料的滞后)　74. 活塞底面
75. 检定　76. 活塞的摩擦阻力　77. 活塞有效面积　78. 调整好水平
79. 零位漂移　80. 回程误差　81. 电容器　82. 串联、并联
83. 复合杠杆　84. 连杆　85. 串联杠杆　86. 并联、串联
87. 重心与支点　88. 检定分度值　89. 下移　90. 向下
91. 100　92. 降低　93. 减小　94. 串联杠杆系
95. 向上　96. 0.5　97. 相同的误差　98. 负荷成比例
99. 线性　100. 力传感器　101. 足够的强度和刚度
102. 数据处理　103. 逐次　104. 零跟踪　105. 秤量点准确度
106. 确实减小一个 d　107. 大　108. 空秤(零点)　109. 并联电容损坏
110. 段码显示　111. 弹性　112. 主负荷　113. 平均压力
114. 压力角相同　115. 平均压力　116. 反弹速度　117. $F=\frac{WL}{d}\tan\theta$

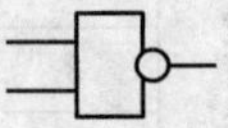

118. ±0.3%　119. 0.4HRC　120. 0.3级　121. 示值检定
122. 每次　123. 试验力　124. 增大　125. 升起工作台
126. 次数　127. 转/分(r/min)　128. 频闪式　129. 0.05
130. 弹簧的弹力　131. 电压信号　132. 电脉冲信号　133. 1∶10
134. 弹性迟滞　135. 明显降低　136. 离心式和磁电式　137. 最低和最高两
138. 均匀地选择5　139. 不等　140. 0.1级　141. 随遇
142. 放大镜　143. 扭力天平　144. 稳定性　145. 增加(加大)
146. 取小横梁　147. 复现给定　148. 实际值　149. 稳定性好
150. 两臂的不均匀受热　151. Ⅰ
152. 电磁力与被秤物体　153. 折算质量
154. 天平不等臂性误差　155. 不小于　156. 不合格
157. 不等臂性误差　158. 升高　159. 平行螺钉
160. 允差的三分之一　161. 综合极限误差　162. 精度低　163. 二人分别
164. 不等臂性误差　165. 各载荷点最大允许　166. $\pm 1e$,$\pm 2e$和$\pm 3e$　167. 转换点
168. 三分之一　169. 空载　170. 串联　171. 并联
172. 平行　173. 58～62　174. 灵敏性　175. 罗伯威尔
176. 倾覆(倾倒)　177. 罗伯威尔机构　178. Ⅲ　179. $\pm 0.5e$
180. 1 000　181. 最大,最小秤量　182. 回零　183. 不大于
184. 最大秤量　185. 1/3　186. 零点　187. M_2
188. 最长　189. 连杆　190. 支重　191. 水平(高低)
192. 臂比(杠杆比)　193. 支重距　194. 总臂比　195. 平行四边形
196. 最大秤量　197. 全秤　198. 最大秤量　199. 最大秤量
200. 1/1 000

二、单项选择题

1. A	2. C	3. B	4. D	5. D	6. A	7. A	8. D	9. D
10. D	11. D	12. B	13. D	14. B	15. D	16. B	17. A	18. C
19. B	20. D	21. A	22. A	23. A	24. A	25. C	26. D	27. A
28. B	29. A	30. A	31. B	32. B	33. D	34. A	35. C	36. B
37. B	38. C	39. A	40. D	41. B	42. D	43. A	44. D	45. D
46. A	47. D	48. C	49. A	50. B	51. D	52. A	53. D	54. B
55. C	56. D	57. D	58. D	59. B	60. A	61. D	62. D	63. D
64. A	65. A	66. A	67. A	68. B	69. A	70. A	71. C	72. D
73. A	74. B	75. C	76. B	77. B	78. C	79. B	80. C	81. B
82. A	83. A	84. B	85. B	86. B	87. A	88. A	89. A	90. A
91. A	92. A	93. A	94. A	95. A	96. A	97. B	98. A	99. B
100. A	101. C	102. A	103. D	104. B	105. D	106. A	107. C	108. B
109. B	110. A	111. C	112. B	113. A	114. A	115. A	116. A	117. B
118. A	119. A	120. D	121. D	122. A	123. C	124. A	125. A	126. A

127. B 128. A 129. B 130. A 131. A 132. A 133. A 134. B 135. D
136. A 137. D 138. A 139. B 140. C 141. A 142. C 143. B 144. D
145. B 146. A 147. C 148. D 149. A 150. B 151. C 152. C 153. C
154. C 155. D 156. A 157. C 158. A 159. B 160. C 161. A 162. C
163. C 164. C 165. B 166. C 167. D 168. C 169. A 170. B 171. D
172. A 173. C 174. B 175. B 176. B 177. C 178. A 179. C 180. D
181. B 182. C 183. A 184. A 185. A 186. A 187. B 188. A 189. A
190. A 191. B 192. B 193. B 194. A 195. D 196. B 197. A 198. B

三、多项选择题

1. CD 2. AB 3. BC 4. AD 5. BCD 6. ABCD 7. CD
8. BD 9. BCD 10. CD 11. ABC 12. BC 13. ABCD 14. BD
15. ABD 16. ACD 17. AB 18. CD 19. BCD 20. ABCD 21. ABCD
22. AC 23. ABCD 24. ABCD 25. ABCD 26. ABCD 27. ABC 28. ABC
29. ABC 30. AB 31. ABCD 32. ABC 33. AB 34. CD 35. ABCD
36. AD 37. AC 38. ABD 39. BD 40. ACD 41. ABD 42. ABD
43. ABD 44. BC 45. BCD 46. AC 47. AD 48. ABCD 49. BC
50. AC 51. ABC 52. BD 53. ABCD 54. ABCD 55. ABC 56. ABC
57. ABCD 58. ABC 59. ABC 60. ABC 61. ABCD 62. AC 63. AD
64. ABD 65. ABCD 66. CD 67. ACD 68. ACD 69. AD 70. AC
71. BC 72. ABD 73. BCD 74. BC 75. CD 76. AD 77. BD
78. ACD 79. BCD 80. CD 81. CD 82. ABCD 83. ABC 84. ABC
85. ABC 86. BCD 87. ACD 88. ACD 89. BC 90. BC 91. AC
92. BD 93. BC 94. ACD 95. ABCD 96. ABCD 97. AB 98. CD
99. BC 100. ACD 101. AD 102. ABCD 103. BC 104. ABCD 105. AC
106. BCD 107. AD 108. ABC 109. ACD 110. ABCD 111. ABD 112. BCD
113. ABCD 114. ABCD 115. BC 116. BCD 117. ABCD 118. ABC 119. CD
120. BC 121. ABC 122. ACD 123. BCD 124. AD 125. ABC 126. ABCD
127. BCD 128. AD 129. AC 130. ABCD 131. BD 132. BCD 133. ABD
134. CD 135. ABD 136. BC 137. AD 138. BD 139. BCD 140. ABCD
141. ABD 142. BD 143. BCD 144. BD 145. AD 146. BD 147. AC
148. ABC 149. ABC 150. ABCD 151. BCD 152. AD 153. AD 154. ABC
155. BC 156. ABC 157. BC 158. BCD 159. ABCD 160. ABCD 161. ACD
162. ABCD 163. ABD 164. ACD 165. ABC 166. BCD 167. ABCD 168. BCD
169. ACD 170. ABD 171. BCD 172. ABCD 173. AB 174. AD 175. CD
176. AB 177. ABC 178. CD 179. BD 180. AD 181. AC 182. BD
183. ACD 184. ABCD 185. AB 186. BCD 187. ACD 188. ACD 189. ABCD
190. ABCD 191. ABCD 192. ABCD 193. ABCD 194. ABCD 195. ABCD

四、判 断 题

1.√ 2.√ 3.√ 4.√ 5.√ 6.√ 7.√ 8.√ 9.√
10.√ 11.√ 12.√ 13.√ 14.√ 15.√ 16.× 17.√ 18.×
19.√ 20.× 21.× 22.× 23.√ 24.√ 25.× 26.× 27.√
28.√ 29.√ 30.√ 31.√ 32.√ 33.√ 34.√ 35.× 36.×
37.× 38.× 39.√ 40.√ 41.√ 42.× 43.× 44.× 45.×
46.× 47.√ 48.√ 49.√ 50.√ 51.√ 52.√ 53.× 54.×
55.√ 56.× 57.× 58.√ 59.× 60.× 61.× 62.× 63.×
64.√ 65.× 66.√ 67.√ 68.√ 69.× 70.× 71.√ 72.√
73.√ 74.√ 75.× 76.× 77.× 78.× 79.× 80.× 81.×
82.√ 83.× 84.× 85.× 86.× 87.× 88.× 89.× 90.×
91.× 92.× 93.× 94.√ 95.√ 96.× 97.× 98.× 99.√
100.√ 101.× 102.× 103.× 104.× 105.× 106.× 107.√ 108.×
109.× 110.× 111.√ 112.× 113.× 114.× 115.√ 116.× 117.×
118.× 119.× 120.√ 121.× 122.× 123.× 124.× 125.√ 126.×
127.× 128.× 129.× 130.× 131.√ 132.× 133.√ 134.× 135.×
136.× 137.√ 138.√ 139.√ 140.√ 141.× 142.× 143.× 144.×
145.× 146.√ 147.× 148.× 149.× 150.√ 151.√ 152.√ 153.√
154.√ 155.× 156.√ 157.√ 158.√ 159.√ 160.√ 161.√ 162.√
163.√ 164.√ 165.× 166.√ 167.√ 168.√ 169.× 170.√ 171.√
172.√ 173.× 174.√ 175.√ 176.× 177.√ 178.√ 179.√ 180.√
181.√ 182.√ 183.√ 184.× 185.√ 186.√ 187.√ 188.√ 189.×
190.√ 191.√ 192.√ 193.√ 194.× 195.√ 196.√ 197.√ 198.√
199.√ 200.√

五、简 答 题

1. 答:量值传递是通过对计量器具的检定或校准将国家基准所复现的计量单位量值(2分),通过各等级计量标准传递到工作计量器具(2分),以保证对被测对象量值的准确和一致(1分)。

2. 答:通过一条具有规定不确定度的不间断的比较链(2分),使测量结果或测量标准的值能够与规定的参考标准(2分),通常是与国家测量标准或国际测量标准联系起来的特性(1分)。

3. 答:在规定条件下(1分),为确定测量仪器或测量系统所指示的量值,或实物量具或参考物质所代表的量值(2分),与对应的由标准所复现的量值之间关系的一组操作(2分)。

4. 答:我国计量立法的宗旨是为了加强计量监督管理(1分),保障国家计量单位制的统一和量值的准确可靠(1分),有利于生产、贸易和科学技术的发展(1分),适应社会主义现代化建设的需要(1分),维护国家、人民的利益(1分)。

5. 答:(1)经计量检定合格(1分);

(2)具有正常工作所需要的环境条件(1分);

(3)具有秤职的保存、维护、使用人员(2分);

(4)具有完善的管理制度(1分)。

6. 答:(1)正确使用计量基准或计量标准并负责维护、保养,使其保持良好的技术状况(2分)。

(2)执行计量技术法规,进行计量检定工作(1分)。

(3)保证计量检定的原始数据和有关技术资料的完整(1分)。

(4)承办政府计量部门委托的有关任务(1分)。

7. 答:(1)3.14(1分);(2)2.72(1分);(3)4.16(2分);(4)1.28(2分)。

8. 答:3.142(1分);14.00(1分);2.315×10^{-2}(2分);1.001×10^{6}(1分)。

9. 答:测量不确定度有"A"类和"B"类两种评定方法(1分)。用统计分析的方法对测量列进行的评定称为"A"类评定方法(2分)。非统计的方法进行评定统称为"B"类评定方法(2分)。

10. 答:通过对钢材在固体状态下加热到一定温度保持一段时间后再冷却的方法改变材料内部组织和性能的方法称为钢的处理(2分)。

热处理的目的是提高材料的强度、硬度和耐磨性,或降低硬度改善加工性能;消除内部应力,稳定零件尺寸防锈、防腐等(3分)。

11. 答:在仪器仪表制造业中常对零件实行时效处理来消除在零件在冷热加工过程中产生的应力使零件尺寸稳定(3分)。其方法有自然时效处理,即把零件长期放置在室外(1分)。另一种方法是人工时效,将零件加热至100~150 ℃放置5~20 h后缓慢冷却(1分)。

12. 答:常用的热处理方法有退火、调质、正火、淬火、表面淬火时效处理(3分),冷处理和化学处理如:渗碳、渗氮、氰化、表面氧化处理等(2分)。

13. 答:带传动的优点:(1)对中心距没有严格的要求,可用于较大的中心距;(2)具有良好的弹性,可以减振;(3)超载时会打滑能防止机械的损坏;(4)结构简单成本低(3分)。

其缺点:(1)传动尺寸较大;(2)需要张紧装置;(3)由于打滑没有精确的传动比;(4)寿命短,效率低(2分)。

14. 答:常见的有固定式联轴器,销槽联轴器,十字滑块联轴器,万向节联轴器,齿轮联轴器,弹性联轴器(5分)。

15. 答:在公差与配合中,用以确定公差带相对于零线位置的上偏差或下偏差。(一般为靠近零线的那个偏差)(5分)。

16. 答:一般液压系统由电机、油泵、控制阀、管路、液压执行部件(油缸等)及辅助部件(油箱、滤油器)等构成(5分)。

17. 答:机器语言是计算机能直接识别的程序语言或指令代码(2分),勿需经过翻译,每一操作码在计算机内部都有相应的电路来完成它(3分)。

18. 答:当人体接触低压带电体或接近高压带电体时,造成伤亡的现象为触电(2分)。触电的主要原因有:违章作业;电气设备或线路绝缘损坏而漏电;电气设备的接地、接零线断开;偶然事故等(3分)。

19. 答:活塞压力计活塞的有效面积是考虑到活塞实际截面积和活塞与活塞筒间隙内介质共同作用实际效果的等效面积(5分)。

20. 答:杯形压力计是“U”形管液体压力计的变形(1分),当“U”形压力计一端管截面积足够大(1分),以致其测压时液面的升降对液柱高度的影响可以忽略不计时(1分),就成为杯型(单管)液体压力计(1分),读取细管中液面的升降高差即可以测得被测压力值(1分)。

21. 答:数字压力计的构成如图1所示(2分)。

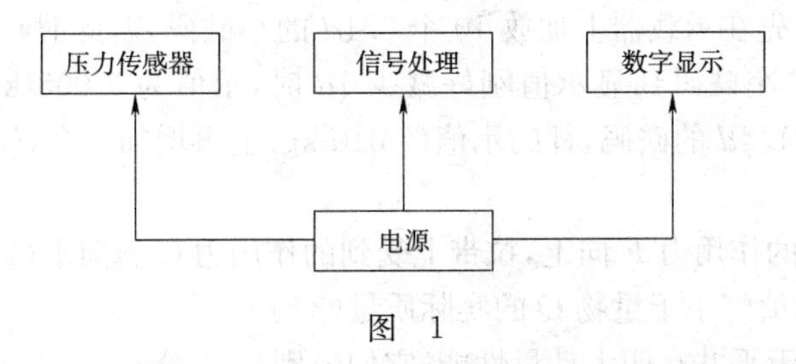

图 1

其中压力传感器将压力信号转换为可直接测量的电信号(1分)。信号处理部分将压力传感器来的电信号放大转换数字量并加以处理送至此数字显示部分显示压力值(1分)。电源部分将220V交流电转换成各部需要的电源供给各部使用(1分)。

22. 答:弹性元件的弹性迟滞又称滞后,是指在同一压力作用下弹性元件的变形在升压和降压时不同的现象(2分)。弹性后效是指弹性元件在外负荷完全加上或去除后的弹性变形不能马上完成而是过一段时间后才完成的现象,弹性后效是时间上的滞后效果(2分)。而弹性迟滞是指压力变形曲线进回程不重合的现象(1分)。

23. 答:活塞压力计的检定项目有外观检查、密封性检验、活塞下降速度、活塞旋转延续时间、活塞有效面积灵敏限的测定和活塞及其连接零件与专用砝码质量的检定(4分),活塞承重盘上平面与活塞杆轴线垂直度的检定(1分)。

24. 答:调整好活塞压力计的水平并排出空气(1分),用原活塞压力计的专用砝码(砝码外经不得超过规程的规定值)施加1/2额定载荷(1分),加压使砝码处于工作位置以100~130 r/min的初速度顺时针旋转砝码并开始计时(1分),到砝码停止转动时为止做功2~3次(1分),其中至少有2次的时间不得小于规程的规定值(1分)。

25. 答:需要检定的项目有外观检查,密封性检查,基本误差的检定,回程误差的检定,静压影响检定,输出开路影响的检定,输出交流分量的检定和绝缘电阻、绝缘强度的检定共9项(5分)。

26. 答:会使变压器次级电流增大从而导致保护熔断器烧毁(5分)。

27. 答:案秤的秤重机构计量杠杆、立柱、拉带、连杆构成一平行四边形机构即罗伯威尔机构(2分),它能将重物在秤盘中前后移动时造成的附加力矩予以平衡而对计量杠杆称重结果没有影响(2分),同时保证秤盘不倾覆(1分)。

28. 答:平衡器有四大计量性能(1分):

稳定性:处于平衡状态的计量杠杆受到外界干扰后,自动恢复平衡的能力(1分)。

灵敏性:衡器觉察微小质量变化的能力(1分)。

正确性:衡器具有固定、正确的杠杆比(1分)。

不变性:对同一物体称量结果的一致性(1分)。

29. 答:机械式地秤一般是有宽阔的台面和较大的总臂比以适应车辆和重载的称量需要(2分),所以其杠杆系多采用较复杂的并联杠杆系作为串联杠杆系的一部分的复杂杠杆系(2

分),其中不只一个并联杠杆构成大的承重台面,多级串联杠杆形成大的传力比(1 分)。

30. 答:当力的作用线与杠杆不垂直时(2 分),将使杠杆比和杠杆的灵敏度均发生改变(3 分)。

31. 答:数字秤的鉴别力测试,应在最小秤量、50%最大秤量和最大秤量三点进行(1 分),在秤量点测试完成后,先在承载器上加放 10 个 0.1d 的小砝码,若此时秤示值为 5 010 kg,然后每次取下一个 0.1d 小砝码到显示值刚好减少 1d 时,示值为 5 005 kg,加放 0.1d 砝码后(2 分)。再轻缓地加放 1.4d 的砝码,秤的示值(5 010 kg)上再增加一个 d,(示值增至5 015 kg)(2 分)。秤为合格。

32. 答:连杆受到的作用力 F 向上,拉带上受到的作用力 G 斜向下(2 分)。此时计量杠杆的末端会向下摆动,示值将小于重物 Q 的实际质量(3 分)。

33. 答:机械杠杆天平共有四大计量性能,它们分别是(1 分):

稳定性:指天平的横梁受到外力干扰后自动恢复平衡的能力(1 分);

灵敏性:指天平能够觉察到的微小质量变化的能力(1 分);

正确性:指天平两臂具有正确固定的臂比(1 分);

示值不变性:指同一物体在天平上多次秤量其结果的一致性(1 分)。

34. 答:应变式负荷传感器是将电阻式应变片粘贴于弹性体的受力变形敏感区(2 分),当外力在弹性范围内作用时电桥的应变电阻发生变化(2 分),便输出了与负荷成正比的电信号,从而测知外力的大小(1 分)。

35. 答:一般数字电子秤由承受载荷的机械台面和感受质量重力的负荷传感器以及秤重仪表组成(2 分)。秤重仪表内由电源和信号放大、A/D 转换、数据处理和键盘、显示、打印几部分构成(3 分)。

36. 答:称重仪表软件除应具备基本的系统管理操作功能(2 分),把 A/D 转换结果按比例处理显示质量外(2 分),还应具备零点跟踪、数字滤波、线性化处理等功能(1 分)。

37. 答:积分式 A/D 转换是通过积分的方法先将模拟电压量转换成时间或频率(2 分),再将时间或频率变换成与模拟量成比例的数字量的转换方法(3 分)。

38. 答:首先应检查一下各传感器是否位于同一水平面上(1 分),否则应将其调至水平高差允许的范围内(1 分)。此时如仍不合格,应调整接线盒内各传感器的供桥电压或信号输出中串接的电位器,以改变对应的输出信号(2 分)。否则应考虑传感器性能的一致性或秤台的刚性是否满足要求(1 分)。

39. 答:数字电子秤检定项目共有以下七项(共 5 分):

(1)外观检查;

(2)置零和除皮装置准确度检定;

(3)秤量准确度检定;

(4)偏载或旋转准确度检定;

(5)鉴别力检定;

(6)重复性检定;

(7)除皮压秤量准确度检定。

40. 答:硬度不是一个单一的物理量(2 分),硬度是材料抵抗弹性和塑性变形的能力(3 分)。

41. 答:洛氏硬度是以一定的初试验力施加于规定的金刚石锥形或一定直径的钢球压头上(2 分),然后再增加规定的主负荷并保持一定时间后卸除主负荷保留初负荷(2 分),以此时残留压痕的深度表示材料的硬度(1 分)。(洛氏硬度 $HR=100-\dfrac{H-H_0}{0.002}$)

42. 答:布氏硬度试验是以规定的负荷施加于一定直径的钢球压头上保荷一定时间(3 分),以残留压痕上的平均压力表示材料的硬度(2 分)。

43. 答:在压入角相等的情况下对同一材料(1 分),采用不同的负荷和相应直径钢球的压头能获得相同的硬度值(2 分),这一原理称为布氏硬度试验相似原理(1 分),这一原理要求负荷与钢球直径的平方比为一常数(1 分)。

44. 答:维氏硬度试验是以规定的负荷施加在四棱锥金刚石压头上(2 分),保持一定时间后(1 分),卸除负荷以残留压痕上的平均压力表示材料的硬度(2 分)。

45. 答:里氏硬度试验是以规定质量和球形冲头的冲击体(2 分),以一定的高度冲击试样(1 分),以距试样 1 mm 处冲击体的反弹速度与冲击速度之比表示材料的硬度(2 分)。

46. 答:标准硬度块应按检定规程的要求:

(1)选择稳定性好,性能均匀便于热处理的材料(1 分);

(2)硬度块的几何形状尺寸,表面粗糙度均应符合规程的要求不得任意制作(1 分);

(3)应经过良好的热处理工艺处理(1 分);

(4)成品应按规定稳定度确定示值及均匀度应合格,并能保证年稳定度取得检定证书后方能使用(1 分);

(5)使用应按规定严格操作,在定度面上使用,用后妥善防锈保管,不得超期使用(1 分)。

47. 答:洛氏硬度计的检定项目包括(共 5 分):外观检查;主轴轴线与升降的杆同轴度的检定;主轴与工作台面垂直度的检定;试验力检测;压头的检定;测深机构的检定;硬度计机架变形及支承机构位移对读数影响的检定;示值检定。

48. 答:离心式转速表是利用旋转物体的离心力矩与弹簧的弹性力矩相平衡时(3 分),离心器件带动指针指示物体的旋转速度的(2 分)。

49. 答:电动式转速表是利用转速传感器—测速发电机发出的电压(3 分),送给转速指示器(一般为电流表)来指示物体的转速的(2 分)。

50. 答:电子计数式转速表,是利用转速传感器将机械转动转换成电脉冲(2 分),送至电子计数器计数来显示相应转速值的(3 分)。

51. 答:(1)对手持离心式和磁电式转速表检定时应对常用量限包括上、下限值均匀分布地选择 5 个点,其余量限各选 1 个点,根据用户要求可以增加检定点或对疑问的点进行抽检(2 分)。

(2)对固定离心式磁电式转速表应在测量范围内包括上、下限均匀分布地选择 5 点,有双标度的表应对每个度标都按上述方法进行选点。检定对电子计数式转速表应在测量范围内按 1、2、5 的序列选 8 个点进行检定(3 分)。

52. 答:确定指针式转速表指针的摆幅率时(1 分),应待被测转速稳定后(1 分),指针绕着某一转速值来回摆动时(1 分),指针示值的最大值减去最小值之差与该转速表或相应量限的测量上限(或双向量限绝对值之和)测量范围之比即为该测量点的摆幅率(2 分)。

53. 答:电子天平的构成及工作原理如图 2 所示(5 分)。

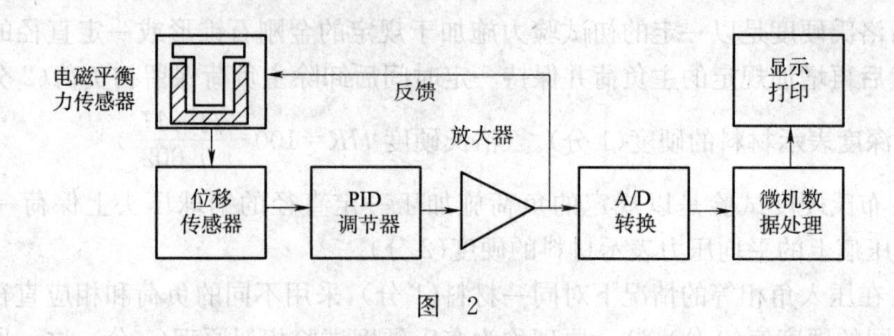

图 2

54. 答:按工作质量转速表可分为机械离心式、定时式、电动式、磁感应式、频闪式和电子计数式 6 种类型(共 5 分,每少一项扣 1 分)。

55. 答:有以下六条(共 5 分,每少一项扣 1 分):

(1)离心力平衡弹簧性能带来的误差;

(2)离心环(或重锤)重量或重心位置变化引起的误差;

(3)离心器和弹簧安装位置变化引起的误差;

(4)离心器机芯传动部分引起的误差;

(5)表盘安装位置与刻线引起的误差;

(6)固定式离心表安装位置不正确引起的误差。

56. 答:机械天平由横梁系统、立柱机构、悬挂系统开关制动机构、框罩装置、光学读数系统和机械挂砝码机构组成(共 5 分,每少一项扣 1 分)。

57. 答:天平按工作原理可分为按杠杆平衡原理工作的机械杠杆天平(2 分),用弹性元件变形原理制成的扭力天平(1 分)和由电磁力平衡原理制成的电子天平三大类(2 分)。

58. 答:影响机械天平灵敏性最基本的因素是重心的位置和三刀吃离线的程度(1 分)。重心高则灵敏性好;重心低则灵敏性差,三刀平线则空;全载时天平的灵敏性一致,离线会造成全载时灵敏性低于空载的灵敏性,吃线时则全载灵敏性高于空载灵敏性(2 分)。除此之外,中刀的位置不正,两侧爽角不对称,刀垫不水平,或边刀的损伤,指针不垂直于横梁会造成左右盘灵敏度不一致,刀与刀垫处不清洁,刀刃变钝会造成灵敏度下降(2 分)。

59. 答:当一个实际砝码在 20 ℃的温度下(1 分),在空气的密度为 0.001 2 g/cm^{3}时与密度为 8.0 g/cm^{3}的砝码在天平上平衡时(2 分),后者的质量即为实际砝码的折算质量(2 分)。

60. 答:精密衡量法有替代法、连续替代法和交换法三种(1 分)。它们的共同特点是消除了不等臂误差对衡量结果的影响(1 分)。替代法速度快精度高,连续替代法速度快但精度不如替代法,始终在同一秤量下进行衡量(1 分),这两种方法都不能消除温度不均匀对天平两臂差的影响(1 分)。交换法速度快、精度高能消除温度不均匀对天平臂差的影响(1 分)。

61. 答:缓慢地开启天平,使天平有一个适当的摆幅(1 分),等过一、二个摆动周期摆动稳定后,连续记录 4 个指针摆动回转点的读数(1 分)。用公式 $L_0=\dfrac{L_1+2L_2+L_3}{4}$ 计算天平的平衡位置 L_0(1 分),并验算天平的衰减比应不小于 0.8,否则计算结果无效(2 分)。

62. 答:电子天平的偏载检定分标准天平和非标准天平采用两种不同的方法进行(1 分)。(1)首先将天平调整好零位,对标准天平应当用天平最大秤量值的标准砝码在天平的前、后、左、右、中的位置上,对圆形秤盘应放在中心至周边半边三分之一处,对方形秤盘应放在前、后、左、右四个偏心部位。其四点中最大与最小值之差为四角误差(2分)。(2)对非标准天平,载荷应取最大秤量的三分之一,放在中间及前、后、左、右四个偏心部位上。其四角误差等于四点中修正前的最大误差,或四点示值与中心示值之最大差值。四角误差及各点示值均不得超过该秤量的最大允差(2分)。

63. 答:TG328B天平、机械挂砝码,应当在天平自身的挂砝码装置上用二等砝码进行检定(3分),其检定结果应不大于相应挂砝码组合误差与相应的天平不等臂性误差的总和(2分)。

64. 答:检定砝码所用全部标准砝码的综合极限误差应不大于被检砝码质量允差的三分之一(3分)。配套用天平的示值综合极限误差也不应大于被检砝码质量差的三分之一(2分)。

65. 答:替代法是一种精密衡量法,先记录天平的初始平衡位置L_0,然后将标准砝码,替换以被检砝码(1分),重新称测定天平的平衡位置L_1(要在较轻的一盘中添加小砝码Δm),则被检砝码的质量$m_A = m_B \pm (L_1 - L_0)S \pm \Delta m$(2分)。式中,$m_B$为标准砝码的质量,$S$为天平的分度值。这种方法的优点是完全避免了天平不等臂带来的影响(2分)。

66. 答:电子天平的检定项目有:外观检查;鉴别力检定;灵敏度检定;重复性检定;偏载检查;各载荷点最大允许误差检定;配衡功能检查;抗倾能力检查;与时间有关的相关性能试验;电源电压和频率变化的影响试验(5分)。

67. 答:应当稍许下降重心砣的位置(1分),使空秤分度值达到99～101分度范围(2分),锁定重心砣,做好其他辅助调整(2分)。

68. 答:TG328B天平产生带针的原因有(共5分,每少一项扣1分):

(1)翼翅板松动、不水平,两边弹力不一致;

(2)横梁不水平;

(3)两边边刀缝不一致;

(4)盘托弹力高低不一致;

(5)支力销不光滑,不清洁;

(6)环境湿度太大。

69. 答:(1)洛氏硬度试验力应分别用0.3级和0.2级标准测力仪对初试验力和总试验力进行检测(2分)。

(2)如使用百分表式标准测力仪应注意对准轴线,按使用最大载荷预压3次,并对读数进行温度修正(1分)。

(3)初试验力应在加载和卸除主试验力时的两个位置方向上分别进行3次。总试验力应在HRA、HRB、HRC三个标尺主轴工作的极限位置上按加载方向各进行3次(1分)。

(4)每次试验结果与标准值偏差的相对误差均不得超差(1分)。

70. 答:离心式转速表是当转速表转轴转动时,离心器上的重物在惯性离心力作用下离开轴心(2分),同时通过传动系统带动指针回转(1分),当离心力与弹簧产生的力矩平衡时(1分),指针停留的位置指示出转速值的一种机械式转速表(1分)。

六、综 合 题

1. 答:如图3所示(10分)。

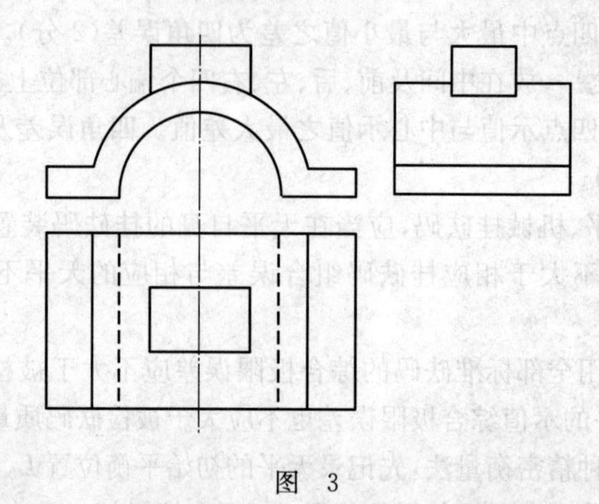

图 3

2. 答：如图 4 所示(图示部分 6 分)，以大气压力为零压，当绝对压力高于大气压力时，高于大气压力的那一部分压力表示正压(2 分)。当绝对压力小于大气压力时，低于大气压力的那部分压力表示疏空或表示负压，此时的绝对压力称为真空度(2 分)。

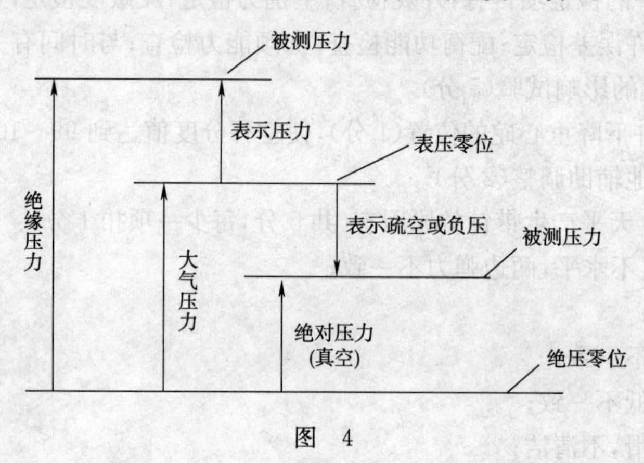

图 4

3. 答：标准压力表的示值允差为 0.6×(±0.4%)＝±0.002 4(MPa)(2 分)，变压器油液柱高度为 100 mm 产生的压力(8 分)：

$P=\rho gh=0.86\times10^3\times9.8\times0.1=0.843(\text{kPa})$

$0.843\div(0.002\ 4\times10^3)=0.35\approx\frac{1}{3}$

此时由于表的中心与活塞下底面的高差带来的液柱高差所产生的压力差占压力表示值允差的$\frac{1}{3}$。

4. 答：该精密压力表在 28 ℃使用时的误差为(6 分)：

$1.6\times\Delta=\pm[0.25\%+0.04\%\times(28-22)]\times0.6=\pm(0.49\%\times0.6)=\pm0.007\ 84(\text{MPa})$

被检压力表的允许误差为：

$1\times(\pm1.6\%)=\pm0.016(\text{MPa})$

因为 0.016÷4＝0.004(MPa)小于 0.007 84 MPa，所以在 28 ℃时该 0.25 级标准表检定 0～1 MPa 的 1.6 级压力表不符合规程要求(4 分)。

5. 答:该压力计的示值基本误差和回误差计算填于表1中。

该压力计的示值允许误差为:600×(±1%)=±6(kPa)(2分)

检定结果中,400 kPa点的示误差达到+7 kPa超过允许误差,回程误差7 kPa超过允许误差的绝对值,此二项不合格(2分)。

600 kPa点的示值误差+7 kPa,超过允许误差不合格,此压力计属不合格压力计(1分)。

表 1 (5分)

通电显示检查							
零位漂移		*Min*	0	15	30	45	60
		示值	000	000	000	000	000
序号	标准值(kPa)	压力计示值(kPa)				压力计示值与标准示值最大差值	二次回进程误差的较大值
		第一次		第二次			
		正行程	反行程	正行程	反行程		
1	0	000	001	000	001	+1	1
2	100	100	99	100	99	−1	1
3	200	200	201	200	201	+1	1
4	300	301	302	300	302	+2	2
5	400	403	407	400	407	+7	7
6	500	505	505	505	506	6	1
7	600	607	607	607	607	+7	0
8							
9							
10							
示值基本误差		+7			回程误差		
结论		不合格 校准________核验________ 日期___年_月_日					

6. 答:该变送器的示值允差为:(20−4)×(±0.5%)=±0.08(mA)(1分),回程误差的允许值为0.08 mA(1分);其基本误差回程误差的计算填于表2中。

表 2 (4分)

检定点(MPa)	理论输出值(mA)	实际输出值(mA)		基本误差(mA)		回程误差(mA)
		进程	回程	进程	回程	
0	4.000	4.002	0.004	+0.002	+0.004	0.002
0.3	7.208	7.217	7.298	+0.017	+0.098	0.081
0.9	13.600	13.703	13.699	+0.103	+0.099	0.004
1.5	20.000	19.984	19.986	−0.016	−0.014	0.002

该变送器的基本误差在 0.3 MPa 的回程示值误差达＋0.098 mA，0.9 MPa 点进程示值误差达＋0.103 mA，回程示值误差＋0.099 mA 均超差不合格，回程误差在 0.3 MPa 点达 0.081 mA，超过允差的绝对值不合格(3 分)。

该变送器属不合格变送器(1 分)。

7. 答：各数据检定点的示值误差和回程误差填于表 3 中，该表的示值允差为 10×(±0.4%)＝±0.040(MPa)(1 分)

检定结果中 2 MPa 点的回程误差 0.040 MPa 超过允差的绝对值不合格(2 分)。

3 MPa 点的回程误差＋0.045 MPa 超过允许误差±0.030 MPa，轻敲位移 0.030 MPa 超过允差绝对值的一半，均不合格(2 分)。此表属不合格表。

表 3　(3 分)

精密压力表(或真空表)检定记录表

检定用工作介质：　检定时室温 21 ℃

被检仪表：使用单位＿＿＿＿　器号＿218＿　测量上限＿10＿MPa　准确度等级＿0.4＿　制造厂＿上海＿

使用的标准器：名称＿活塞压力计＿　器号＿051＿　测量范围＿0～60＿MPa　准确度等级＿二等＿

序号	标准器的压力值(真空值)	轻敲后被检仪表示值				轻敲前后指针的示值变动量				回程误差	检定点各次示值读数的平均值	检定点各次的读数与该点标称值的最大偏差
		第一次检定		第二次检定		第一次检定		第二次检定				
		升压	降压	升压	降压	升压	降压	升压	降压			
0	1	2	3	4	5	6	7	8	9	10	11	12
1	0	0.000	0.005			0.000	0.005			0.005	0.002	+0.005
2	1	0.015	0.020			0.000	0.000			0.005	1.018	+0.020
3	2	1.990	2.040			0.010	0.005			0.050	2.022	+0.040
4	3	3.040	3.045			0.030	0.020			0.005	3.040	+0.045
5	4	4.025	4.030			0.005	0.005			0.005	4.028	+0.030
6	5											
7	6											
8	7											
9	8											
10	9	9.015	9.020			0.005	0.005			0.005	9.018	+0.020
11	10	10.030	10.030			0.010	0.010				10.030	+0.030
12												
13												
14												
15												
16												

检定证书编号：　检定员：　年　月　日　复核员：　年　月　日

注：1. 0.06 级 0.1 级的精密表在“轻敲后被检仪表示值”与“轻敲前后指针的示值变动量”栏中各增加 1 次检定记录；

2. 0.4 级、0.6 级的精密表在“轻敲后被检仪表示值”与“轻敲前后指针的示值变动量”栏中各减少 1 次检定记录。(2 分)

8. 答:首先观察计量杠杆的摆动情况,如摆幅不足,摆动不自由应先检查刀刃,刀承挡刀板是否光滑清洁,有无阻挡(2 分),再检查拉带的活动情况及拉带孔间距是否合适以使计量杆摆动自由,自如灵活(2 分)。检查同名刀线的直线性是否良好(2 分)。在计量杆摆动自如灵活的情况下,如灵敏度不足应降低支刀的位置以缩小支点到重心的距离(2 分)。如空秤灵敏度好,满载不好,则改变支点到重力点刀连线的距离,缩小该距离或增大吃线量,灵敏度偏高则作相反的调整(2 分)。

9. 答:该秤正确的臂比为$\frac{50}{500}\times\frac{60}{300}=\frac{1}{50}$(2 分)。

在题示的情况下,秤台上加放 30 kg 砝码,增砣盘上应加放$\left(\frac{30}{50}+\frac{60}{300}\right)=0.606$(kg)砝码秤达到平衡。

设应调修的支重距为 X,则有:

$\frac{X}{500}\times\frac{60}{300}=\frac{0.606}{30}$

$X=\frac{0.606}{30}\times\frac{5}{1}\times500=50.5$(mm)(6 分)

这说明该点实际的支重距是 50.5 mm,比正确值 50 mm 大 0.5 mm,应当将该支重距缩小 0.5 mm,达到规定的标准值(2 分)。

10. 答:设此台秤计量杠杆重点刀的拉力为 F,则

$Q\times g\times60=750\times F$ (3 分)

$F=\frac{25\times60\ g}{750}=2\times g$

又 $F\times50=P\times g\times L$

故 $P=\frac{F\times50}{L\times g}=\frac{2\times g\times50}{400\times g}=\frac{50}{200}=0.25$(kg) (6 分)

此台秤游砣的质量为 0.25 kg(1 分)。

11. 答:(1)地秤的灵敏度在无机械摩擦、阻碍、卡挂、刀刃、刀承几何形状安装位置较为理想的情况下,主要决定于计量杠杆重心的位置和支点与重点的垂直距离二项因素(3 分)。(2)首先要观察计量杠杆的摆动情况,如不起摆,或摆幅不足,上下有障碍,则应首先检查刀刃、刀线、刀承几何形状和位置是否正常,挡刀板的摩擦吊挂系统是否有阻碍杠杆摆动的情况,排除这些故障后,计量杠杆摆动自由摆幅达到要求则说明机械状态良好(3 分)。(3)若摆动较慢,灵敏度较高,要区分空秤和全量两种情况,单纯空秤灵敏度高,要降低平衡砣的高度以降低重心。空秤灵敏度好,满载灵敏度低,要降低支点刀刃的高度以改善计量杠杆的灵敏度性能。反之则相反(4 分)。

12. 答:该计量杠杆每个槽口的分度值当量(2 分):

$m=\frac{19\text{ kg}}{20-1}=1\,000$ g

在计量杠上的当量检定分度值:

$e'=\frac{m}{1\,000}-5=5$(g) (2 分)

第 1、3 槽口的秤量分别为 0(空秤)和 2 000 kg,在 0～500e 的秤量范围内,允差为$\pm0.25e$或$\pm0.25e'=\pm0.25\times5=\pm1.25$(g)(2 分);

第 6 槽口秤量值为 5 t,在大于 $500e$,小于 2 $000e$ 之间其允差为 $\pm0.5e$,或 $\pm0.5e'=\pm0.5\times5=\pm2.5$(g)(2 分);

第 12 槽口秤量值为 11 t,其允差为 $\pm0.75e$,或 $\pm0.75e'=\pm0.75\times5=\pm3.75$(g)(2 分)。

13. 答:根据原题表 4,此地秤计量杠杆单独检定时的槽口分度值当量:

$m=19\ 000/(20-1)=1\ 000$(g) (1 分)

计量杠杆单独检定时的检定当量分度值:

$e'=(m/1\ 000)\times5=(1\ 000/1\ 000)\times5=5$(g) (1 分)

计量杠杆单独检定时的允差在 0~$500e$ 范围内 1~3 槽口为 $\pm0.25\times e'=\pm1.25$(g)(2 分);

在大于 $500e$~2 $000e$ 范围内 4~11 槽口为 $\pm0.5\times e'=\pm2.5$(g)(2 分);

在大于 2 $000e$ 至最大称量时 12~19 槽口的误差为 $\pm0.75\times e'=\pm3.75$(g)(2 分);

检定结果中第 8 和 11 槽口的误差分别为 +2.62 g 和 −2.64 g,超过允差 ±2.5 g,超差不合格;

第 14 槽口误差 +4.21 g,超过允差 +3.75g 不合格。

此计量杠杆有三个槽口的秤量示值超差,故不合格。(2 分)

14. 答:设游砣的正确质量为 P,则

$300\times P=500\times60$

$P=\dfrac{500\times60}{300}=100$(g) (4 分)

实测中的平衡方程为:

$490\times60=300\times P'$

$P'=\dfrac{490\times60}{300}=98$(g) (4 分)

$100-98=2$(g)

游砣应增加 2 g 的质量(2 分)。

15. 答:液压万能试验机的正切摆齿杆,度盘测力机构简图如图 5 所示(5 分)。

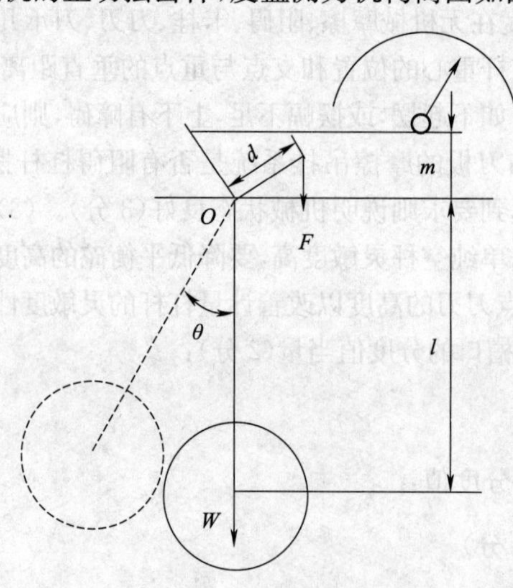

图 5

其中摆杆长为 L，摆重为 W，力测力臂杆长 d，被测力为 F，其力平衡方程为：

$$WL\sin\theta=Fd\cos\theta$$

$$F=\frac{WL}{d}\cdot\tan\theta$$

又 $\tan\theta=\frac{x}{m}$，则

$$F=\frac{WL}{d}\cdot\frac{x}{m}$$

被测力 F 与齿杆位移 x 成正比。(5 分)

16. 答：该测力计在 1 000 N 时的变形量为：

6.216－1.000＝5.216(mm) (3 分)

27 ℃使用时的温度修正量为：

5.216×(27－2)℃×0.000 3/℃＝0.007 8(mm) (3 分)

27 ℃时 1 000 N 的正确读数为：

5.216＋0.007 8＝6.224(mm) (4 分)

17. 答：四角的示值误差填于表 4 中(4 分)，其各点的示值误差均不超过该秤量的最大允差 1 mg(2 分)。四角中前、后、左、右与中间位置的示值最大差值为 0.6 mg(2 分)，也不超过该秤量最大允差 1 mg。故该天平四角偏载检定结果合格(2 分)。

表 4

	载荷	位置	示值 I	误差 E	允许值
偏载检定	70.000 0 g	中	70.000 2	0.000 2	
		前	70.000 4	0.000 4	
		后	70.000 6	0.000 6	
		左	70.000 2	0.000 2	
		右	70.000 8	0.000 8	

18. 答：此硬度计示值的平均值、误差、重复性见表 5，其中 61.2HRC，45.6HRC 的示值误差及重复性均不超差，合格(2 分)。而 31.4HRC 的示值误差－0.3HRC 不超差，重复性 1.8HRC 超过允差 1.5HRC，不合格(2 分)。

表 5 (6 分)

	标准硬度值	硬度名称(代号)	检定结果						误差	重复性
			1	2	3	4	5	平均		
示值检定	61.2	HRC	61.5	61.3	61.21	61.4	61.3	61.34	0.1	0.3
	45.6	HRC	45.4	45.3	45.2	45.6	45.3	45.36	－0.2	0.4
	31.4	HRC	31.2	31.5	31.8	31.0	30.0	31.1	－0.3	1.8

19. 答：硬度计的示值平均值、示值误差和示值重复性见表 6，其中，HBS10/1 000 硬度的示值误差 4.4％超过规定的±3％，不合格(2 分)，其余示值误差不超过±3％，示值重复性不超过 0.06 $\overline{H}$，合格(2 分)。

表 6　　(6分)

<table>
<tr><td rowspan="4">示值检定</td><td rowspan="2">标准硬度值</td><td rowspan="2">硬度名秤(代号)</td><td colspan="6">检定结果</td><td rowspan="2">误差(%)</td><td rowspan="2">重复性(%)</td></tr>
<tr><td>1</td><td>2</td><td>3</td><td>4</td><td>5</td><td>平均($\bar{H}$))</td></tr>
<tr><td>93.2</td><td>HB10/1 000/30</td><td>/</td><td>96.6</td><td>98.7</td><td>97.5</td><td>/</td><td>97.6</td><td>+4.4</td><td>2.2</td></tr>
<tr><td>210</td><td>HB10/3 000/30</td><td>/</td><td>212</td><td>211</td><td>212</td><td>/</td><td>211.7</td><td>+0.8%</td><td>0.5</td></tr>
</table>

20. 答:各检定点三次读数的平均值、相对误差及相对重复性计算结果填写于表7中。其中20 kN点的示值误差值+1.2%,超过允许误差1.0%(2分)。80 kN点的示值相对重复性1.1%超过允差1.0%,上述二点不合格,此试验机示值不合格(2分)。

表 7　　(6分)

<table>
<tr><td colspan="10">力值检定(N)</td></tr>
<tr><td rowspan="2">度盘</td><td rowspan="2">标准负荷(kN)</td><td rowspan="2">测力计读数</td><td rowspan="2">分辨力(%)</td><td colspan="3">次序</td><td rowspan="2">平均值</td><td rowspan="2">误差(%)</td><td rowspan="2">重复性(%)</td></tr>
<tr><td>1</td><td>2</td><td>3</td></tr>
<tr><td rowspan="6">C</td><td colspan="2">零点变化</td><td rowspan="6"></td><td>0.00</td><td>0.01</td><td>0.02</td><td></td><td></td><td></td></tr>
<tr><td>20</td><td>2.470</td><td>20.21</td><td>20.24</td><td>20.23</td><td>20.23</td><td>+1.2</td><td>0.2</td></tr>
<tr><td>40</td><td>3.949</td><td>40.16</td><td>40.20</td><td>40.20</td><td>40.19</td><td>+0.5</td><td>0.1</td></tr>
<tr><td>60</td><td>5.424</td><td></td><td></td><td></td><td></td><td></td><td></td></tr>
<tr><td>80</td><td>6.909</td><td>80.08</td><td>80.30</td><td>80.96</td><td>80.57</td><td>+0.7</td><td>1.1</td></tr>
<tr><td>100</td><td>8.396</td><td>100.30</td><td>100.30</td><td>100.28</td><td>100.29</td><td>+0.3</td><td>0.0</td></tr>
</table>

21. 答:转速的平均值为:$\bar{n}=(10\ 098+10\ 000+10\ 082)/3=10\ 060(\text{r/min})$ (2分)

该表的基本误差:$w=(\bar{n}-n_{标})/N=(10\ 060-10\ 000)/15\ 000=0.4\%$ (3分)

该表的示值变动性:$b=(n_{\max}-n_{\min})/N=(10\ 098-10\ 000)/15\ 000=0.65\%$ (3分)

由于该表的准确度为0.5级,其示值变动性超差,故不合格,该表可降为1级(2分)。

22. 答:三次读数的平均值:$\bar{n}=\frac{1}{3}\times(2\ 025+2\ 000+2\ 010)=2\ 012(\text{r/min})$ (2分)

示值变动性:$b=\frac{n_{\max}-n_{\min}}{N}\times100\%=\frac{2\ 025-2\ 000}{4\ 000}\times100\%=0.6\%$

示值基本误差:$w=\frac{\bar{n}-n_{标}}{N}\times100\%=\frac{2\ 012-2\ 000}{4\ 000}\times100\%=0.3\%$

摆幅率:$\beta=\frac{16}{4\ 000}=0.4\%$ (6分)

由于示值变动性$b=0.6\%$超过该表的允差0.5%,该项不合格,该表属不合格表(2分)。

23. 答:$\bar{n}=1\ 999.96$ r/min,$\Delta n=\bar{n}-n_{标}=1\ 999.96-2\ 000.0=-0.04(\text{r/min})$,$\Delta n_{b}=n_{\max}-n_{\min}=2\ 000.5-1\ 999.3=1.2(\text{r/min})$,因为$2\ 000\times0.05\%=1(\text{r/min})$,也就是示值允差为(2 000±1.1)r/min,允许的示值变动性为1.2 r/min,因为该表在2 000 r/min点的变动性达1.2 r/min,因此只能划为0.05级。

24. 答:$n=(500.0+500.0+500.0+500.0+499.7+499.8+499.7+499.6+499.7+$

499.8)/10=499.83(r/min)(3分)

$\Delta n=\bar{n}-n_0=499.83-500=-0.17$(r/min)(2分)

$\Delta n_b=n_{max}-n_{min}=500.0-499.6=0.4$(r/min)(2分)

因为Δn小于该检定点的示值允差500×0.1±1,Δn_b小于该点的示值变动性500×0.1%+2(r/min),所以该表0.1级合格(3分)。

25. 答:如图的地秤杠杆系统的总臂比为:

$$\frac{A_1B_1}{A_1D}\times\frac{CD}{CE}\times\frac{GH}{GF}\times\frac{KO}{OP}=\frac{150}{3\ 750}\times\frac{300}{3\ 000}\times\frac{120}{360}\times\frac{60}{400}=\frac{1}{5\ 000}$$

此地秤杠杆系统的总臂比为$\frac{1}{5\ 000}$。(10分)

26. 答:应安放在符合要求的天平室内。(1)天平室应避免阳光直射,应清洁,防振,防磁,防止气流的影响,温度及温度波动应根据天平的等级控制在一定的范围内(2分)。

(2)天平应安放在专用防振台上,调至水平,不用时覆盖好防尘罩套(2分)。

(3)天平应防潮,湿度一般不大于75%,天平罩内应放置吸潮用硅胶干燥剂并经常干燥(2分)。

(4)天平应有专人负责使用,轻开轻关,保持清洁.禁止从前门和打开天平时取放物品和砝码,待天平停稳后正确读取读数(2分)。

(5)天平禁止随便移动位置,如要移动时需取下横梁请专业人员协助,并定期维修和检定。遇有不正常情况随时进行检修(2分)。

27. 答:首先检查仪表的传感器的外观、标志及零部件等是否完好。传感器转动是否正常。将仪表与传感器正确连接、送电,进行自校验,观察自校验结果是否正常,对仪表进行预热半小时(2分)。按规定调整好标准装置,并进行预热(2分)。调整好各种接触方式,手持式要保持被检表与标准装置在同一轴线上,无滑动现象,非接触式应调整好被检表与标准器的距离,确认信号传输正常(2分)。开机在测量范围最低,最高两点试运转,观察被检表示值。按1、2、5序列选择8点从最低点开始逐渐加速,到规定点时,连续读取被检表10个读数(2分)。

按$\Delta n=\bar{n}-n_0$和$\Delta n_b=n_{max}-n_{min}$计算转速表的示值误差$\Delta n$和示值变动性$\Delta n_b$;

对0.01,0.02,0.05级转速要进行时基准确度和4小时时基稳定度的检定(2分)。

28. 答:机械天平示值变动性产生的原因分两大类,一类是环境的原因,包括气流的干扰,温度的不均衡变化和清洁卫生不佳三项(2分)。

第二类是天平自身的安装结构原因造成的,包括(8分):

(1)天平刀有锯牙,凹凸现象;

(2)天平三刀刀线不平行或平面性不好;

(3)横梁上有的零件松动;

(4)耳折、带针、跳针,造成示值变动;

(5)翼支板松动活动不正常;

(6)吊挂系统有阻碍和擦挂;

(7)刀子、刀垫、支力销不清洁。

29. 答:电子天平的重复性应在空载和加载两种状态下进行,加载分全载和半载两种,条件不允许时可只做全载，加载次数使用中和周期检定时Ⅰ、Ⅱ级天平应做6次，Ⅲ、Ⅳ级不得少于3次(4分)。每加载一次均应返零一次，加载和返零时均应记录下读数和修正前的示值。空载重复性以修正前的最大与最小值之差计算。加载重复性以修正前加载与空载之差的最大值与最小值之差计算(4分)。空载与加载的重复性均不得超过相应秤量的最大允许误差。二者之大者为天平的重复性。重复性的计算可采用标准差法，其标准差应不大于最大允差的三分之一(2分)。

30. 答：此天平空秤、全秤示值变动性均为0.2分度，不超过规程的规定的1分度合格(2分)。此天平的臂差计算见表8，臂差为+0.25分度，右臂长不超过规程规定的6分度，合格(2分)。

表 8 (6分)

外观检定								
观测顺序	左盘	右盘	读数				平衡位置 I	检定结果
			I_1	I_2	I_3	I_4		
1	0	0					9.1	
2	r	0					3.5	P_1、P_2=200 g
3	P_1	P_2					9.2	r=2 mg
4	$P_2(+k)$	$P_1(+k)$					9.4	k=0
5	$P_2(+k+r)$	$P_1(+k)$					4.3	e=0.4 mg
6	0	0					9.0	e_{01}=　　e_{02}=
7	0	r					14.1	e_{p1}=　　e_{p2}=
8	P_1	P_2					9.1	$e_{01}-e_{02}$=
9	P_1	P_2+r					14.3	$e_{p1}-e_{p2}$=
10	0	0					9.2	$e_{01}-e_{p1}$=
11	P_1	P_2					9.3	$e_{02}-e_{p2}$=
12	0	0					9.2	$Y=\pm\frac{m}{2_{ep}}\pm\left(\frac{I_3+I_4}{2}-\frac{I_1+I_6}{2}\right)=0.25$
13	P_1	P_2					9.4	
14	0	0						Δ_0=0.2　　Δ_p=0.2
15	P_1	P_2						左端骑码标尺误差
16	0	0						右端骑码标尺误差
17	P_1	P_2						机械挂砝码组合误差
骑码标尺检定								
1								
2								经检定该天平定为　　级
3								
4								

31. 答：标准示值变动性及臂差的计算结果如表9所示，其中空秤示值变动性为0.2分度，全秤示值变动性为0.4分度，均不超过规程规定的1分度，属合格(2分)。臂长为+3.1分度，(右臂长)不超过规程规定的9个分度，合格(2分)。

表 9 (6分)

外观检定								
观测顺序	左盘	右盘	读数				平衡位置 I	检定结果
			I_1	I_2	I_3	I_4		
1	0	0					0.0	
2	r	0					98.2	P_1、P_2=200 g
3	P_1	P_2					−2.0	r=10 mg
4	$P_2(+k)$	$P_1(+k)$					−4.0	$k=0$
5	$P_2(+k+r)$	$P_1(+k)$					96.8	e=0.1 mg
6	0	0					0.2	$e_{01}=$ $e_{02}=$
7	0	r						$e_{p1}=$ $e_{p2}=$
8	P_1	P_2					−2.4	$e_{01}-e_{02}=$
9	P_1	P_2+r						$e_{p1}-e_{p2}=$
10	0	0					0.2	$e_{01}-e_{p1}=$
11	P_1	P_2					−2.0	$e_{02}-e_{p2}=$
12	0	0					0.2	$Y=\pm\frac{m}{2_{ep}}\pm\left(\frac{I_3+I_4}{2}-\frac{I_1+I_6}{2}\right)=+3.1$
13	P_1	P_2					−2.0	
14	0	0					0.0	$\Delta_0=0.2$ $\Delta_p=0.4$
15	P_1	P_2					−2.0	左端骑码标尺误差
16	0	0					0.1	右端骑码标尺误差
17	P_1	P_2					−2.2	机械挂砝码组合误差
骑码标尺检定								
1								
2								经检定该天平定为 级
3								
4								

32. 答:标准各挂码组合的修正值见表10。其中500 mg组合的修正值+2.4分度超过规定的±2分度超差,不合格(2分),其余挂码组合的修正值均不超过±2分度,合格(2分)。

表 10 (6分)

观测顺序	挂砝码组合名义值	标准砝码修正值 ΔB(mg)	天平示值 L_c(分度)	空载天平的平均平衡位置 L_c(分度)	挂砝码组合的修正值 $\Delta A=\Delta B-(L-L_0)e$ (mg)	备注
1	0					
2	1 mg					
3	2					
4	4					
5	5					
6	9					

续上表

观测顺序	挂砝码组合名义值	标准砝码修整值 ΔB(mg)	天平示值 L_c（分度）	空载天平的平均平衡位置 L_c(分度)	挂砝码组合的修正值 $\Delta A=\Delta B-(L-L_0)e$ (mg)	备注
7	0		0.0			
8	10	−0.02	0.3		−0.04	
9	20	−0.02	0.2		−0.03	
10	40					
11	50					
12	90	−0.03	0.2		−0.04	
13	0		0.2			
14	100	−0.01	−0.2		+0.01	
15	200					
16	400					
17	500	+0.05	−1.7		+0.24	
18	900	−0.06	−0.2		−0.02	
19	0		0.2			
20	1 g					

33．答：F_2等级各被检砝码的修正值计算结果见表 11。其中，20 g 砝码的修正值＋1.03 mg 超过了法定允差±0.8 mg，不合格（2 分），其余各砝码合格（2 分）。

表 11　砝码检定记录表（替代法）　　　　（6 分）

砝码等级		F_2	计量范围		10～100 g		数量		4	送检单位		
器号			标准砝码器号				标准天平器号					
观察顺序	左盘	右盘	读数 L_1	L_2	L_3	L_4	平衡位置	添加的小砝码		标准砝码修正值(mg)	受检砝码修正值(mg)	
1	T	B					5.2					
2	T	A 10 g					3.1			0.12	+0.33	
3	$T+r$	A					103.6					
1	T	B					4.0					
2	T	A 20 g					−3.5			0.28	+1.03	
3	$T+r$	A					97.2					
1	T	B					2.0					
2	T	A 50 g					4.7			0.10	−1.7	
3	$T+r$	A					105.2					
1	T	B					1.0					
2	T	A 100 g					5.3			−0.50	−0.93	
3	$T+r$	A					106.2					
	r=10 mg											

34. 答:各点的示值误差计算结果见表 12。此电子天平属使用中的Ⅰ级天平,其允差在 0～50 g内为±1 mg,大于 50～100 g 为±2 mg(2 分),检定结果中,20 g 点加卸载示值误差分别为＋1.2 mg、＋1.4 mg. 超过了 1 mg 超差,100 g 点的加卸载误差分别为＋2.6 mg,和＋2.6 mg,均超过±2 mg 超差,不合格。此天平属不合格天平(2 分)。

表 12 （6 分）

	序号	载荷 m(g)	示值 I(g)		误差 E(mg)		最大允许误差(MPa)
			↓	↑	↓	↑	
载荷点误差检定	1	0	0.000 0	0.000 3	0	0.000 3	
	2	1.000 1	0.000 3	1.000 4	0.000 2	0.000 3	
	3	5.000 2	5.001 2	5.001 1	0.001 0	0.001 0	
	4	10.000 4	10.000 9	10.001 2	0.000 5	0.002 0	
	5	20.000 4	20.001 6	20.001 8	0.002 2	0.002 4	
	6	50.000 2	50.001 5	50.001 6	0.001 3	0.001 4	
	7	70.000 6	70.001 7	70.001 8	0.001 1	0.001 2	
	8	100.000 8	100.003 6	100.003 4	0.002 6	0.002 6	

35. 答:此天平的空秤允差为±1 mg,满载允差为±2 mg,此天平的空秤重复性Δ_0＝0.000 3－(－0.000 7)＝0.001 0(g),不超差(2 分)。

P_2-P_1的值计算结果填于表 13 中。

此天平加载时$(P_2-P_1)_{max}-(P_2-P_1)_{min}=0.005\ 5-0.002\ 3=0.003\ 2$(g)(2 分)

超过了 2 mg 超差此天平的重复性为 0.003 2 g,不合格(2 分)。

表 13 （4 分）

	次序	载荷(g)	P_1	P_2	P_1-P_2	载荷	P_1	P_2	P_1-P_2
重复性检定	1	200.0020	0.000 0	200.002 3	200.002 3				
	2		0.000 3	200.002 7	200.002 4				
	3		−0.000 4	200.003 5	200.003 9				
	4		−0.000 2	200.004 6	200.004 8				
	5		+0.000 6	200.005 7	200.005 1				
	6		−0.000 7	200.004 8	200.005 5				
	最大差值		0.001 9		0.003 2				

36. 答:该电子天平的载荷点示值允差为

0≤m≤50 g,不大于±1 mg;

50 g<m≤200 g,不大于±2 mg;

200 g<m,不大于±3 mg(3 分)。

各载荷点的示值误差填于表 14 中。

其中 20 g 点的加载误差 0.001 1 g,卸载误差 0.001 2 g 均超过该秤量下的最大允差±1 mg,不合格(1 分)。

200 g 点加载误差 0.002 1 g 超过该点的最大允差±2 mg,不合格(1 分)。

该天平的载荷点最大误差超差不合格。

表 14 (5分)

	序号	载荷 m(g)	示值 I(g)		误差 E(mg)		最大允许误差(MPa)
			↓	↑	↓	↑	
载荷点误差检定	1	0	0.000 0	0.000 4	0.000 0	0.000 4	
	2	5.000 0	5.000 2	5.000 6	0.000 2	0.000 6	
	3	10.000 2	10.005	10.000 8	0.000 3	0.000 6	
	4	20.000 4	20.001 5	20.001 6	0.001 1	0.001 2	
	5	50.000 3	50.000 8	50.001 0	0.000 5	0.000 7	
	6	100.000 6	100.001 0	100.001 2	0.000 4	0.000 6	
	7	150.000 9	150.001 4	150.001 4	0.000 5	0.001 5	
	8	200.000 8			0.002 1	0.001 7	
	9	300.001 4			0.000 7	0.000 7	

硬度测力计量工(初级工)技能操作考核框架

一、框架说明

1. 依据《国家职业标准》[注]，以及中国北车确定的“岗位个性服从于职业共性”的原则，提出硬度测力计量工(初级工)技能操作考核框架(以下简称：技能考核框架)。

2. 本职业等级技能操作考核评分采用百分制。即：满分为 100 分，60 分为及格，低于 60 分为不及格。

3. 实施“技能考核框架”时，考核制件(活动)命题可以选用本企业的加工件(活动项目)，也可以结合实际另外组织命题。

4. 实施“技能考核框架”时，考核的时间和场地条件等应依据《国家职业标准》，并结合企业实际确定。

5. 实施“技能考核框架”时，其“职业功能”的分类按以下要求确定：

(1)“外观检查”、“计量性能测试”、“检修后误差分析”属于本职业等级技能操作的核心职业活动，其“项目代码”为“E”。

(2)“检修准备”、“检定设备维护保养”属于本职业等级技能操作的辅助性活动，其“项目代码”分别为“D”和“F”。

6. 实施“技能考核框架”时，其“鉴定项目”和“选考数量”按以下要求确定：

(1)按照《国家职业标准》有关技能操作鉴定比重的要求，本职业等级技能操作考核制件的“鉴定项目”应按“D”+“E”+“F”组合，其考核配分比例相应为：“D”占 20 分，“E”占 75 分(其中：外观检查 10 分，计量性能测试 50 分，检修后误差分析占 15 分)，“F”占 5 分。

(2)依据中国北车确定的“核心职业活动选取 2/3，并向上取整”的规定，在“E”类鉴定项目——“外观检查”、“计量性能测试”和“检修后误差分析”的全部 4 项至少选取 3 项。

(3)依据中国北车确定的“其余‘鉴定项目’的数量可以任选”的规定，“D”和“F”类鉴定项目——“检修准备”、“检定设备维护保养”中，至少分别选取 1 项。

(4)依据中国北车确定的“确定‘选考数量’时，所涉及‘鉴定要素’的数量占比，应不低于对应‘鉴定项目’范围内‘鉴定要素’总数的 60%，并向上取整”的规定，考核制件(活动)的鉴定要素“选考数量”应按以下要求确定：

①在“D”类“鉴定项目”中，在已选定的至少 1 个鉴定项目中，至少选取已选鉴定项目所对应的全部鉴定要素的 60%项，并向上保留整数。

②在“E”类“鉴定项目”中，在已选定的至少 3 个鉴定项目所包含的全部鉴定要素中，至少选取总数的 60%项，并向上保留整数。

③在“F”类“鉴定项目”中，对应“检定设备维护保养”的 5 个鉴定要素，至少选取 3 项。

举例分析：

按照上述“第 6 条”要求，若命题时按最少数量选取，即：在“D”类鉴定项目中选取了“力值仪表检修准备"1项,在"E"类鉴定项目中选取了"外观检查""力值仪表检修"、"数据处理和结果判定"3项,在"F"类鉴定项目中选取了"检定设备维护保养现场整理"1项,则:

此考核制件所涉及的"鉴定项目"总数为4项,具体包括:"力值仪表检修准备","外观检查"、"力值仪表检修"、"数据处理和结果判定"、"检定设备维护保养现场整理";

此考核制件所涉及的鉴定要素"选考数量"相应为24项,具体包括:"力值仪表检修准备"鉴定项目包含的全部10个鉴定要素中的6项,"外观检查"、"力值仪表检修"、"检修后误差分析"等3个鉴定项目包括的全部24个鉴定要素中的15项,"设备维护保养现场整理"鉴定项目包含的全部5个鉴定要素中的3项。

7. 本职业等级技能操作需要两人及以上共同作业的,可由鉴定组织机构根据"必要、辅助"的原则,结合实际情况确定协助人员的数量。在整个操作过程中,协助人员只能起必要、简单的辅助作用。否则,每违反一次,至少扣减应考者的技能考核总成绩10分,直至取消其考试资格。

8. 实施"技能考核框架"时,应同时对应考者在质量、安全、工艺纪律、文明生产等方面行为进行考核。对于在技能操作考核过程中出现的违章作业现象,每违反一项(次)至少扣减技能考核总成绩10分,直至取消其考试资格。

注:按照中国北车规定,各《职业技能操作考核框架》的编制依据现行的《国家职业标准》或现行的《行业职业标准》或现行的《中国北车职业标准》的顺序执行。

二、硬度测力计量工(初级工)技能操作鉴定要素细目表

职业功能	鉴定项目				鉴定要素		
	项目代码	名　称	鉴定比重(%)	选考方式	要素代码	名　称	重要程度
检修准备	D	力值仪表检修准备	20	任选	001	能读懂一般工业用压力表检定规程(含一般压力表、氧气表、电接点压力表、双针双管压力表、压力真空表)	X
					002	按使用说明正确使用压力表	X
					003	按使用说明正确使用标准压力表	X
					004	按操作说明正确使用活塞压力计	Y
					005	能正确选择一般压力表检定用标准器	X
					006	机械钳工常用工具的正确选用	X
					007	能读懂扭矩扳子检定规程	X
					008	能读懂常见扭矩扳子的使用说明书	X
					009	能正确选用检定扭矩扳子用标准器	X
					010	能读懂扭矩扳子标准器操作说明书	X
		质量设备检修准备			001	会使用一般(10 t)以下电子秤	X
					002	正确使用常用机械衡器	X
					003	能读懂非自行指示秤检定规程	X
					004	能正确选择衡器检定用标准砝码	X
					005	正确进行架盘天平的检定操作	X

续上表

职业功能	鉴定项目				鉴定要素		
	项目代码	名　　称	鉴定比重(%)	选考方式	要素代码	名　　称	重要程度
检修准备	D	质量设备检修准备	20	任选	006	能正确选择检定天平用标准器	X
					007	正确使用常用钳工工具	X
					008	按使用说明书正确使用机械天平	X
					009	能在指导下读懂天平检定规程	X
					010	能在指导下读懂砝码检定规程	Y
外观检查	E	外观检查	10	至少选三项	001	仪表外观零部件装配情况	X
					002	仪表标志内容满足要求,对规程有要求的标志进行区分	X
					003	仪表标注介质不同,代表的含义	X
					004	仪表能否正常读数,有无破损	X
					005	零位检查正确	X
					006	带设定器的仪器应能设定所需值	X
					007	仪器铭牌满足要求	X
					008	各类刻线、标尺满足要求	X
					009	能对仪器零部件装配情况检查	X
					010	仪器表面涂层或镀层的检查	X
计量性能测试		力值仪表检修	50		001	检定过程仪表进回程控制	X
					002	读取示值的准确性	X
					003	检定点的正确选取	X
					004	特定仪器附加项目的正确检定	X
					005	手动示值式的检定	X
					006	手动预置式的检定	X
					007	能排除被检仪器的一般故障	X
					008	会调整仪器的线性误差	X
		质量仪器检修			001	正确进行水平调整	X
					002	机械衡器平衡位置的计算	X
					003	机械标尺分度误差检测	X
					004	机械仪器横梁不等臂性测试	X
					005	示值重复性测试	X
					006	机械挂砝码检定	X
					007	偏载测试	X
					008	鉴别力测试	X
					009	称量测试	X

续上表

职业功能	鉴定项目				鉴定要素		
	项目代码	名称	鉴定比重（%）	选考方式	要素代码	名称	重要程度
检修后误差分析	E	数据处理和结果判定	15	至少选三项	001	正确读取有效位数	X
					002	正确进行所有测试误差数据计算	X
					003	法定计量单位正确	X
					004	规范填写检定原始记录无漏项	X
					005	依据检定规程对检定结果做出结论	X
					006	对检定合格的仪表粘贴标示	X
检定设备维护保养	F	设备维护保养现场整理	5	必选	001	检定结束后对被检设备的清洁保养	X
					002	使用的标准设备清洁保养	X
					003	检定现场清洁整理恢复初始状态	X
					004	清理现场符合环保要求	X
					005	检修使用后的易燃易爆物品统一存放	X

注：重要程度中X表示核心要素，Y表示一般要素。下同。

硬度测力计量工(初级工)技能操作考核样题与分析

职业名称：＿＿＿＿＿＿＿＿＿＿＿＿

考核等级：＿＿＿＿＿＿＿＿＿＿＿＿

存档编号：＿＿＿＿＿＿＿＿＿＿＿＿

考核站名称：＿＿＿＿＿＿＿＿＿＿＿＿

鉴定责任人：＿＿＿＿＿＿＿＿＿＿＿＿

命题责任人：＿＿＿＿＿＿＿＿＿＿＿＿

主管负责人：＿＿＿＿＿＿＿＿＿＿＿＿

中国北车股份有限公司劳动工资部制

职业技能鉴定技能操作考核制件图示或内容

氧气压力表的检定

题目内容：

根据现行检定规程，对一块 2.5 级，量程为 25 MPa 的氧气压力表进行检定，填写原始记录，对检定数据进行计算，判断其是否合格，做出检定结果的处理，粘贴标示。

职业名称	硬度测力计量工
考核等级	初级工
试题名称	氧气压力表的检定
材质等信息	

职业技能鉴定技能操作考核准备单

职业名称	硬度测力计量工
考核等级	初级工
试题名称	氧气压力表的检定

一、材料准备

1. 材料规格:2.5 级 25 MPa 氧气压力表。
2. 坯件尺寸。

二、设备、工、量、卡具准备清单

序号	名　称	规　格	数　量	备　注
1	氧气效验台	量程 0～60 MPa	1 台	保压合格
2	精密压力表	0.4 级 40 MPa	1 块	有效合格证
3	被检氧气压力表	2.5 级 25 MPa	1 块	
4	检定用活扳子			
5	纯净温水			
6	无油医用注射器			

三、考场准备

1. 相应的公用设备、设备与器具的润滑与冷却等。
2. 相应的场地及安全防范措施;环境温度(20±5)℃,湿度小于等于 85%。
3. 其他准备。

四、考核内容及要求

1. 考核内容:(按考核制件图示及要求制作)。
2. 考核时限:60 分钟。
3. 考核评分(表)。

职业名称	硬度测力计量工		考核等级	初级工	
试题名称	氧气压力表的检定		考核时限	60 分钟	
鉴定项目	考核内容	配分	评分标准	扣分说明	得分
力值仪表检定准备	能读懂一般工业用压力表检定规程	3	仪器设备的调整 2 分,安装 1 分		
	能正确选择检定用标准器	10	标准器量程、等级各 5 分		
	机械钳工常用工具的正确选用	3	是否使用 3 分		
	按操作说明正确使用活塞压力计	2	正确操作 2 分		
	按使用说明正确使用压力表	1	正确使用 1 分		
	按使用说明正确使用标准压力表	1	正确应用 1 分		

续上表

鉴定项目	考核内容	配分	评分标准	扣分说明	得分
外观检查	仪表外观装配检查	2	指针、安装螺纹、气孔、表盘、表壳各扣0.5		
	标志内容	1	标志项目齐全1分		
	零点检查	3	目测零位检查正确3分		
	仪表刻线、表盘	1	刻度表盘检查1分		
	仪表正常读数	1	检查有无破损1分		
	仪表检定介质	2	根据仪表正确选定检定介质2分		
力值仪表检修	检定过程进回程检定控制	20	进回程检测控制4分；压力值控制4分；轻敲位移检定4分；回程检定4分；耐压检定4分		
	仪表线性误差调整	5	正确调整仪表线性超差5分		
	检定点正确选取	5	检定点选取不合理一个点扣2分		
	读取示值的准确	5	根据规程错误估读扣5分		
	特定仪表附加项检定	10	氧气表的无油脂检查操作正确5分，校验台禁油操作5分		
数据处理和结果判定	法定计量单位	2	单位符号错误扣2分		
	有效位数	2	有效数字位数不合理扣2分		
	原始记录填写	4	记录数据每错一项扣2分；涂改数据不规范每处扣2分		
	检定误差数据计算	8	示值误差3分、回程误差3分、轻敲位移、每项扣2分		
	检定结果判定	4	每错一处扣4		
检定设备维护保养	清洁保养	1	被检仪表清洁1分		
	使用标准器清洁	2	标准器的清洁2分		
	清理现场符合环保要求	1	检定使用过的工业垃圾定点放置1分		
	检定现场恢复	1	检定现场恢复初始状态1分		
质量、安全、工艺纪律、文明生产等综合考核项目	考核时限	不限	超时停止操作		
	工艺纪律	不限	依据企业有关工艺纪律管理规定执行，每违反一次扣10分		
	劳动保护	不限	依据企业有关劳动保护管理规定执行，每违反一次扣10分		
	文明生产	不限	依据企业有关文明生产管理规定执行，每违反一次扣10分		
	安全生产	不限	依据企业有关安全生产管理规定执行，每违反一次扣10分，有重大安全事故，取消成绩		

职业技能鉴定技能考核制件(内容)分析

职业名称	硬度测力计量工				
考核等级	初级工				
试题名称	氧气压力表的检定				
职业标准依据	中国北车职业标准				
试题中鉴定项目及鉴定要素的分析与确定					
鉴定项目分类 / 分析事项	基本技能"D"	专业技能"E"	相关技能"F"	合计	数量与占比说明
鉴定项目总数	2	4	1	7	核心技能"E"满足鉴定项目占比高于2/3的要求
选取的鉴定项目数量	1	3	1	5	
选取的鉴定项目数量占比(%)	50	75	100	71	
对应选取鉴定项目所包含的鉴定要素总数	10	24	5	39	鉴定要素数量占比大于60%
选取的鉴定要素数量	6	16	4	26	
选取的鉴定要素数量占比(%)	60	67	80	67	

所选取鉴定项目及相应鉴定要素分解与说明

鉴定项目类别	鉴定项目名称	国家职业标准规定比重(%)	《框架》中鉴定要素名称	本命题中具体鉴定要素分解	配分	评分标准	考核难点说明
"D"	力值仪表检定准备	20	能读懂一般工业用压力表检定规程	按照规程备检	3	仪器设备的调整2分,安装1分	
			能正确选择检定用标准器	标准器的选择	10	标准器量程、等级各5分	
			机械钳工常用工具的正确选用	检定用工具	3	是否使用3分	
			按操作说明正确使用活塞压力计	操作活塞压力计	2	正确操作2分	
			按使用说明正确使用压力表	使用压力表	1	正确使用1分	
			按使用说明正确使用标准压力表	标准压力表应用	1	正确应用1分	
"E"	外观检查	60	仪表外观零部件装配情况	仪表外观装配检查	2	指针、安装螺纹、气孔、表盘、表壳各扣0.5	
			仪表标志内容满足要求,对规程有要求的标志进行区分	标志内容	1	标志项目齐全1分	
			零位检查正确	零点检查	3	目测零位检查正确3分	
			各类刻线、标尺满足要求	仪表刻线、表盘	1	刻度表盘检查1分	
			仪表能否正常读数,有无破损	仪表正常读数	1	检查有无破损1分	
			仪表标注介质不同,代表的含义	仪表检定介质	2	根据仪表正确选定检定介质2分	

续上表

鉴定项目类别	鉴定项目名称	国家职业标准规定比重(%)	《框架》中鉴定要素名称	本命题中具体鉴定要素分解	配分	评分标准	考核难点说明
"E"	力值仪表检修	60	检定过程仪表进回程控制	检定过程进回程检定控制	20	进回程检测控制4分;压力值控制4分;轻敲位移检定4分;回程检定4分;耐压检定4分	
			会调整仪器的线性误差	仪表线性误差调整	5	正确调整仪表线性超差5分	
			检定点的正确选取	检定点正确选取	5	检定点选取不合理一个点扣2分	
			读取示值的准确性	读取示值的准确	5	根据规程错误估读扣5分	
			特定仪器附加项目的正确检定	特定仪表附加项检定	10	氧气表的无油脂检查操作正确5分,校验台禁油操作5分	
	数据处理和结果判定		法定计量单位正确	法定计量单位	2	单位符号错误扣2分	
			正确读取有效位数	有效位数	2	有效数字位数不合理扣2分	
			规范填写检定原始记录无漏项	原始记录填写	4	记录数据每错一项扣2分;涂改数据不规范每处扣2分	
			正确进行所有测试误差数据计算	检定误差数据计算	8	示值误差3分、回程误差3分、轻敲位移、每项扣2分	
			依据检定规程对检定结果做出结论	检定结果判定	4	每错一处扣4	
"F"	检定设备维护保养	20	检定结束后对被检设备的清洁保养	清洁保养	1	被检仪表清洁1分	
			使用的标准设备清洁保养	使用标准器清洁	2	标准器的清洁2分	
			清理现场符合环保要求	清理现场符合环保要求	1	检定使用过的工业垃圾定点放置1分	
			检定现场清洁整理恢复初始状态	检定现场恢复	1	检定现场恢复初始状态1分	
质量、安全、工艺纪律、文明生产等综合考核项目				考核时限	不限	超时停止操作	
				工艺纪律	不限	依据企业有关工艺纪律管理规定执行,每违反一次扣10分	

续上表

鉴定项目类别	鉴定项目名称	国家职业标准规定比重(%)	《框架》中鉴定要素名称	本命题中具体鉴定要素分解	配分	评分标准	考核难点说明
质量、安全、工艺纪律、文明生产等综合考核项目				劳动保护	不限	依据企业有关劳动保护管理规定执行,每违反一次扣10分	
				文明生产	不限	依据企业有关文明生产管理规定执行,每违反一次扣10分	
				安全生产	不限	依据企业有关安全生产管理规定执行,每违反一次扣10分,有重大安全事故,取消成绩	

硬度测力计量工(中级工)技能操作考核框架

一、框架说明

1. 依据《国家职业标准》[注]，以及中国北车确定的“岗位个性服从于职业共性”的原则，提出硬度测力计量工(中级工)技能操作考核框架(以下简称：技能考核框架)。

2. 本职业等级技能操作考核评分采用百分制。即：满分为 100 分，60 分为及格，低于 60 分为不及格。

3. 实施“技能考核框架”时，考核制件(活动)命题可以选用本企业的加工件(活动项目)，也可以结合实际另外组织命题。

4. 实施“技能考核框架”时，考核的时间和场地条件等应依据《国家职业标准》，并结合企业实际确定。

5. 实施“技能考核框架”时，其“职业功能”的分类按以下要求确定：

(1)“外观检查”、“计量性能测试”、“误差分析与数据处理”属于本职业等级技能操作的核心职业活动，其“项目代码”为“E”。

(2)“检修准备”、“检定设备维护保养”属于本职业等级技能操作的辅助性活动，其“项目代码”分别为“D”和“F”。

6. 实施“技能考核框架”时，其“鉴定项目”和“选考数量”按以下要求确定：

(1)按照《国家职业标准》有关技能操作鉴定比重的要求，本职业等级技能操作考核制件的“鉴定项目”应按“D”+“E”+“F”组合，其考核配分比例相应为：“D”占 20 分，“E”占 75 分(其中：外观检查 10 分，计量性能测试 50 分，误差分析与数据处理 占 15 分)，“F”占 5 分。

(2)依据中国北车确定的“核心职业活动选取 2/3，并向上取整”的规定，在“E”类鉴定项目——“外观检查”、“计量性能测试”和“误差分析与数据处理”的全部 4 项至少选取 3 项。

(3)依据中国北车确定的“其余‘鉴定项目’的数量可以任选”的规定，“D”和“F”类鉴定项目——“检修准备”、“检定设备维护保养”、中，至少分别选取 1 项。

(4)依据中国北车确定的“确定‘选考数量’时，所涉及‘鉴定要素’的数量占比，应不低于对应‘鉴定项目’范围内‘鉴定要素’总数的 60%，并向上取整”的规定，考核制件(活动)的鉴定要素“选考数量”应按以下要求确定：

①在“D”类“鉴定项目”中，在已选定的至少 1 个鉴定项目中，至少选取已选鉴定项目所对应的全部鉴定要素的 60%项，并向上保留整数。

②在“E”类“鉴定项目”中，在已选定的至少 3 个鉴定项目所包含的全部鉴定要素中，至少选取总数的 60%项，并向上保留整数。

③在“F”类“鉴定项目”中，对应“检定设备维护保养”的 5 个鉴定要素，至少选取 3 项。

举例分析：

按照上述“第 6 条”要求，若命题时按最少数量选取，即：在“D”类鉴定项目中选取了“力值仪表检修准备”等1项，在“E”类鉴定项目中选取了“外观检查”“力值仪表检修”、“数据处理和结果判定”等3项，在“F”类鉴定项目中选取了“检定设备维护保养”1项，则：

此考核制件所涉及的“鉴定项目”总数为5项，具体包括：“力值仪表检修准备”，“外观检查”、“力值仪表检修”、“数据处理和结果判定”、“检定设备维护保养”；

此考核制件所涉及的鉴定要素“选考数量”相应为25项，具体包括：“力值仪表检修准备”鉴定项目包含的全部12个鉴定要素中的8项，“外观检查”、“力值仪表检修”、“数据处理和结果判定”等3个鉴定项目包括的全部23个鉴定要素中的14项，“检定设备维护保养”鉴定项目包含的全部5个鉴定要素中的3项。

7. 本职业等级技能操作需要两人及以上共同作业的，可由鉴定组织机构根据“必要、辅助”的原则，结合实际情况确定协助人员的数量。在整个操作过程中，协助人员只能起必要、简单的辅助作用。否则，每违反一次，至少扣减应考者的技能考核总成绩10分，直至取消其考试资格。

8. 实施“技能考核框架”时，应同时对应考者在质量、安全、工艺纪律、文明生产等方面行为进行考核。对于在技能操作考核过程中出现的违章作业现象，每违反一项(次)至少扣减技能考核总成绩10分，直至取消其考试资格。

注：按照中国北车规定，各《职业技能操作考核框架》的编制依据现行的《国家职业标准》或现行的《行业职业标准》或现行的《中国北车职业标准》的顺序执行。

二、硬度测力计量工(中级工)技能操作鉴定要素细目表

<table>
<tr><th rowspan="2">职业功能</th><th colspan="4">鉴定项目</th><th colspan="3">鉴定要素</th></tr>
<tr><th>项目代码</th><th>名　称</th><th>鉴定比重(%)</th><th>选考方式</th><th>要素代码</th><th>名　称</th><th>重要程度</th></tr>
<tr><td rowspan="16">检修准备</td><td rowspan="16">D</td><td rowspan="12">力值仪表检修准备</td><td rowspan="16">20</td><td rowspan="16">任选</td><td>001</td><td>按使用说明正确操作数字压力计</td><td>X</td></tr>
<tr><td>002</td><td>按使用说明正确操作压力变送(传感)器</td><td>X</td></tr>
<tr><td>003</td><td>熟练正确使用机械钳工常用工具</td><td>X</td></tr>
<tr><td>004</td><td>正确使用万用表</td><td>X</td></tr>
<tr><td>005</td><td>能够做一般机构轴、销、齿轮等钳工拆装</td><td>X</td></tr>
<tr><td>006</td><td>能根据仪表的结构原理示意图分析仪表故障</td><td>X</td></tr>
<tr><td>007</td><td>按使用说明正确操作转速表类的仪表</td><td>X</td></tr>
<tr><td>008</td><td>按使用说明正确操作液压、风动扳子</td><td>X</td></tr>
<tr><td>009</td><td>能在指导下实现各类硬度计检定操作</td><td>Y</td></tr>
<tr><td>010</td><td>能在指导下完成试验机的检定操作</td><td>Y</td></tr>
<tr><td>011</td><td>标准装置的正确选择</td><td>X</td></tr>
<tr><td>012</td><td>正确使用标准装置</td><td>X</td></tr>
<tr><td rowspan="4">质量设备检修准备</td><td>001</td><td>正确使用常用台、案秤</td><td>X</td></tr>
<tr><td>002</td><td>正确操作较大型衡器</td><td>X</td></tr>
<tr><td>003</td><td>正确操作电子秤</td><td>X</td></tr>
<tr><td>004</td><td>通过检定砝码正确应用各种衡量方法</td><td>Y</td></tr>
</table>

续上表

职业功能	鉴定项目				鉴定要素		
	项目代码	名　称	鉴定比重（%）	选考方式	要素代码	名　称	重要程度
检修准备	D	质量设备检修准备	20	任选	005	电子天平的正确使用	X
					006	熟练正确使用机械钳工常用工具	X
					007	正确使用万用表	X
					008	能够做一般机构轴、销、齿轮等钳工拆装	X
					009	正确选择检定标准器	X
外观检查		外观检查	10		001	仪器仪表外观零部件装配情况	X
					002	仪表标志、铭牌内容满足要求	X
					003	电子仪表通电顺序和自校功能检查	X
					004	仪表能否正常读数，有无破损能否修复	X
					005	零位检查正确	X
					006	带设定器的仪器应能设定所需值	X
计量性能测试	E	力值仪表检修	50	至少选三项	001	常用仪器仪表检定的操作熟练	X
					002	有二次仪表的连接正确性	X
					003	常用仪表的拆卸	X
					004	常用仪表的装配一次准确性	X
					005	仪表示值超差诊断	X
					006	误差的调修	X
					007	常用仪表零部件清洗	X
					008	硬度计的同轴度测试	X
					009	在指导下能对硬度计的示值检定	Y
					010	对检定硬度计配套设备的使用正确	Y
		质量仪器检修			001	常用机械仪器的拆卸	X
					002	常用机械仪器的装配一次准确性	X
					003	仪器偏载误差的调修测试	X
					004	仪器称量点误差调修测试	X
					005	数字仪器称量测试	X
					006	数字仪器鉴别力测试	X
					007	数字仪器重复性测试	X
					008	数字仪器去皮测试	X
					009	仪器灵敏性测试	X
					010	标尺测试	X
误差分析数据处理		数据处理和结果判定	15		001	正确读取有效位数	X
					002	法定计量单位正确	X
					003	测试点选取是否合理	X

续上表

职业功能	鉴定项目				鉴定要素		
	项目代码	名　称	鉴定比重(%)	选考方式	要素代码	名　称	重要程度
误差分析数据处理	E	数据处理和结果判定	15	至少选三项	004	正确进行所有测试误差数据计算	X
					005	依据检定规程对检定结果做出正确结论	X
					006	对修理后的仪器仪表作准确的判断	X
					007	能正确对检修后的仪器使用确认标示	X
检定设备维护保养	F	检定设备维护保养	5	必选	001	检定结束后对被检设备的清洁保养	X
					002	使用的标准设备清洁保养	X
					003	检定现场清洁整理恢复初始状态	X
					004	清理现场符合环保要求	X
					005	检修使用后的易燃易爆物品统一存放	X

硬度测力计量工(中级工)
技能操作考核样题与分析

职 业 名 称：______________________

考 核 等 级：______________________

存 档 编 号：______________________

考核站名称：______________________

鉴定责任人：______________________

命题责任人：______________________

主管负责人：______________________

中国北车股份有限公司劳动工资部制

职业技能鉴定技能操作考核制件图示或内容

TGT 型台秤的检修

题目内容：

根据现行检定规程，对一台 TGT 型使用中的台秤，偏载有一点不合格的台秤，进行检定和调修，经修理后满足现行检定规程的误差要求，使之合格。填写原始记录，对检定数据进行计算，做出检定结果的处理，粘贴标示。

职业名称	硬度测力计量工
考核等级	中级工
试题名称	TGT 型台秤检修
材质等信息	

职业技能鉴定技能操作考核准备单

职业名称	硬度测力计量工
考核等级	中级工
试题名称	TGT-10 型台秤检修

一、材料准备

1. 材料规格:一台 TGT-100 型台秤。
2. 坯件尺寸。

二、设备、工、量、卡具准备清单

序号	名　称	规　格	数　量	备　注
1	方形 M_2 等级砝码	20 kg	5个	有效合格证书
2	M_1 等级砝码	克组	1套	有效合格证书
3	标准增砣		1盒	有效合格证书
4	TGT 台秤	100 kg	1台	
5	常用钳工工具			

三、考场准备

1. 相应的公用设备、设备与器具的润滑与冷却等。
2. 相应的场地及安全防范措施;1 m^2 以上水平地面;常温,清洁的工作环境。
3. 其他准备。

四、考核内容及要求

1. 考核内容:(按考核制件图示及要求制作)。
2. 考核时限:120 分钟。
3. 考核评分(表)。

职业名称	硬度测力计量工		考核等级	中级工	
试题名称	TGT-100 型台秤检修		考核时限	120 分钟	
鉴定项目	考核内容	配分	评分标准	扣分说明	得分
质量仪器检修准备	正确操作台秤	4	操作错误扣 4 分		
	按装配图调整计量杠杆等部件	4	调整错误一处扣 2 分		
	标准器的选择	6	标准器量程合理选取、等级各 3 分		
	检定用工具	2	熟练使用正确 1 分,摆放整齐 1 分		
	大型衡器的实作基础知识	2	操作正确 2 分		
	标准砝码正确应用	2	正确使用标准砝码 2 分		

续上表

鉴定项目	考核内容	配分	评分标准	扣分说明	得分
外观检查	空秤检查	4	测试、检查方法不当各扣2～4分		
	标志铭牌内容	3	按规程要求区分标志类型错一处扣1分		
	零部件装配检查	2	全面合理2分		
	台秤能否正常读数,有无破损能否修复	1	检查项目全面1分		
质量仪器检修	台秤标尺测试	6	标尺准确度测试3分,标尺灵敏度测试3分		
	计量杠杆的拆卸	4	拆卸正确度2～4分		
	台秤称量测试调修	16	称量点选取4分,各点误差调整测试10分,测试步骤2分		
	台秤灵敏度测试	3	最大称量灵敏度测试3分		
	台秤偏载测试调修	10	偏载量选择4分,偏载误差调整4分,测试方法2分		
	台秤重复性测试	6	测试方法3分,各点误差测试3分		
数据处理和结果判定	法定计量单位	1	不符合扣1分		
	测试点选取	2	不合理扣2分		
	测试误差计算	10	不正确一处扣3分		
	检定结果和标示	7	结果判定一处不正确2分,结果标示1分		
检定设备维护保养	标准器清理	2	标准砝码清洁1分,整理1分		
	检定现场清理	2	现场工具和被检仪器整洁各2分,		
	清理现场环保	1	检修使用后工业垃圾归类不随意丢弃1分		
质量、安全、工艺纪律、文明生产等综合考核项目	考核时限	不限	超时停止操作		
	工艺纪律	不限	依据企业有关工艺纪律管理规定执行,每违反一次扣10分		
	劳动保护	不限	依据企业有关劳动保护管理规定执行,每违反一次扣10分		
	文明生产	不限	依据企业有关文明生产管理规定执行,每违反一次扣10分		
	安全生产	不限	依据企业有关安全生产管理规定执行,每违反一次扣10分,有重大安全事故,取消成绩		

职业技能鉴定技能考核制件(内容)分析

职业名称	硬度测力计量工
考核等级	中级工
试题名称	TGT-100 型台秤检修
职业标准依据	中国北车职业标准

试题中鉴定项目及鉴定要素的分析与确定

分析事项 \ 鉴定项目分类	基本技能“D”	专业技能“E”	相关技能“F”	合计	数量与占比说明
鉴定项目总数	2	4	1	7	核心技能“E”满足鉴定项目占比高于2/3的要求
选取的鉴定项目数量	1	3	1	5	
选取的鉴定项目数量占比(%)	50	75	100	71	
对应选取鉴定项目所包含的鉴定要素总数	9	23	5	37	鉴定要素数量占比大于60%
选取的鉴定要素数量	6	14	3	23	
选取的鉴定要素数量占比(%)	67	61	60	62	

所选取鉴定项目及鉴定要素分解

鉴定项目类别	鉴定项目名称	国家职业标准规定比重(%)	鉴定要素名称	要素分解	配分	评分标准	考核难点说明
“D”	质量仪器检修准备	20	正确使用常用台、案秤	正确操作台秤	4	操作错误扣4分	
			能够做一般机构轴、销、齿轮等钳工拆装	按装配图调整计量杠杆等部件	4	调整错误一处扣2分	
			正确选择检定标准器	标准器的选择	6	标准器量程合理选取、等级各3分	
			熟练正确使用机械钳工常用工具	检定用工具	2	熟练使用正确1分,摆放整齐1分	
			正确操作较大型衡器	大型衡器的实作基础知识	2	操作正确2分	
			标准砝码正确应用	标准砝码正确应用	2	正确使用标准砝码2分	
“E”	外观检查	75	零位检查正确	空秤检查	4	测试、检查方法不当各扣2～4分	
			仪表标志、铭牌内容满足要求	标志铭牌内容	3	按规程要求区分标志类型错一处扣1分	
			仪器仪表外观零部件装配情况	零部件装配检查	2	全面合理2分	
			仪表能否正常读数,有无破损能否修复	台秤能否正常读数,有无破损能否修复	1	检查项目全面1分	
	质量仪器检修		标尺测试	台秤标尺测试	6	标尺准确度测试3分,标尺灵敏度测试3分	
			常用机械仪器的拆卸	计量杠杆的拆卸	4	拆卸正确度2～4分	

续上表

鉴定项目类别	鉴定项目名称	国家职业标准规定比重(%)	鉴定要素名称	要素分解	配分	评分标准	考核难点说明
"E"	质量仪器检修	75	仪器称量点误差调修测试	台秤称量测试调修	16	称量点选取4分,各点误差调整测试10分,测试步骤2分	
			仪器灵敏性测试	台秤灵敏度测试	3	最大称量灵敏度测试3分	
			仪器偏载误差的调修测试	台秤偏载测试调修	10	偏载量选择4分,偏载误差调整4分,测试方法2分	
			数字仪器重复性测试	台秤重复性测试	6	测试方法3分,各点误差测试3分	
	数据处理和结果判定		法定计量单位正确	法定计量单位	1	不符合扣1分	
			测试点选取是否合理	测试点选取	2	不合理扣2分	
			正确进行所有测试误差数据计算	测试误差计算	10	不正确一处扣3分	
			依据检定规程对检定结果做出正确结论	检定结果和标示	7	结果判定一处不正确2分,结果标示1分	
"F"	检定设备维护保养	5	使用的标准设备清洁保养	标准器清理	2	标准砝码清洁1分,整理1分	
			检定现场清洁整理恢复初始状态	检定现场清理	2	现场工具和被检仪器整洁各2分	
			清理现场符合环保要求	清理现场环保	1	检修使用后工业垃圾归类不随意丢弃1分	
质量、安全、工艺纪律、文明生产等综合考核项目				考核时限	不限	超时停止操作	
				工艺纪律	不限	依据企业有关工艺纪律管理规定执行,每违反一次扣10分	
				劳动保护	不限	依据企业有关劳动保护管理规定执行,每违反一次扣10分	
				文明生产	不限	依据企业有关文明生产管理规定执行,每违反一次扣10分	
				安全生产	不限	依据企业有关安全生产管理规定执行,每违反一次扣10分,有重大安全事故,取消成绩	

硬度测力计量工(高级工)技能操作考核框架

一、框架说明

1. 依据《国家职业标准》注,以及中国北车确定的“岗位个性服从于职业共性”的原则,提出硬度测力计量工(高级工)技能操作考核框架(以下简称:技能考核框架)。

2. 本职业等级技能操作考核评分采用百分制。即:满分为100分,60分为及格,低于60分为不及格。

3. 实施“技能考核框架”时,考核制件(活动)命题可以选用本企业的加工件(活动项目),也可以结合实际另外组织命题。

4. 实施“技能考核框架”时,考核的时间和场地条件等应依据《国家职业标准》,并结合企业实际确定。

5. 实施“技能考核框架”时,其“职业功能”的分类按以下要求确定:

(1)“外观检查”、“计量性能测试”、“误差分析与数据处理”属于本职业等级技能操作的核心职业活动,其“项目代码”为“E”。

(2)“检修准备”、“检定设备维护保养”属于本职业等级技能操作的辅助性活动,其“项目代码”分别为“D”和“F”。

6. 实施“技能考核框架”时,其“鉴定项目”和“选考数量”按以下要求确定:

(1)按照《国家职业标准》有关技能操作鉴定比重的要求,本职业等级技能操作考核制件的“鉴定项目”应按“D”+“E”+“F”组合,其考核配分比例相应为:“D”占15分,“E”占80分(其中:外观检查10分,计量性能测试50分,误差分析与数据处理占20分),“F”占5分。

(2)依据中国北车确定的“核心职业活动选取2/3,并向上取整”的规定,在“E”类鉴定项目——“外观检查”、“计量性能测试”和“误差分析与数据处理”的全部4项至少选取3项。

(3)依据中国北车确定的“其余‘鉴定项目’的数量可以任选”的规定,“D”和“F”类鉴定项目——“检测准备”、“检定设备维护保养”中,至少分别选取1项。

(4)依据中国北车确定的“确定‘选考数量’时,所涉及‘鉴定要素’的数量占比,应不低于对应‘鉴定项目’范围内‘鉴定要素’总数的60%,并向上取整”的规定,考核制件(活动)的鉴定要素“选考数量”应按以下要求确定:

①在“D”类“鉴定项目”中,在已选定的至少1个鉴定项目中,至少选取已选鉴定项目所对应的全部鉴定要素的60%项,并向上保留整数。

②在“E”类“鉴定项目”中,在已选定的至少3个鉴定项目所包含的全部鉴定要素中,至少选取总数的60%项,并向上保留整数。

③在“F”类“鉴定项目”中,对应“检定设备维护保养”的5个鉴定要素,至少选取3项。

举例分析:

按照上述“第6条”要求,若命题时按最少数量选取,即:在“D”类鉴定项目中选取了“力值仪器检修准备"等 1 项,在"E"类鉴定项目中选取了"外观检查"、"力值仪器检修"、"数据处理和结果判定"等 3 项,在"F"类鉴定项目中选取了"检定设备维护保养"1 项,则:

此考核制件所涉及的"鉴定项目"总数为 5 项,具体包括:"力值仪器检修准备","外观检查"、"力值仪器检修"、"数据处理和结果判定"、"检定设备维护保养";

此考核制件所涉及的鉴定要素"选考数量"相应为 22 项,具体包括:"力值仪器检修准备"鉴定项目包含的全部 11 个鉴定要素中的 7 项,"外观检查"、"力值仪器检修"、"数据处理和结果判定"等 3 个鉴定项目包括的全部 19 个鉴定要素中的 12 项,"检定设备维护保养"鉴定项目包含的全部 5 个鉴定要素中的 3 项。

7. 本职业等级技能操作需要两人及以上共同作业的,可由鉴定组织机构根据"必要、辅助"的原则,结合实际情况确定协助人员的数量。在整个操作过程中,协助人员只能起必要、简单的辅助作用。否则,每违反一次,至少扣减应考者的技能考核总成绩 10 分,直至取消其考试资格。

8. 实施"技能考核框架"时,应同时对应考者在质量、安全、工艺纪律、文明生产等方面行为进行考核。对于在技能操作考核过程中出现的违章作业现象,每违反一项(次)至少扣减技能考核总成绩 10 分,直至取消其考试资格。

注:按照中国北车规定,各《职业技能操作考核框架》的编制依据现行的《国家职业标准》或现行的《行业职业标准》或现行的《中国北车职业标准》的顺序执行。

二、硬度测力计量工(高级工)技能操作鉴定要素细目表

职业功能	鉴定项目				鉴定要素		
	项目代码	名　称	鉴定比重(%)	选考方式	要素代码	名　称	重要程度
检修准备	D	力值仪表检修准备	15	任选	001	按使用说明正确操作较复杂进口压力仪器	X
					002	对较复杂的新型仪器、仪表开展检修工作	X
					003	熟练应用机械钳工专用工具对仪器修理	X
					004	熟练应用电工专用工具对电器设备进行检修	X
					005	能根据仪表的结构原理示意图分析仪表故障	X
					006	正确操作和检定万能试验机	X
					007	按操作说明正确检定调试液压、风动扳子	X
					008	按检定规程完成硬度计检定操作	X
					009	标准装置的正确选择	X
					010	正确使用标准装置	X
					011	标准装置配套设备的正确选择和使用	X
		质量仪器检修准备			001	常用机械设备的熟练操作	X
					002	常用电子设备的熟练操作	X
					003	常用机械设备一般故障与排除	X
					004	常用电子设备的一般故障与排除	X
					005	通过检定砝码正确应用各种衡量方法	X

续上表

职业功能	鉴定项目				鉴定要素		
	项目代码	名称	鉴定比重(%)	选考方式	要素代码	名称	重要程度
检修准备	D	质量仪器检修准备	15	任选	006	熟练应用机械钳工专用工具对仪器修理	X
					007	熟练应用电工专用工具对电器设备进行检修	X
					008	能够做杠杆、机构轴、销、齿轮等钳工拆装	X
					009	正确选择标准器	X
					010	按现场测量要求配备适合准确度的检测设备	X
外观检查	E	外观检查	10	至少选三项	001	仪器、仪表外观零部件装配情况	X
					002	仪表标志内容满足要求区分各类标识	X
					003	带指针仪表偏转平稳性检查	X
					004	电子仪表通电顺序和自校功能检查	X
					005	零位检查正确	X
					006	带设定器的仪器应能设定所需值	X
		力值仪表检修	50		001	对非常见及新型压力仪表检定	X
					002	检定过程二次仪表的连接使用正确性(例如数字压力计与压力传感器的配套使用、测力计在硬度计的检定)	X
					003	常用仪表的顺序拆卸和装配	X
					004	较复杂仪表的检定点合理选择	X
计量性能测试					005	仪表示值(如数字压力计、电接点压力表)超差诊断和调修	X
					006	试验机检定操作正确	X
					007	硬度计检定操作正确	X
					008	检定操作过程准确无漏项(如试验机、硬度计的检定)	X
		质量仪器检修	20		001	机械衡器的熟练检定	X
					002	机械衡器故障与排除	X
					003	大型衡器的现场检定	X
					004	大型衡器的故障诊断与排除	X
					005	砝码在检定衡器中的正确使用	X
					006	F_1 等级 F_2 等级砝码的检定	X
					007	Ⓘ3～Ⓘ4 机械分析天平的拆卸与装配	X
误差分析数据处理					008	电子衡器熟练检定	X
					009	电子天平一般故障的排除	X
					010	仪器零部件除锈清洗	X
		数据处理和结果判定			001	正确填写原始记录或检定结果通知书	X
					002	正确进行所有测试误差数据计算	X
					003	依据检定规程对检定结果做出正确结论	X
					004	对修理后的仪器仪表作准确的判断	X
					005	能正确对检修后的仪器使用确认标示	X

续上表

职业功能	鉴定项目				鉴定要素		
	项目代码	名　称	鉴定比重（%）	选考方式	要素代码	名　称	重要程度
检定设备维护保养	F	检定设备维护保养	5	必选	001	检定结束后对被检设备的清洁保养	X
					002	使用的标准设备清洁保养	X
					003	检定现场清洁整理恢复初始状态	X
					004	清理现场符合环保要求	X
					005	检修使用后的易燃易爆物品统一存放	X

硬度测力计量工(高级工)技能操作考核样题与分析

职业名称：____________________

考核等级：____________________

存档编号：____________________

考核站名称：____________________

鉴定责任人：____________________

命题责任人：____________________

主管负责人：____________________

中国北车股份有限公司劳动工资部制

职业技能鉴定技能操作考核制件图示或内容

万能试验机的检定

题目内容：

根据现行检定规程，对一台使用中测量上限为 600 kN 以下的拉力和压力万能材料试验机的一级度盘进行周期检定，根据检定结果填写原始记录，对检定数据进行计算，做出正确的检定结果的处理，粘贴标示。

职业名称	硬度测力计量工
考核等级	高级工
试题名称	拉力和压力万能试验机的检定
材质等信息	

职业技能鉴定技能操作考核准备单

职业名称	硬度测力计量工
考核等级	高级工
试题名称	拉力和压力万能试验机的检定

一、材料准备

1. 材料规格：一台量程 50～600 kN，等级为 1 级的拉力和压力万能试验机。

2. 坯件尺寸。

二、设备、工、量、卡具准备清单

序号	名 称	规 格	数 量	备 注
1	标准测力计	0.3 级	两台	有效合格证书
2	秒表	1 级	1 块	有效合格证书
3	水平仪	0.05 mm/1 000 mm	1 个	有效合格证书

三、考场准备

1. 相应的公用设备、设备与器具的润滑与冷却等。

2. 相应的场地及安全防范措施；环境温度（10～35）℃，相对湿度不大于 80%的条件下检定，试验力检定过程中温度变化不大于 2℃。电源电压波动范围不超过额定电压的±10%。

3. 其他准备。

四、考核内容及要求

1. 考核内容：(按考核制件图示及要求制作)。

2. 考核时限：140 分钟。

3. 考核评分(表)。

职业名称	硬度测力计量工		考核等级	高级工	
试题名称	拉力和压力万能试验机的检定		考核时限	140 分钟	
鉴定项目	考核内容	配分	评分标准	扣分说明	得分
力值仪表检修准备	标准器的选择	2	量程、等级各 1 分		
	标准器配套设备选用	2	引伸计、百分表选用各 1 分		
	正确使用标准器	2	标准测力计操作正确 2 分		
	正确操作试验机	10	检定前百分表测力仪的温度修正计算每错读一点扣 5 分		
	检定用钳工专用工具选用正确	1	熟练正确 1 分		
	使用万用表试验机的调修	1	万用表操作熟练 1 分		
	试验机的结构图分析原理	2	掌握试验机工作原理 2 分		

续上表

鉴定项目	考核内容	配分	评分标准	扣分说明	得分
外观检查	零点检查	1	回零检查正确1分		
	试验机指针动作检查	1	载荷预压指针检查1分		
	试验机零部件装配情况检查	2	各机件和安全限位检查1分,油泵和机械的空载试运转1分		
	试验机度盘标志检查	1	满足规程1分		
力值仪表检修	试验机检定点选择	4	选点不当扣2～4分		
	二次仪表使用	2	辅助设备连接使用不正确扣2分		
	试验机检定	38	各点示值误差测定操作12分;读取误差准确性12分;保荷时间测定方法正确、时间确定共5分;超负荷断电保护功能检查未做扣3分;辨力检定3分;零点变化的确定方法3分		
	检修试验机	2	拆卸和安装各1分		
	检定过程准确度	4	检定过程无漏项4分,少一项扣2分		
数据处理和结果判定	检定数据误差计算	10	分辨力、零点变化、示值误差计算每错一处扣4分		
	结果判定	6	分辨力、零点变化、保荷时间、示值误差的判定每错一处扣2～4分		
	依据计算结果填写原始记录	2	填写记录错误或检定证书(或结果通知书)一处扣2分		
	对调检修的试验机粘贴正确标识	2	标识正确2分		
检定设备维护保养	标准器清洁整理	2	标准测力计及配套设备清洁、保养一处不符合扣2分		
	检定现场清理	1	现场工具和被检仪器整洁一处不符合扣1分,		
	检修过程中使用易燃易爆物品统一存放	1	检修结束后没整理扣1分		
	清理过程环保	1	检修使用后工业垃圾归类不随意丢弃1分		
质量、安全、工艺纪律、文明生产等综合考核项目	考核时限	不限	超时停止操作		
	工艺纪律	不限	依据企业有关工艺纪律管理规定执行,每违反一次扣10分		
	劳动保护	不限	依据企业有关劳动保护管理规定执行,每违反一次扣10分		
	文明生产	不限	依据企业有关文明生产管理规定执行,每违反一次扣10分		
	安全生产	不限	依据企业有关安全生产管理规定执行,每违反一次扣10分,有重大安全事故,取消成绩		

职业技能鉴定技能考核制件(内容)分析

职业名称	硬度测力计量工
考核等级	高级工
试题名称	拉力和压力万能试验机的检定
职业标准依据	中国北车职业标准

试题中鉴定项目及鉴定要素的分析与确定

分析事项 \ 鉴定项目分类	基本技能“D”	专业技能“E”	相关技能“F”	合计	数量与占比说明
鉴定项目总数	2	4	1	7	核心技能“E”满足鉴定项目占比高于2/3的要求
选取的鉴定项目数量	1	3	1	5	
选取的鉴定项目数量占比(%)	50	75	100	71	
对应选取鉴定项目所包含的鉴定要素总数	11	19	5	35	鉴定要素数量占比大于60%
选取的鉴定要素数量	7	13	4	24	
选取的鉴定要素数量占比(%)	64	68	80	69	

所选取鉴定项目及鉴定要素分解

鉴定项目类别	鉴定项目名称	国家职业标准规定比重(%)	鉴定要素名称	要素分解	配分	评分标准	考核难点说明
“D”	力值仪表检修准备	20	标准装置的正确选择	标准器的选择	2	量程、等级各1分	
			标准装置配套设备的正确选择和使用	标准器配套设备选用	2	引伸计、百分表选用各1分	
			正确使用标准装置	正确使用标准器	2	标准测力计操作正确2分	
			正确操作万能试验机	正确操作试验机	10	检定前百分表测力仪的温度修正计算每错读一点扣5分	
			熟练应用机械钳工专用工具对仪器修理	检定用钳工专用工具选用正确	1	熟练正确1分	
			熟练应用电工专用工具对电器设备进行检修	使用万用表试验机的调修	1	万用表操作熟练1分	
			能根据仪表的结构原理示意图分析仪表故障	试验机的结构图分析原理	2	掌握试验机工作原理2分	
“E”	外观检查	75	零位检查正确	零点检查	1	回零检查正确1分	
			带指针仪表偏转平稳性检查	试验机指针动作	1	载荷预压指针检查1分	
			仪器、仪表外观零部件装配情况	试验机零部件装配	2	各机件和安全限位检查1分，油泵和机械的空载试运转1分	

续上表

鉴定项目类别	鉴定项目名称	国家职业标准规定比重(%)	鉴定要素名称	要素分解	配分	评分标准	考核难点说明
"E"	外观检查	75	仪表标志内容满足要求区分各类标识	试验机度盘标志	1	满足规程1分	
	力值仪表检修		较复杂仪表的检定点合理选择	试验机检定点选择	4	选点不当扣2～4分	
			检定过程二次仪表的连接使用正确性	二次仪表使用	2	辅助设备连接使用不正确扣2分	
			试验机检定操作正确	试验机检定	38	各点示值误差测定操作12分;读取误差准确性12分;保荷时间测定方法正确、时间确定共5分;超负荷断电保护功能检查未做扣3分;辨力检定3分;零点变化的确定方法3分	
			常用仪表的顺序拆卸和装配	检修试验机	2	拆卸和安装各1分	
			检定操作过程准确无漏项	检定过程准确度	4	检定过程无漏项4分,少一项扣2分	
	数据处理和结果判定		正确进行所有测试误差数据计算	检定数据误差计算	10	分辨力、零点变化、示值误差计算每错一处扣4分	
			依据检定规程对检定结果做出正确结论	结果判定	6	分辨力、零点变化、保荷时间、示值误差的判定每错一处扣2～4分	
			正确填写原始记录或检定结果通知书	依据计算结果填写原始记录	2	填写记录错误或检定证书(或结果通知书)一处扣2分	
			能正确对检修后的仪器使用确认标示	对调检修的试验机粘贴正确标识	2	标识正确2分	
"F"	检定设备维护保养	5	检定结束后对被检设备的清洁保养	标准器清洁整理	2	标准测力计及配套设备清洁、保养一处不符合扣2分	
			检定现场清洁整理恢复初始状态	检定现场清理	1	现场工具和被检仪器整洁一处不符合扣1分	
			检修使用后的易燃易爆物品统一存放	检修过程中使用易燃易爆物品统一存放	1	检修结束后没整理扣1分	
			清理现场符合环保要求	清理过程环保	1	检修使用后工业垃圾归类不随意丢弃1分	

续上表

鉴定项目类别	鉴定项目名称	国家职业标准规定比重(%)	鉴定要素名称	要素分解	配分	评分标准	考核难点说明
质量、安全、工艺纪律、文明生产等综合考核项目				考核时限	不限	超时停止操作	
				工艺纪律	不限	依据企业有关工艺纪律管理规定执行,每违反一次扣10分	
				劳动保护	不限	依据企业有关劳动保护管理规定执行,每违反一次扣10分	
				文明生产	不限	依据企业有关文明生产管理规定执行,每违反一次扣10分	
				安全生产	不限	依据企业有关安全生产管理规定执行,每违反一次扣10分,有重大安全事故,取消成绩	